W0179191

William Poundstone
Wie viele Golfbälle passen in einen Schulbus?

WILLIAM POUNDSTONE

Wie viele
Golfbälle
passen in einen
SCHULBUS?

So bestehen Sie jedes
ASSESSMENT-CENTER

Die unglaublichsten Fragen und
wie Sie kreativ darauf reagieren

Aus dem Englischen von G. Maximilian Knauer

Die Originalausgabe dieses Buches erschien 2012 unter dem Titel
Are you smart enough to work at Google? bei Little, Brown and Company,
New York, USA.

Verlagsgruppe Random House FSC® N001967
Das für dieses Buch verwendete FSC®-zertifizierte Papier
Munken Premium Cream liefert Arctic Paper Munkedals AB, Schweden.

Bibliografische Information der Deutschen Bibliothek
Die Deutsche Bibliothek verzeichnet diese Publikation
in der Deutschen Nationalbibliografie; detaillierte bibliografische Daten
sind im Internet unter http://dnb.ddb.de abrufbar.

Umschlaggestaltung: Nele Schütz Design,
München, unter Verwendung eines Motivs von Shutterstock
Satz: EDV-Fotosatz Huber/Verlagsservice G. Pfeifer, Germering
Druck und Bindung: GGP Media GmbH, Pößneck
Printed in Germany 2013

ISBN 978-3-424-20081-2

Inhalt

KAPITEL 1

Im Warteraum von Googleplex

Was man können muss, um von einem hyperselektiven Unternehmen auserwählt zu werden

Jim saß in der Lobby des Google-Building 44, Mountain View, Kalifornien, umgeben von einem halben Dutzend anderer junger Männer, die stumpfsinnig auf einen Bildschirm starrten. Dort lief die dümmste, suchterzeugendste Fernsehshow, die jemals gemacht wurde: die Live-Suchmaschine von Google, eine stets ablaufende Liste jener Suchbegriffe, die in diesem Moment gegoogelt werden. Dieser Maschine zuzusehen ist, als ob man das Schloss zum Tagebuch der Welt geknackt hätte und sich dann wünschte, es nicht getan zu haben. Für einen Moment werden die privaten Sehnsüchte und Ängste von jemandem in New Orleans oder Hyderabad oder Edinburgh einem ausgewählten Publikum von Voyeuren bei Google sichtbar gemacht – die meisten von ihnen in ihren 20ern oder 30ern, im Wartezimmer für ein Jobinterview bei Google.

Bibeln mit Riesen-Satz
Overseeding
Geschichten aus Fantasien
größter Gletscher der Welt
JavaScript
Make-up für Männer

Erziehungsziele
Russische Gesetze für Bogenschießen

Jim wusste, dass seine Chancen schlecht standen. Google bekommt pro Jahr 1 Million Bewerbungen. Man schätzte, dass nur einer von 130 Bewerbern eingestellt wird. Im Vergleich: Einer von 14 Highschoolabgängern, der sich in Harvard bewirbt, wird genommen. Wie auch in Harvard müssen die Bewerber bei Google einige große Hürden nehmen.

Jims erster Interviewer kam zu spät und schwitzte: Er war mit dem Rad zur Arbeit gefahren. Zunächst begann er mit einigen höflichen Fragen zu Jims Arbeitsvorgeschichte. Jim berichtete eifrig von seiner kurzen Karriere. Der Interviewer sah ihn nicht an. Er tippte in seinen Laptop und machte sich Notizen.

»Die nächste Frage, die ich Ihnen stellen werde, ist ein wenig ungewöhnlich«, sagte er.

? Sie werden auf die Größe eines 5-Cent-Stücks geschrumpft und in einen Mixer geworfen. Ihre Masse wird so reduziert, dass Sie dieselbe Dichte haben wie gewöhnlich. Die Klingen fangen in 60 Sekunden an zu schwirren. Was tun Sie?*«

Der Interviewer blickte von seinem Laptop auf und grinste wie ein Wahnsinniger mit einem neuen Spielzeug.

»Ich nehme das Kleingeld in meiner Tasche und werfe es in den Motor des Mixers, um ihn zu blockieren«, sagte Jim.

Der Interviewer fing wieder an zu tippen. »Die Innenseite des Mixers ist versiegelt«, sagte er im Tonfall eines Mannes, der das alles schon einmal gehört hatte. »Wenn Sie Kleingeld in den Me-

---

* Immer, wenn Sie in diesem Buch das **?** -Symbol sehen, bedeutet das, dass Sie die betreffende Frage im Antworten-Teil finden (beginnend auf S. 166).

chanismus werfen könnten, dann würde der Smoothie auch da reintropfen.«

»Richtig, ähm, dann würde ich meinen Gürtel und mein Hemd ausziehen. Ich würde mein Hemd in Streifen reißen, um ein Seil zu machen, und vielleicht würde ich dazu auch noch den Gürtel nehmen. Dann würde ich meine Schuhe am Ende des Seils festbinden und es wie ein Lasso benutzen …«

Wildes Tippen auf der Tastatur.

»Nein, eigentlich kein Lasso«, ackerte sich Jim weiter ab. »Wie heißen die Dinger, die die argentinischen Cowboys werfen? Die haben so eine Art Gewicht am Ende eines Seils.«

Keine Antwort. Jim hatte mittlerweile das Gefühl, dass seine Idee lahm war, aber er war gezwungen, sie zu Ende zu führen. »Ich würde das Gewicht über den Rand des Mixers werfen und dann rausklettern.«

»Die Gewichte sind nur Ihre Schuhe«, erwiderte der Interviewer. »Wie sollen die Ihr Körpergewicht halten? Sie wiegen mehr als Ihre Schuhe.«

Jim wusste keine Antwort. Doch damit nicht genug. Der Interviewer begann, sich für das Thema zu erwärmen. Er fing an, die Haarspaltereien einzeln durchzugehen. Er war nicht sicher, ob Jims Hemd – das ja so wie der Rest von ihm geschrumpft worden war – in Streifen gerissen lang genug wäre, um über den Rand des Mixers zu reichen. Und wenn Jim erst einmal oben wäre – *wenn* er denn dorthin käme – wie würde er wieder runterkommen? Und würde er in 60 Sekunden realistischerweise ein Tau machen können?

Jim konnte nicht erkennen, inwiefern das Wort *realistisch* in diesem Fall relevant war. Es war, als hätte Google einen Schrumpfungsstrahl und plante, ihn nächste Woche auszuprobieren.

»Es hat mich gefreut, Sie zu treffen«, sagte der Interviewer und streckte Jim eine immer noch feuchte Hand entgegen.

Wir leben in einem Zeitalter der Verzweiflung. Niemals seit Menschengedenken war der Wettbewerb um Stellen intensiver. Niemals waren die Jobinterviews tougher. Das ist das bittere Ergebnis des Aufschwungs ohne Arbeitsplätze. Die Natur unserer Arbeit ist heute so wandelbar wie nie.

Für manche Jobsuchende ist Google die strahlende Stadt auf dem Hügel. Dort machen die klügsten Leute die coolsten Sachen. Google nimmt regelmäßig den höchsten oder einen der höchsten Ränge auf der *Fortune*-Liste der »100 Best Companies to Work For« ein. Der Google-Mountain-View-Campus (der »Googleplex«) ist ein Füllhorn von Annehmlichkeiten für die vermeintlich glücklichen Angestellten. Es gibt elf Gourmet-Restaurants, die kostenlos lokal produziertes Bio-Essen auftischen; es gibt Kletterwände und Swimmingpools; wandgroße Whiteboard-Wände, um sich über spontane Geistesblitze auszutauschen; Pingpong-, Kicker- und Air-Hockey-Tische; zudem dekorative Ergänzungen wie rote britische Telefonzellen und in Dinosaurierform geschnittene Büsche. Angestellte von Google haben Zugang zu münzfreien Waschmaschinen und Autowaschanlagen, bekommen kostenlose Grippeimpfungen und Fremdsprachenkurse. Es gibt einen Shuttleservice zwischen Wohnung und Arbeitsplatz, einen 5000-Dollar-Preisnachlass beim Kauf eines Hybridfahrzeugs und gemeinschaftliche Roller, die jeder auf dem Campus benutzen kann. Junge Eltern erhalten 500 Dollar für Nahrungsmittel und 18 Wochen Urlaub, um die Bindung zu ihrem Kind aufzubauen. Google bezahlt die Einkommensteuer auf Gesundheitsleistungen für gleichgeschlechtliche Lebenspartner. Alle Angestellten bekommen jährlich einen Skiurlaub. Bei all diesen Vergünstigungen geht es nicht um Großzügigkeit und im Gegensatz zu den Verbesserungen am Arbeitsplatz früherer Generationen wurden sie nicht von Gewerkschaften oder Einzelnen ausgehandelt. Es ist gut fürs Geschäft bei Google, wenn man dort, in einer Industrie, die so davon abhängig ist, Toptalente anzuziehen, solche Bonusleistungen anbietet. Dank ihrer sind nicht nur die Angestellten zufrieden, nein, auch alle anderen drücken sich die Nasen am Fenster platt.

Google ist nicht so außergewöhnlich, wie Sie vielleicht denken. Die Armee der Arbeitslosen in unserer Zeit hat jedes Unternehmen zu Google gemacht. Auch Firmen, die nicht annähernd so sexy sind, haben hoch qualifizierte Bewerber für jeden Posten. Das ist ausnehmend gut für die Firmen, die es sich leisten können, Leute einzustellen. Wie Google können auch sie die Toptalente auf ihrem Fachgebiet herauspicken. Für die Bewerber ist es nicht so gut. Sie sehen sich härteren, gröberen und eindringlicheren Überprüfungen ausgesetzt als jemals zuvor.

In den Bewerbungsgesprächen wird das am deutlichsten. Es gibt natürlich viele Arten von Fragen, die traditionellerweise bei Jobinterviews gestellt werden, darunter auch »Verhaltensfragen«, die schon fast zum Klischee geworden sind:

»Erzählen Sie mir von einer Situation, in der Sie mit einem anderen Teammitglied nicht klargekommen sind.«

»Beschreiben Sie eine Gelegenheit, bei der Sie mit einem unhöflichen Kunden umgehen mussten.«

»Wobei haben Sie in Ihrem Leben am schlimmsten versagt?«

»Haben Sie es jemals nicht geschafft, eine Deadline einzuhalten? Was haben Sie gemacht?«

»Beschreiben Sie das vielfältigste Team, das Sie je gemanagt haben.«

Es gibt geschäftsspezifische Fragen wie:

»Wie würden Sie einem Besucher aus einem anderen Land Whole Foods beschreiben?«

»Beschreiben Sie mir die Konkurrenzsituation von Target mit Walmart und wie wir unsere Marke neu positionieren sollten, um Marktanteile zu gewinnen.«

»Wie würden Sie mehr Kunden für Wachovia gewinnen?«

»Welchen Herausforderungen wird sich Starbucks in den nächsten zehn Jahren gegenübersehen?«

»Wie würden Sie Facebook zu Geld machen?«

Und dann sind da noch die Arbeitsbeispiele. Statt einen Jobkandidaten zu fragen, was er kann, erwarten die Unternehmen von ihm, dass er es während des Vorstellungsgesprächs zeigt. Sales Managers müssen einen Marketingplan erstellen, Anwälte einen Vertrag entwerfen, Softwareentwickler einen Code schreiben.

Und gibt es mentale Herausforderungen mit offenem Ergebnis – Google ist dafür besonders bekannt. Fragen wie die mit dem Mixer-Vergleich sind ein Versuch, mentale Flexibilität, ja sogar unternehmerisches Potenzial zu messen. Das war bei Google wegen des schnellen Wachstums der Firma besonders wichtig. Es kann sein, dass eine Person, die für einen bestimmten Job eingestellt wurde, in ein paar Jahren etwas völlig anderes macht. Arbeitsdemonstrationen haben zwar einen gewissen Wert, testen aber nur bestimmte Fertigkeiten. Mit den abwegigeren Fragen versuchen die Unternehmen, etwas zu messen, das sie alle haben wollen: Innovationskraft.

Aus diesem Grund haben sich viele der Interviewfragen von Google auch bei Firmen verbreitet, die weit von Mountain View entfernt sind. Die Marke Google ist heute eine der wertvollsten weltweit, Millward Brown Optimor schätzt sie auf 86 Milliarden Dollar. Erfolg zieht Imitation nach sich. Die unterschiedlichsten Typen von Firmen erklären, »mehr wie Google« sein zu wollen (was auch immer das im Sektor der Küchenbodenfertigung heißen mag). Es ist wenig überraschend, dass sich das auch in der Einstellungspolitik niederschlägt.

Welche Zahl kommt als Nächstes?

Der Interviewstil bei Google geht zurück auf eine ältere Tradition der Verwendung logischer Rätsel, mit denen Jobkandidaten bei technischen Firmen geprüft wurden. Ein Beispiel: Der Interviewer schreibt sechs Zahlen auf die Tafel im Zimmer:

10, 9, 60, 90, 70, 66

Die Frage lautet: Welche Zahl kommt in der Serie als Nächstes?

Ähnliche Rätsel finden auch in psychologischen Kreativitätstests Anwendung. Meistens versucht der Jobkandidat einer Serie Sinn abzugewinnen, die völlig sinnlos zu sein scheint. Der Großteil der Kandidaten gibt auf. Ein paar Glückspilzen kommt der Geistesblitz.

Vergessen Sie die Mathematik. Schreiben Sie die Zahlen in normalem Englisch aus, das liefert Folgendes:

ten
nine
sixty
ninety
seventy
sixty-six

Die Zahlen haben in ihren englischen Namen immer ansteigend einen Buchstaben mehr.

Jetzt sehen Sie genauer hin. »Ten« ist nicht die einzige Zahl, die Sie mit drei Buchstaben schreiben können. Es gibt auch »one«, »two« und »six«. »Nine« ist nicht die einzige Zahl mit vier Buchstaben; es gibt auch »zero«, »four« und »five«. Das ist eine Liste der größten Zahlen, die sich mit einer gegebenen Zahl von Buchstaben schreiben lassen.

Nun zum Ergebnis: *Welche Zahl kommt als Nächstes?* Welche Zahl auch immer es sein mag, die nach »sixty-six« kommt, sie sollte neun Buchstaben haben (ein möglicher Bindestrich nicht mitgezählt) und es sollte obendrein die *größte Zahl* mit neun Buchstaben sein. Spielen Sie ein bisschen damit, und wahrscheinlich landen Sie bei »ninety-six«. Es hat den Anschein, dass Sie nicht über 100 bekommen können, weil das bei »one hundred« anfinge und zehn Buchstaben oder mehr bräuchte.

Vielleicht fragen Sie sich, warum auf der Liste nicht 100 (»hundred«) statt 70 (»seventy«) auftaucht. Auch »Million« und »Billion« haben sieben Buchstaben. Eine vernünftige Mutmaßung ist, dass man Kardinalzahlen verwendet, die in korrektem Schulbuch-Englisch ausgeschrieben werden. 100 wird als »one hundred« ausgeschrieben.

In der *On-Line Encyclopedia of Integer Sequences* kann man eine Serie von Zahlen eingeben und bekommt sofort ausgerechnet, welche Zahl als Nächstes kommt. Natürlich dürfen Sie die *nicht* beim Interview verwenden, aber die Antwort der Website für diese Sequenz ist 96. Seit einigen Jahren stellen Firmen aus den unterschiedlichsten Bereichen diese Fragen bei Bewerbungsgesprächen. Oft benutzt sie der Personalchef nur, um den armen Kandidaten ins Schwitzen zu bringen. Bei vielen dieser Firmen ist die einzig korrekte Antwort 96.

Nicht bei Google. In Mountain View gilt 96 als akzeptable Antwort. Eine bessere sieht so aus:

> 10.000.000.000.000.000.000.000.000.000.000.000.
> 000.000.000.000.000.000.000.000.000.000.000.000.
> 000.000.000.000.000.000.000.000
> alias »one googol«.

Das ist jedoch nicht die beste Antwort. Die bevorzugte Antwort ist:

> 100.000.000.000.000.000.000.000.000.000.000.000.
> 000.000.000.000.000.000.000.000.000.000.000.000.
> 000.000.000.000.000.000.000.000
> »ten googol«

Diese Antwort lässt sich bis etwa 1938 zurückverfolgen. Der neunjährige Milton Sirotta und sein Bruder Edwin machten eines Tages zusammen mit ihrem Onkel einen Spaziergang in den New Jersey

Palisades. Bei dem Onkel handelte es sich um Edward Kasner, einen Mathematiker von der Columbia, der es schon zu einer gewissen Berühmtheit gebracht hatte, und zwar als erster Jude, der an dieser Einrichtung eine Professur auf Lebenszeit in den Wissenschaften bekommen hatte. Kasner sprach mit den neunjährigen Bücherwürmern über die Zahl, die sich als 1 gefolgt von 100 Nullen schreiben ließ. Kasner forderte seine Neffen auf, einen Namen für die Zahl zu erfinden. Milton schlug »googol« vor.

Das Wort tauchte in dem 1940 erschienenen Buch auf, das Kasner zusammen mit James Newman schrieb: *Mathematics and the Imagination*. Dort findet sich auch der Name für eine noch größere Zahl, »googolplex«, definiert als Zehn hoch ein Googol. Beide Wörter machten Schule und schafften es bis in die Popkultur, wo sie in der Serie *Die Simpsons* erwähnt wurden – und sie standen Pate für den Namen der Suchmaschine, die von Larry Page und Sergej Brin entwickelt wurde.

Dem Forscher David Koller in Stanford zufolge »(…) waren Sean [Anderson] und Larry [Page] in ihrem Büro und benutzen bei ihrem Versuch, einen guten Namen zu finden, eine Tafel – etwas, was mit der Indizierung einer immensen Datenmenge in Verbindung stand. Sean schlug wörtlich »googolplex« vor und Larry antwortete wörtlich mit der gekürzten Form »googol« (beide Worte referieren auf spezifische große Zahlen). Sean saß an seinem Computerterminal und führte also eine Suche bei einer Datenbank für Internet-Domain-Registrierungen durch, um zu sehen, ob der vorgeschlagene Name noch für eine Registrierung und Nutzung zur Verfügung stand. Sean ist beim Buchstabieren nicht unfehlbar und suchte versehentlich nach dem Namen, der sich »google.com« schrieb, der zu haben war. Larry mochte den Namen und leitete innerhalb von ein paar Stunden Schritte ein, den Namen »google.com« für sich und Sergej zu registrieren.«

Edward Kasner starb 1955 und bekam den Namensvetter seiner Zahl niemals zu Gesicht. In jüngerer Zeit ist die Ahnenreihe von

Google zu einer heiklen Angelegenheit geworden. 2004 beschwerte sich Kasners Großnichte, Peri Fleisher, dass die Firma von Page und Brin sich das Wort angeeignet hätte, ohne für die Rechte zu bezahlen. Fleisher sagte, sie würde ihre rechtlichen Möglichkeiten ausloten. (Die beste Schlagzeile lautete: »Have Your Google People Talk to My ›Googol‹ People«.)

Das googol-Google-Rätsel in den Bewerbungsgesprächen hat Schichten wie eine Zwiebel. Zunächst müssen Sie sich klarmachen, dass die Schreibweise der Zahlen, nicht ihre mathematischen Eigenschaften, relevant ist. Das ist schon schwierig genug. Und dann müssen Sie noch von Kasners Zahl wissen und sich an sie erinnern. Ein durchschnittlicher Sterblicher würde sich schon für clever halten, auf »one googol« zu kommen, und wäre bereit, es dabei bewenden zu lassen. Aber da ist noch eine letzte Schicht. »Ten googol« ist größer als »one googol« und sollte daher die Antwort sein. Beide Zahlen haben ausgeschrieben gleich viele Buchstaben.

Vorstellungskraft und Erfindungsgabe

Ist diese Frage nicht viel zu schwierig, um sie einem Jobkandidaten zu stellen? Nicht bei Google. Allerdings haben Rätsel dieser Art als Interviewfragen auch Nachteile. Die Antwort hier ist eine simple Frage der Einsicht: Entweder Sie kommen« drauf oder eben nicht. Es gibt keinen Deduktionsprozess, der sich wiedergeben ließe, und deshalb kann man jemanden, der das Problem löst, nicht von jemandem unterscheiden, der die Antwort bereits kennt. Leute, die sich bei Google bewerben, wissen schließlich besser als alle anderen, wie man eine Suchmaschine bedient. Man erwartet, dass Kandidaten nach Ratschlägen für Google-Interviews googeln, darunter auch nach Fragen, die gestellt werden. Infolgedessen ermutigt Google seine Interviewer, eine andere Art von Fragen zu verwenden, offenere Fragen, bei denen es keine definitive »richtige Antwort« gibt. In der Philosophie von Google sind gute Interviewfragen wie Tests zum Mit-nach-Hause-Nehmen. Die Herausforderung besteht darin, eine Antwort zu liefern, die der Interviewer noch nie gehört hat und die *besser* ist als alle, die er schon gehört hat.

Die Interviewer bei Google sind keine »warmen, kuscheligen Typen«, wie mir ein Bewerber einmal erzählt hat. Ein anderes Wort, das man in diesem Zusammenhang oft hört, ist »gefühllos«. Der Interviewer sitzt da und tippt emotionslos und immer im selben Tempo auf seinem Laptop vor sich hin. Das ist natürlich Absicht. Die mentalen Herausforderungen, die Google stellt, haben die Tendenz zum Kryptischen. Kandidaten bekommen keine Reaktion, ob sie mit ihrer Gedankenführung in die »richtige« oder in die »falsche« Richtung gehen oder ob ihre letztendliche Antwort richtig oder falsch ist. Für die Fragen von Google gibt es oft mehr als eine gute Antwort. Manche sieht man dort als gut, andere als banal an, wieder andere sind brillant. Der Interviewte kann den Raum verlassen und kaum eine Ahnung haben, wie gut er oder sie sich im Interview geschlagen hat. Das hat unter Google-Kandidaten intensive Spekulationen und regelrechte Paranoia hervorgerufen. Und es hat obendrein zu dem interessanten Phänomen geführt, dass andere Firmen die Interview-Fragen von Google übernehmen, ohne zu wissen, worin die richtige Antwort besteht.

Die Crème de la Crème der Vorzüge, die Google-Mitarbeiter genießen, sind nicht die Sashimi oder die Massagen. Es ist das 20-Prozent-Projekt. Man erlaubt den Entwicklern bei Google, einen Tag pro Woche mit einem Projekt ihrer Wahl zuzubringen. Das ist ein fantastisches Glücksspiel. Man kann sich nicht vorstellen, dass Procter & Gamble seinen Angestellten einen Tag pro Woche zum Erträumen neuer Shampoos schenken würde. Bei Google funktioniert das. Es gibt Berichte darüber, dass mehr als die Hälfte der Einnahmen von Google mittlerweile von Ideen kommt, die als 20-Prozent-Zeitprojekte angefangen haben, darunter Gmail, Google Maps, Google News, Google Sky und Google Voice.

Wie bemisst man das Talent zur Innovation? Wirtschaftsschulen beschäftigen sich seit Jahrzehnten mit dieser Frage. Es ist klar, dass vielen intelligenten Menschen einfach der Funke fehlt, worin auch immer dieser bestehen mag. Nikolai Gogol (dessen Name ein häufiger Tippfehler für »googol« und »Google« ist) hat diesen Zusammenhang hervorragend formuliert: In seiner Geschichte *Der Mantel* macht er eine Bemerkung über den »Abgrund, der Schneider, die einfach nur Futter einsetzen und Reparaturen machen, von denen trennt, die Neues nähen«. Google verwettet 20 Prozent seiner Kosten für Entwicklungsarbeiten darauf, dass es die kompetenten Software-Schneider von denen unterscheiden kann, die in der Lage sind, die genialsten Apps zu erfinden.

Das Rätsel mit dem Mixer enthält in sich schon das Rezept für die Entwicklung eines neuen Produkts. Sie fangen mit einem Brainstorming an. Es gibt viele mögliche Antworten. Sie sollten sich nicht hetzen lassen und dann bei der ersten Idee bleiben, die Ihnen »gut genug« vorkommt. Die überlegene Antwort zu finden, ist unter anderem davon abhängig, dass man sorgfältig auf die Formulierung der Frage achtet. »Vorstellungskraft ist wichtiger als Wissen«, so Einstein. Sie müssen nicht Einstein sein, um die Frage gut beantworten zu können, aber Sie brauchen Vorstellungskraft, um sie mit Wissenselementen in Verbindung zu bringen, die Sie sich vor langer Zeit angeeignet haben.

Bei vielen von uns ist der Kniesehnenreflex, spöttisch zu reagieren. (Ein Versuch findet sich in einem Blog: »Man könnte annehmen, dass, weil der Mixer ja gleich eingeschaltet wird, Lebensmittel hineingegeben werden, also würde ich wahrscheinlich meinen Hals an die Klinge halten, statt in irgendeinem beschissenen Vitamindrink zu ersaufen.«) Die zwei beliebtesten Antworten sind scheinbar folgende: (1) Unter die Klingen legen und (2) sich an den Rand seitlich von den Klingen stellen. Es sollte zumindest

Platz in der Breite eines 5-Cent-Stücks zwischen den wirbelnden Klingen und dem Boden oder dem Rand des Mixers sein.

Eine weitere verbreitete Antwort ist (3), über die Klingen zu klettern und den eigenen Schwerpunkt über die Achse zu bringen. Man hält sich fest. Die Netto-Zentrifugalkraft wird sich fast auf null belaufen, was es Ihnen ermöglicht, sich festzuhalten.

Wie bei vielen anderen Interviewfragen von Google bleibt auch hier vieles ungesagt. Wer oder was hat Sie in den Mixer geworfen und aus welchem Grund? Wenn ein feindseliges Wesen es sich in den Kopf gesetzt hat, einen Menschen-Smoothie zu machen, dann sind Ihre langfristigen Überlebenschancen gering, egal, was Sie tun. Wird Flüssigkeit in den Mixer gegeben? Hat er einen Deckel? Wie lang bewegen sich die Klingen? Im Fall, dass sie sich lang drehen, würde Ihnen bei Antwort Nr. 3 schwindlig werden. Sie könnten bewusstlos werden und herunterfallen.

Sie können dem Interviewer Fragen zu diesen Punkten stellen. Die kanonischen Antworten sind: »Machen Sie sich keine Gedanken über feindselige Wesen«, »Es wird keine Flüssigkeit zugeben« und »Gehen Sie davon aus, dass sich die Klingen bewegen, bis Sie tot sind«.

Ein weiterer Ansatz ist (4), aus dem Mixer zu klettern. Der Interviewer wird Sie fragen, wie Sie das anstellen wollen. Sie haben keine Saugnäpfe. Eine kluge Antwort lautet, dass Sie bei dieser minimalen Größe die Eigenschaften einer Fliege haben und auch auf Glas klettern können.

Eine dumme Antwort (5) ist, das Telefon zu benutzen, um nach Hilfe zu rufen oder zu texten. Das ist davon abhängig, ob Ihr Telefon mit Ihnen geschrumpft wurde oder nicht und Verbindung zum nächsten (*nicht* geschrumpften) Handymasten hat. Es ist ebenfalls davon abhängig, ob die Notrufzentrale oder Ihre Twitter-Gruppe innerhalb von 60 Sekunden Hilfe schicken können.

Eine weitere beliebte Antwort ist (6), seine Kleidung zu zerreißen oder aufzutrennen, um ein »Tau« zu machen und daran aus dem Mixer zu klettern. Oder (7) seine Kleidung oder persönlichen Gegenstände zu benutzen, um irgendwie die Klingen oder den Motor zu blockieren. Wie wir gesehen haben, sind beide Antworten problematisch.

Von Mäusen und Menschen

Mit keiner der oben genannten Antworten holen Sie bei Google viele Punkte. Aktuelle und Ex-Interviewer von Google haben mir erklärt, dass die beste Antwort, die sie gehört haben, jene sei, (8) *aus dem Mixer zu springen.*

Hä? Die Frage liefert einen wichtigen Hinweis, der im kleinen Wörtchen *Dichte* steckt. »Auf die Größe eines 5-Cent-Stücks geschrumpft werden« ist keine realistische Zwickmühle. Zunächst einmal würde das bedeuten, dass man 99,99+ Prozent der Neuronen in Ihrem Gehirn eliminieren müsste. Wenn Sie sich einer solchen Frage stellen, dann müssen Sie entscheiden, wo Sie die »willentliche Aussetzung der Ungläubigkeit« üben und wo Sie die Aufgabe ernst nehmen wollen. Die Tatsache, dass der Interviewer ein Detail wie die Dichte erwähnt, ist ein Hinweis, dass Masse und Volumen bei dieser Frage eine Rolle spielen (während das womöglich nicht für die Neuronenanzahl gilt) und dass sich eine Antwort durch die Anwendung simpler physikalischer Gesetze finden lässt.

Kurz gesagt will man mit der Frage erreichen, dass Sie die Effekte von Maßstabsänderungen bedenken. Vermutlich erinnern Sie sich noch, davon in der Schule gehört zu haben. Eine Ameise ist in der Lage, etwa das 50-fache ihres Körpergewichts zu heben. Das liegt nicht daran, dass ihre Muskeln besser sind als die eines Menschen, sondern daran, dass Ameisen *klein* sind. Das Gewicht einer Ameise (oder wovon auch immer) ist proportional zur dritten Potenz ihrer Größe. Die Stärke der Muskeln – und der Knochen oder des Exoskeletts, die sie unterstützen – ist abhängig von ihrer Querschnittsfläche, die proportional zu ihrer Größe im

Quadrat ist. Würden sie auf ein Zehntel Ihrer momentanen Größe geschrumpft, wären Ihre Muskeln nur noch ein Hundertstel so stark, aber Sie würden im Vergleich zu vorher nur noch ein Tausendstel wiegen. Ceteris paribus sind kleine Geschöpfe »stärker«, wenn es darum geht, ihr eigenes Gewicht gegen die Schwerkraft zu heben. Sie können ein Vielfaches ihres Eigengewichts tragen.

Eine klassische Behandlung einer Maßstabsänderung steht im 1926 erschienenen Aufsatz *On Being the Right Size* von J. B. S. Haldane, der sich auch über Google finden lässt. Haldane war in der Lage, mit einigen grundlegenden Prinzipien viele Geheimnisse der biologischen Welt aufzuklären. Es gibt keine Mäuse oder Eidechsen oder andere kleine Tiere in den Polarregionen. Der Grund dafür ist, dass kleine Tiere schnell erfrieren würden, weil sie in Anbetracht ihres Volumens eine relativ große Oberfläche aufweisen. Insekten können leicht fliegen, aber Engel können nicht existieren: Flügel würden zu viel Energie brauchen, um einen menschlichen Körper in der Luft zu halten.

Haldanes Argumentation wurde jahrzehntelang von den Machern kitschiger Science-Fiction-Filme ignoriert. Die Schwerkraft würde ein mutiertes Rieseninsekt wie eine Wanze zerquetschen. Der Vorteil würde den Helden von schlechten Filmen wie *Liebling, ich habe die Kinder geschrumpft* und *Die unglaubliche Geschichte des Mr. C.* zugutekommen. Geschrumpfte Menschen wären unglaublich stark, relativ gesehen. In dem Film *Die unglaubliche Geschichte des Mr. C.* von 1957 bekämpft der Held eine Spinne mit einer Nadel, die er schwingt, als wäre sie ein Telefonmast. In Wirklichkeit könnte er diese Nadel mit Leichtigkeit führen.

Können Sie sehen, worauf das hinausläuft? Wenn Sie auf die Größe eines 5-Cent-Stücks eingeschrumpft würden, dann wären Sie stark genug, um wie Superman aus dem Mixer herauszuspringen.

Das ist der Kern für eine gute Antwort auf diese Frage. Aber die Interviewer von Google sind nicht nur auf der Suche nach jemandem, dem das grundlegende Konzept klar ist. Die besten Antworten liefern ein kohärentes Argument.

Mitte des 17. Jahrhunderts deduzierte Giovanni Alfonso Borelli, ein Zeitgenosse Galileis, folgende bemerkenswert Regel: »Alles, was springt, springt ungefähr gleich hoch.« Denken Sie darüber nach. Sie können vermutlich etwa plus minus 75 Zentimeter hoch springen. Das ist die Höhe, in die Sie Ihren Schwerpunkt bekommen. Diese Zahl trifft auch etwa für ein Pferd, einen Hasen, einen Frosch, einen Grashüpfer oder einen Floh zu.

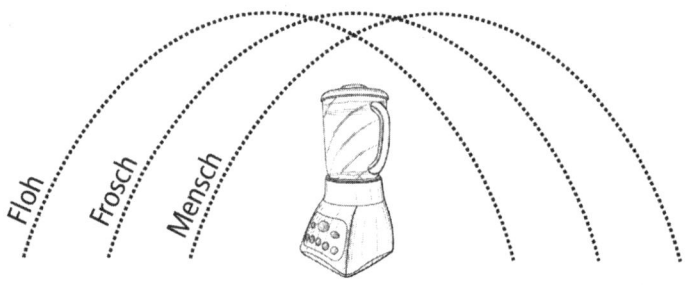

Natürlich gibt es Variationen. Eine Tierart, deren nacktes Überleben von ihrer Sprungkraft abhängig ist, wird diese optimieren und besser springen können als eine, die keinen Grund hat, viel zu springen. Es gibt Arten, die überhaupt nicht springen, wie etwa Schildkröten, Schnecken oder Elefanten. Aber wenn Sie einen Blick auf die riesigen Variationen in Größe und Anatomie werfen, dann ist es schon erstaunlich, dass ein Basketballprofi und ein Floh jeweils etwa die gleiche Luftmenge unter ihre Füße kriegen können.

Google erwartet von niemandem, dass er weiß, wer Borelli ist, aber man ist von Kandidaten beeindruckt, die seine Überlegungen reproduzieren können. Das ist eigentlich gar nicht so schwer. Muskelenergie stammt im Endeffekt aus Chemikalien – aus der

Glukose und dem Sauerstoff, die im Blut zirkulieren, sowie aus Adenosintriphosphat (ATP) in den Muskelzellen. Die Menge jeder dieser Chemikalien ist proportional zu Ihrem Körpervolumen. Wenn Sie also auf $1/n$ Ihrer üblichen Größe geschrumpft werden, wird Ihre Muskelenergie um einen Faktor von n^3 reduziert.

Glücklicherweise wird auch Ihre Masse kleiner, und zwar um genau denselben Faktor von n^3. Ein Mixer ist etwa 20-mal so hoch wie ein 5-Cent-Stück. Nun würden Sie wahrscheinlich nicht aus der 20-fachen Höhe Ihrer Körpergröße hinabfallen wollen. Darüber brauchen Sie sich jedoch nach dem Schrumpfen keine Sorgen mehr zu machen. Sie haben $1/n^2$ an Oberfläche im Vergleich zu $1/n^3$ an Masse. Das bedeutet, Sie haben n mal mehr Oberfläche durch Masse, um dem Fall zu widerstehen und, ähm, um Ihre Eingeweide bei sich zu behalten, wenn Sie landen. Im Grunde genommen muss sich nichts, was die Größe einer Maus oder weniger hat, Sorgen um einen Sturz aus egal welcher Höhe machen. Haldane fasste das sehr schön mit folgenden Worten zusammen: »Sie können eine Maus einen 1000 Meter tiefen Schacht hinunterwerfen; wenn sie auf dem Boden aufschlägt, bekommt sie einen leichten Schock und geht weg, gesetzt, der Boden ist weich genug. Eine Ratte stirbt, ein Mensch wird zerschmettert und ein Pferd zerplatzt einfach.«

Oben habe ich die Antwort (4) geliefert, bei der Sie wie eine Fliege aus dem Mixer klettern. Auch das lässt sich mit dem Argument der Maßstabsänderung rechtfertigen. Sie müssen sich dazu gar nicht vorstellen, dass Sie klebrige Hände haben, denn klebrig sind die Füße von Insekten, die an Glas hochlaufen, auch nicht. Lassen Sie Ihre Hand einmal über eine Glasscheibe gleiten: Sie spüren Widerstand. Tatsache ist, dass jede Oberfläche ein wenig an einer anderen Oberfläche haftet. Sind Sie erst einmal eingeschrumpft, haben Sie n mal mehr Hand- und Fußoberfläche pro Masse und umso mehr relative Klebrigkeit. Das kann ausreichen, um Spiderman zu spielen.

Die Spiderman-Antwort gilt dennoch nicht als so gut wie die Superman-Antwort: Klettern geht langsam. Das Erklettern eines 30 Zentimeter hohen Mixers bei dieser Größe ist mit dem Erklimmen einer 160 Meter hohen Wand durch einen Profikletterer vergleichbar. Man muss Hände und Füße mit äußerster Vorsicht setzen. Das braucht Zeit, mehr als 60 Sekunden. Die Klingen fangen an zu wirbeln, bevor Spiderman oben angekommen ist. Ein Ausrutscher kann tödliche Folgen haben. Die Superman-Lösung ist die schnellere und ungefährlichere. Sollten Sie es nicht schaffen, aus dem Mixer zu springen, dann können Sie es nochmals, ja mehrmals, versuchen.

Wachstum

Während ich dies schreibe, sind 15 Millionen Amerikaner arbeitslos. Viele der Jobs, die diese Arbeitslosen einst hatten, wird es nie wieder geben. Leute in Branchen wie der Werbung, dem Einzelhandel, Vertrieb, den Medien oder dem Journalismus mögen sich in Bewerbungsgesprächen bei Firmen wiederfinden, die sie aufgrund der Fragen für »technische Unternehmen« halten – nur dass sie das eben nicht sind. Sie sind die Zukunft der Wirtschaft. Das bringt diese Bewerber in Kontakt mit einer neuen, fremden Kultur intensiver Interviewpraktiken.

Die Mixer-Frage ist eine Metapher. Beim Wachstum einer Firma oder egal wovon, was uns Menschen wichtig ist, geht es ausschließlich um Maßstabsänderungen. Lösungen, die bei etwas Kleinem funktionieren, funktionieren nicht notwendigerweise auch dann, wenn sich der Bereich vergrößert. »Im letzten Jahr war meine Hauptsorge das Wachstum des Unternehmens«, sagte Eric Schmidt im Jahr 2007 als CEO bei Google. »Das Problem ist, dass wir so schnell wachsen. Wenn Sie so schnell Leute ins Boot holen, dann besteht immer die Möglichkeit, dass plötzlich die Formel nicht mehr passt.«

Schwierige Interviewfragen sind ein Ansatz, mit dem Google versucht, seine Formel zu schützen. Google weiß aufgrund des einzigartigen Wesens seines Geschäfts und seines schnellen Wachstums mehr über diese Problematik als die meisten Firmen. Doch die Erfahrung hält für alle in dieser rutschigen, stets im Wandel befindlichen, stets kontextabhängigen Welt Lektionen bereit. Das gilt sowohl für Arbeitgeber wie auch für Jobsuchende.

Die Einstellungspraxis in den wählerischen Firmen von heute basiert darauf, dass viele enttäuscht werden. Das ist für die Arbeitgeber nicht selten eine rentable Strategie – und macht aufseiten der Jobsucher eine neue Herangehensweise erforderlich. Dieses Buch wird die ultratoughen Interviewfragen von heute unter die Lupe nehmen – worum es sich dabei handelt, wie sie entstanden sind und wie sie sich am besten beantworten lassen. Hier haben Sie die Chance, Ihren Grips mit dem der Angestellten der schlauesten und innovativsten Firmen dieser Welt zu messen. (Die Fragen machen wirklich Spaß, solange man nicht selbst bei einem Vorstellungsgespräch mit ihnen gegrillt wird.) Auf dieser Reise werden Sie etwas über das Mysterium des kreativen Denkens lernen, das nichts von seiner Tiefe verloren hat. Arbeitgeber werden einiges darüber erfahren, was bei solchen Gesprächen funktioniert und was nicht, sowie darüber, warum der Google-Ansatz, der weit über schwierige Fragen hinausgeht, so einflussreich war. Für Jobsucher soll dieses Buch eine Hilfe dabei sein, sich nicht von ein paar kniffligen Fragen aus dem Konzept bringen zu lassen. Oft ist alles, was es zum Erfolg braucht, die Fähigkeit, um die Ecke zu denken.

Knifflige Interviewfragen

Versuchen Sie doch einmal, diese Fragen, die heute bei Jobinterviews in zahlreichen Branchen verbreitet sind, zu beantworten. Die Lösungen finden Sie ab S. 167.

? Dauert ein Hin- und Rückflug mit dem Flugzeug bei Wind länger, weniger lang oder genauso lang?

? Was kommt in der folgenden Serie als Nächstes?

GGG, GBB, B, GB

? Sie und Ihr Nachbar veranstalten am selben Tag einen Straßenflohmarkt. Sie beide planen, den exakt gleichen Gegenstand zu verkaufen. Sie möchten den Gegenstand für 100 Dollar verkaufen. Ihr Nachbar hat Sie informiert, dass er seinen für 40 Dollar anbieten wird. Die Gegenstände sind in gleich gutem Zustand. Was tun Sie, angenommen, Sie und Ihr Nachbar sind nicht gut aufeinander zu sprechen?

? Sie stellen ein Glas Wasser auf die Drehscheibe eines Plattenspielers und fangen an, langsam die Geschwindigkeit zu erhöhen. Was passiert zuerst: Gleitet das Glas herunter, kippt es um oder schwappt das Wasser über?

KAPITEL 2

Der Kult der Kreativität

Eine Geschichte der Personalabteilung oder Warum die Interviewer ihr eigenes Ding machen

»Sie sind in einem 3 auf 3 Meter großen Steinkorridor«, verkündet die Interviewerin. »Vor Ihnen erscheint der Fürst der Hölle.«

So beginnt die Geschichte eines äußerst seltsamen Jobinterviews, überliefert von Microsoft-Programm-Manager Chris Sells. »Sie meinen den Teufel?«, fragt der Pechvogel von Bewerber.

»Jeder Höllenfürst kommt infrage«, so die Antwort. »Was tun Sie?«

»Kann ich weglaufen?«

»Wollen Sie das?«

»Hmm. Schätze nicht. Habe ich eine Waffe?«

»Was für eine Waffe hätten Sie denn gern?«

»Eine mit großer Reichweite.«

»Zum Beispiel?«

»Eine Armbrust.«

»Welche Munition wollen Sie?«

»Bolzen aus Eis.«

»Warum?«

»Weil der Höllenfürst ein Wesen aus Feuer ist.«

Das gefällt ihr. »Also, was tun Sie als Nächstes?«

»Ich erschieße ihn?«

»Nein, *was tun Sie?*« Stille. »*Sie verschwenden ihn! Sie VER-SCHWENDEN den Höllenfürsten!*«

An diesem Punkt angelangt, hatte der Bewerber selbst eine Frage: »Verdammte Scheiße, wo bin ich denn hier reingeraten?«

In ein nicht völlig untypisches Interview in der New Economy. In vielen Branchen sind unkonventionelle Bewerbungsfragen ein Zeichen von Coolness. Sie zeigen, wie »kreativ« die Belegschaft ist. Diese Fragen sind ein Merkmal von Firmen, in denen die Vorstellungsgespräche nicht von der Personalabteilung durchgeführt werden. Besonders in hoch spezialisierten und kreativen Feldern geht man davon aus, dass die Angestellten besser wissen, welche Interviewfragen gestellt werden sollen, als die Typen in der Personalabteilung. Das klingt gut in der Theorie. In der Praxis nehmen viele Interviewer das als Freibrief, ihr eigenes Ding zu machen. Sie stellen alle möglichen abwegigen Fragen, die ihnen in den Sinn kommen – und alle möglichen Fragen, von denen sie gehört haben, dass andere sie stellen. Und es ist irgendwie nur schwer vorstellbar, dass Fragen wie die obige viel Wert bei der Auswahl von möglichen Mitarbeitern haben.

Das tiefe, dunkle Geheimnis der Personalabteilung ist, dass Jobinterviews nicht funktionieren. Das sind jetzt nicht wirklich bahnbrechende Neuigkeiten. Schon 1963 schrieben die Verhaltensforscher Marvin D. Dunnette und Bernard M. Bass:

> »Das Interview in der Personalabteilung ist weiterhin die verbreitetste Methode, um Mitarbeiter auszuwählen, und zwar trotz der Tatsache, dass es eine kostspielige, ineffiziente und üblicherweise gegenstandslose Methode ist.«

Zwölf Jahre später schrieb der Personalreferent Robert Martin:

»Die meisten Personalreferenten in Firmen, mit denen ich Kontakt hatte, sind anständige, wohlmeinende Leute. Aber ich muss erst noch einen treffen, und ich schließe mich da nicht aus, der weiß, was er (oder sie) tut.«

Der New Economy ist das mittlerweile klar. »Sie können in einem Interview feststellen, ob die Person ein angenehmer Gesprächspartner ist, und Sie können ein paar technische Fragen stellen, um die wirklich Unfähigen auszusondern, aber alles, was darüber hinausgeht, ließe sich genauso gut durch Würfeln entscheiden«, so der Gründer von Bit Torrent, Bram Cohen. Der Chef der Personalabteilung von Google, Laszlo Bock, bringt es sogar noch besser auf den Punkt: »Interviews sind ein äußerst schlechter Indikator für Leistung.«

Was ist so schlecht an Bewerbungsgesprächen? Die oben zitierten Kritiker sind sich einiger vernichtender Statistiken allzu bewusst. Die Beweise für den Nutzen von Job-Interviews sind den Beweisen für Phänomene wie übersinnliche Wahrnehmung und Entführungen durch Aliens nicht unähnlich. Es gibt ein paar tolle Anekdoten, aber je genauer man sich die Daten ansieht, desto weniger überzeugend stellt sich die Sache dar. In der Praxis scheinen Job-Interviews wenig oder keine Voraussagekraft hinsichtlich des beruflichen Erfolgs zu haben, zumindest keine, die über die durch Ausbildung und Arbeitserfahrung bereits gegebene hinausgeht.

Die Interviewer favorisieren unvermeidlich Kandidaten, die »sich im Interview gut schlagen« – die gut aussehen, nicht auf den Mund gefallen sind und die richtigen Witze machen. Aber sich im Interview gut zu schlagen, ist nicht dasselbe, wie sich im Job gut zu schlagen. Natürlich behaupten die meisten Interviewer beharrlich, dass sie sich dessen bewusst sind und nachkorrigieren – irgendwie. Die meisten Studien deuten darauf hin, dass sie das keineswegs im ausreichenden Maße tun. Vielleicht ist es nicht mal möglich, »zu korrigieren«, wenn ein Großteil der Entscheidung unbewusst und automatisch abläuft. Oft werden die Leute aufgrund einer Ahnung eingestellt.

Verhalten prognostiziert Verhalten

Die Profession Human Resources hat einen Großteil des letzten Jahrhunderts damit zugebracht, nach einer Möglichkeit zu suchen, Kandidaten besser zu evaluieren. Ein Ansatz besteht in der Benutzung von *Biodaten*. Ein Jobbewerber bekommt Fragen über sein früheres Verhalten gestellt, üblicherweise auf einem Fragebogen, weil man glaubt, daran feststellen zu können, wie er sich am Arbeitsplatz verhalten wird.

Angeblich soll dieser Ansatz in der Versicherungsindustrie entstanden sein. 1894 unterbreitete Colonel Thomas L. Peters von der Washington Life Insurance Company auf einer Branchenkonferenz den Vorschlag, Bewerbern auf den Posten eines Versicherungsvertreters eine Reihe standardisierter Fragen zu stellen. Peters meinte, dass die Firma durch Benutzung derselben versicherungsstatistischen Analyse, die schon für die Festsetzung von Prämien verwendet wurde, voraussagen könnte, wer für den Job am geeignetsten sei. Die Prämisse dieses Ansatzes ist: »Verhalten erlaubt die Prognose von Verhalten.« Eine Person, die im letzten Jahr fünf Strafzettel wegen Geschwindigkeitsüberschreitung bekommen hat, wird wahrscheinlich auch künftig zu schnell fahren und daher ein höheres Unfallrisiko haben.

Eine klassische Biodaten-Frage stammt aus dem Zweiten Weltkrieg. Die US-Militärstation für Marine-Luftwaffe in Pensacola, Florida, auch bekannt als Annapolis der Lüfte, wurde mit der Aufgabe betraut, pro Monat 1100 Kadetten auszubilden, zehnmal mehr als in Friedenszeiten. Nicht jeder war aus dem richtigen Holz geschnitzt, um Pilot zu werden. Das Training war zermürbend und teuer und die Auszubildenden waren oft mehrere Tage krank – manche hatten noch nie zuvor in einem Flugzeug gesessen. Die Kriegsanstrengungen waren davon abhängig, genau festzustellen, wer das Talent und das Durchhaltevermögen hatte, um ein guter Pilot zu werden. Militärpsychologen entwickelten einen Fragebogen, der Hintergrund, Ausbildung und Interessen abdeckte. Ein Psychologe in Pensacola, Edward Cureton, verglich die Antworten der Rekruten auf dem Fragebogen mit ihrem tatsächlichen Geschick in der nachfolgenden Pilotenausbildung. Cureton war von seinen Ergebnissen überrascht. Eine bestimmte Frage sagte den Erfolg als Pilot besser vorher als der gesamte restliche Fragebogen.

Die Frage lautete: »Haben Sie jemals ein Modellflugzeug gebaut, das tatsächlich geflogen ist?«

Die Rekruten, die mit Ja antworteten, waren mit größerer Wahrscheinlichkeit als Piloten erfolgreich. »Diese Leidenschaft für Flugzeuge von Leuten, die das schon ewig machten, stellte sich als guter Indikator heraus«, erklärt Todd Carlisle, ein Psychologe in der Google-Abteilung für People Operations. »Die blieben dran, egal, wie oft sie sich im Flieger übergaben.«

Der Biodaten-Ansatz ist mehrmals in und wieder aus der Mode gekommen. Ob es stimmt oder nicht: Es besteht die Annahme, dass der Ansatz allerdings zu krude ist, um ein echter Leitfaden beim Einstellen »kreativer« Innovatoren und Manager zu sein. Das hat seinen Einfluss immer dann beschränkt, wenn die Arbeitgeber auf der Suche nach Visionären waren.

Kreativität kontra Intelligenz

Kreativität als Konzept für Human Resources ist ein Vermächtnis der Ära des Sputnik-Schocks im Kalten Krieg. Der 1957 erfolgte Start eines erdumkreisenden Satelliten durch die Sowjetunion schockte die Amerikaner so sehr, dass sie aus ihrer Behäbigkeit erwachten. Es war nicht länger gesichert, dass Amerika die Welt führte. Redakteure befürchteten, dass das Land in Sachen technischer Innovation am Zurückfallen sei. Die Schulen restrukturierten ihre Lehrpläne und verlegten den Fokus auf Wissenschaften und kreatives Denken. Arbeitgeber entschieden, auf den Erfolg des Kreativitätsvehikels aufzuspringen. Sie begannen, sich zu fragen, ob es möglich wäre, die zukünftigen Innovatoren, Unternehmer und Anführer auszumachen.

Sputnik und das Weltraum-Wettrennen beschleunigten einen Trend, der in der Psychologie bereits begonnen hatte: das Zerschmettern des Konzepts der Intelligenz. Für ein halbes Jahrhundert hatten Schulen und Arbeitgeber viel auf den Begriff des IQ gegeben. »Intelligenz« stellte man sich dabei als eine feste Größe vor, die für sämtliche intellektuellen Leistungen verantwortlich und ebenso leicht zu messen sei wie der Blutdruck. Psychologen lieferten in Fließbandarbeit Intelligenztests für den begierigen Markt amerikanischer Schulen und Arbeitgeber.

Hätte die Verkaufsmasche gestimmt, wäre die Aufgabe der Arbeitgeber recht simpel gewesen: Stell die qualifizierten Bewerber mit dem höchsten IQ ein. Die Realität sah so aus, dass die IQ-Tests wenig erkennbaren Wert für die Einstellungstests hatten. Das soll nicht heißen, dass Intelligenz keine Rolle spielt, sondern dass Arbeitsvergangenheit und Ausbildung so ziemlich dieselben Informationen und noch mehr liefern. Ebenso lästig war die Tatsache, dass Leute mit hohem IQ keineswegs immer gute Angestellte abgeben. Manche sind schlaue Faulpelze, die niemals etwas zuwege bringen.

Die Kluft zwischen Intelligenz und Erfolg begann peinlich für die IQ-Psychologen zu werden. Mitte des Jahrhunderts fanden sie dann eine Möglichkeit, aus dieser Scheiße Gold zu machen. Einer der Assistenten von Thomas Edison, der an der Cornell University ausgebildete Ingenieur Louis Leon Thurstone, war so fasziniert von den Mysterien des Intellekts und des Erfolges, dass er Psychologe wurde. Thurstone vertrat die Ansicht, dass es sich bei »Intelligenz« um unterschiedliche Fähigkeiten wie etwa fließendes Sprechen, räumliche Vorstellungsgabe und Argumentieren handelte. Zwischen diesen Fähigkeiten, so argumentierte er, gebe es keine besonders starken Wechselwirkungen. Sie können in einer Sache brillant sein und trotzdem in allem anderen grottenschlecht.

J. P. Guilford, ein Army-Psychologe, der seine Karriere an der University of Southern California fortsetzte, nahm Thurstones Überlegungen auf, ging jedoch weit darüber hinaus und zerlegte Intelligenz in 180 unterschiedliche Faktoren. Im Prinzip ließen sich alle messen (wenn jemand die Geduld oder die Leidenschaft dafür aufbrächte).

Eine Schlüsselfigur im Geschäft mit der Kreativität war Ellis Paul Torrance (1915–2003), der die Theorie aufstellte, Kreativität unterscheide sich nicht nur von Intelligenz, sondern sei eigentlich viel wichtiger als diese. Das war in Hinblick auf seine Karriere ein geschickter Zug, der auch zur richtigen Zeit kam – als die Enttäuschung über die Sache mit dem IQ in den 1960er-Jahren ihren Höhepunkt erreichte. Nicht nur, dass es kaum Hinweise darauf gab, dass die Einstellungs-IQ-Tests etwas bewirkten, hinzu kam noch, dass die Bürgerrechtsbewegung das erste Mal der amerikanischen Industrie ein Bewusstsein für Diversität eingehaucht hatte. Es ließ sich leicht zeigen, dass IQ-Tests voreingenommen gegenüber Minderheiten waren, zumindest in statistischer Hinsicht. Die Arbeitgeber gaben die IQ-Tests und andere standardisierte Persönlichkeitstests scharenweise auf.

Wir alle wissen ungefähr, was »Intelligenz« bedeutet. Intelligenz ist die Fähigkeit, vernünftig zu denken und die Feinheiten der uns umgebenden Welt zu verstehen. Intelligente Menschen lernen schnell und tun sich daher in Schule und Geschäftsleben leicht – vorausgesetzt, sie sind motiviert. »Kreativität« ist ein fließenderer Begriff. Motivatoren lassen gerne Namen wie Leonardo da Vinci, Steve Jobs, Shakespeare, Henry Ford, Picasso und Oprah Winfrey fallen – alles austauschbare Beispiele für Kreativität. Der geschäftliche Aspekt der Kreativität lässt sich dabei meist mit »Erfolg« gleichsetzen. Doch die Geschichte vieler großer Erfolge ist eine Herausforderung für jede Form des simplen Gleichsetzens.

Die Idee für Google entsprang einem Traum. Larry Page wachte eines Nachts auf und wusste es. »Was wäre, wenn wir das ganze Internet downloaden könnten und einfach nur die Links behalten würden … ich schnappte mir einen Stift und fing an zu schreiben.« Was unterscheidet Page von all den Leuten mit Doktortitel, die keine Firma gründen, die die Welt verändert? Das Glück, den richtigen Traum zu haben? Oder mehr?

Torrance versuchte, mit Fragen dieser Art fertigzuwerden. Er begann, sich in das Studium der Lebensläufe von Wissenschaftlern, Erfindern und Forschern zu vertiefen. Eine der zentralen Fragen, die er klären musste, war, wie sich Intelligenz von Kreativität unterscheidet. Es gab zwei Hauptstandpunkte zu dieser Frage, die Trennungshypothese und die »Nichts Besonderes«-Hypothese. Die Trennungshypothese besagt, dass sich Intelligenz und Kreativität völlig voneinander unterscheiden. Sie können eins von beidem, das andere, beides oder keins von beidem haben. Kaum überraschend.

Die »Nichts Besonderes«-Hypothese besagt, dass Kreativität *nichts Eigenständiges* ist. In unserem Kopf gibt es keine fundamentale Unterscheidung zwischen Kreativität und Intelligenz. Die Unterscheidung erfolgt strikt außerhalb unserer selbst. Wir sehen bestimmte Folgen von Ehrgeiz und Nachdenken – Google, die Glühbirne, der Kubismus – und entscheiden, dass es eine besondere mentale Eigenschaft geben muss, der wir diese verdanken. Doch das ist eine Illusion. Es ist die gute alte Intelligenz, Motivation, harte Arbeit in Verbindung mit der Tatsache, zur richtigen Zeit am richtigen Ort zu sein.

Der »Nichts Besonderes«-Theorie zufolge hatte Page vielleicht einfach nur Glück mit seinem Traum. Hätte er diesen (oder eine andere Form von Geistesblitz) nicht gehabt, wäre er nicht zum Mitbegründer von Google geworden. Zweifelsohne hätte er mit etwas anderem Erfolg gehabt, wenn auch vielleicht nicht auf solch einflussreiche Weise. Thomas Edison ist eine wahre Fundgrube für Aussprüche, die die »Nichts Besonderes«-Theorie zu stützen scheinen. »Genie ist zu 1 Prozent Inspiration und zu 99 Prozent Transpiration«, soll er beispielsweise gesagt haben. Natürlich hätte jemand, der weniger intelligent ist als Edison oder Page, mit diesen »Glücks«-Inspirationen nicht viel anfangen können. Jeder ist seines Glückes Schmied, wie das Sprichwort sagt.

Man kann leicht glauben, dass beide Theorien, sowohl die Trennungshypothese als auch die »Nichts Besonderes«-Theorie, wahre Elemente enthalten. Torrance neigte einer Mittelposition zu, der sogenannten Schwellenhypothese. Diese besagt, dass man intelligent sein muss, um kreativ werden zu können – das Gegenteil gilt jedoch nicht. Wenn Sie sich einen zufälligen Ausschnitt aus der Menge kreativer, erfolgreicher Leute ansehen, dann werden Sie feststellen, dass wirklich 100 Prozent von ihnen hochintelligent sind. Doch wenn Sie sich einen zufälligen Ausschnitt aus der Menge hochintelligenter Leute anschauen, dann werden Sie feststellen, dass wenige von ihnen kreativ oder auffällig erfolgreich im (Geschäfts-)Leben sind. Anders formuliert: Die Treffen von Mensa sind überfüllt mit schlauen Losern.

Torrance zufolge besitzen die Kreativen einen Funken extra, der sie von der Masse derer, die lediglich intelligent und gebildet sind, unterscheidet. Torrance machte sich daran, einen Weg zu finden, diesen Funken zu identifizieren. 1962 war er bei folgender Kurzfassung angelangt:

Kreativität ist das Produzieren von etwas Neuem oder Ungewöhnlichem, und zwar als Resultat eines Prozesses von

- Erspüren von Schwierigkeiten, Problemen, Wissenslücken, fehlenden Elementen, von etwas, das »schiefliegt«,
- Raten und dem Formulieren von Hypothesen hinsichtlich dieser Mängel,
- Evaluieren und Testen dieser Vermutungen und Hypothesen,

- einem möglichen Revidieren und erneuten Testen dieser Vermutungen und Hypothesen und
- schließlich dem Kommunizieren der Ergebnisse.

Das mag Ihnen nun sowohl als richtig wie auch als irgendwie offensichtlich vorkommen. Torrance war schon dabei, seinen Kreativitätsbegriff zu Geld zu machen. Er und seine Kollegen entwickelten die »Minnesota Tests of Creative Thinking« und die »Torrance Tests of Creative Thinking«. Diese standardisierten Tests beinhalteten *divergentes Denken*, ein Begriff, den J. P. Guilford für etwas geprägt hatte, was die Geschäftsleute seitdem als Brainstorming bezeichnen. Guilfords klassischer Test für divergentes Denken lautete: *Denk an so viele ungewöhnliche Verwendungsmöglichkeiten für einen Ziegel wie nur möglich.* Je mehr und je origineller die Antworten waren, desto kreativer wirkte die Person auf andere.

In ähnlichen Tests gab Torrance Kindern einen Plüschhasen und forderte sie dazu auf, einen Weg zu finden, wie sich das Spielzeug verbessern ließe, sodass es mehr Spaß machen würde, damit zu spielen. Ob dies nun hilfreich ist oder nicht, den Widerhall dieser klassischen Aufgaben spürt man noch in den Jobinterviews von heute. Manche Firmen stellen die Ziegel-Frage. Eine etwas geschäftsmäßigere Aktualisierung, wie sie die Bank of America benutzt, ist, den Kandidaten ein unbekanntes Objekt aus einer Papiertüte ziehen und dafür spontan ein Verkaufsgespräch halten zu lassen. Der »Punktestand« ergibt sich, wenn auch informell, im Wesentlichen wie bei Guilford: durch Zählung der unterschiedlichen Verkaufsargumente und dem Vergeben von Extrapunkten für Originalität.

Google-Interviewer testen divergentes Denken mit folgender Frage:

? Es ist schwierig, sich an das zu erinnern, was man gelesen hat, besonders nach vielen Jahren. Wie würden Sie dieses Problem angehen?

Es ist eine Herausforderung für den Kandidaten, auf der Stelle ein neues Produkt zu entwickeln. Um solche Fragen zu beantworten, ist es nötig, mit vielen Ideen aufwarten zu können, aber auch, diese zu strukturieren und zu verfeinern.

Der Gegenpart zum divergenten Denken ist *konvergentes Denken*. Das ist der Prozess der Benutzung von Logik oder Instinkt, um den Raum der Möglichkeiten einzuengen – zu entscheiden, welche mögliche Lösung am dienlichsten für das Problem ist.

Konvergentes Denken ist leichter zu verstehen. Einen logischen Beweis können wir mit Worten ausdrücken. Nicht so leicht ist es, »wilde Ideen« zu artikulieren. Außerdem ist es nicht einfach, diese Ideen hervorzuholen. (»Ich versuche zu denken, aber es passiert einfach nichts!«) Divergentes und konvergentes Denken sind eine Art Yin-Yang-Dualität. Erfolgreiche Innovatoren brauchen beides. Diejenigen, die nur in divergentem Denken hervorragend sind, mögen Spinner sein; jene, denen nur konvergentes Denken gegeben ist, sind vielleicht intelligent, aber nicht kreativ.

1960 wurde an der University of Minnesota eine »Conference on the Space Age« abgehalten. Die Hauptredner waren die berühmte Anthropologin Margaret Mead sowie Ellis Paul Torrance. Mead machte Torrance gegenüber die Bemerkung, man hätte bereits zuvor die Kreativität studiert, ohne wirkliches Ergebnis. »Warum glauben Sie, dass dieses Mal etwas dabei herauskommt?«, fragte sie.

Das ist und bleibt eine gute Frage. Manche Psychologen halten die Kreativitätsforschung nach wie vor für einen Morast mit ein paar festen Trittstellen (wie Herman Melville über die Philosophie sagte). Torrance schaffte es, eine neue, hermetische Spezialität zu kreieren. Die Kreativitätspsychologie hat ihren eigenen Jargon und ihre eigenen Journale, mit einem eigenen Set kanonischer Studien und in Stein gemeißelten Autoritäten. Die schwierige Frage ist, ob das aktuelle Verständnis der Kreativität wirklich weit über das des gesunden Menschenverstandes hinausgeht.

Die Psychologen von heute definieren Kreativität üblicherweise als die Fähigkeit, in einem bestimmten sozialen Kontext Neuartigkeit mit Nützlichkeit zu verbinden. Die Betonung des sozialen Kontextes ist neu und besonders wichtig für Kreativität im Reich der Wirtschaft. Es gibt einen individualistischen, typisch amerikanischen Blickwinkel, der viel Wert auf die einsame Tat des Genies legt. Der einsame Cowboy hat die Millionen-Dollar-Idee, mit der er unvermeidlich die Welt erobert. Doch so läuft es keineswegs immer. Peter Robertson erfand einen Schraubenzieher mit quadratischem Kopf, der besser ist als der Kreuzschraubendreher oder der Schlitzschraubenzieher. Fast alle Ingenieure sind sich einig, dass Robertsons Schraubenzieher besser ist, doch er setzte sich nirgends durch außer in Kanada. Niemand weiß genau, warum.

Erfolg ist genauso schwer zu erklären wie Scheitern. Biz Stone, Evan Williams und Jack Dorsey schufen Twitter und hatten damit fantastischen Erfolg. Es ist nur schwer zu sagen, woran genau das liegt. E-Mails, SMS, Blogs, Podcasts, Youtube, Myspace und Facebook sind alle älter als Twitter. Es gab und gibt andere Mikroblog-Seiten. Der zusätzliche Wert von Twitter ist subtiler und kontextabhängiger. Es ist eine Nische in einem ständig im Wandel befindlichen Ökosystem von Kommunikationsmodalitäten. Wir verwenden das Wort *kreativ* in Bezug auf Twitter, weil die Erfindung erfolgreich ist. Es ist nicht so klar, ob jemand, auch die Leute von Twitter, diesen Erfolg hätte vorhersagen können. Innovatoren probieren Sachen aus und hoffen, die richtige Welle zu erwischen.

Oxbridge und IBM

Die psychologische Arbeit lieferte eine theoretische Rechtfertigung für etwas, das bereits passierte: die Benutzung verwirrender und manchmal bizarrer Fragen zur Personalbewertung. In Großbritannien wurden Bewerber in Oxford und Cambridge lange Zeit mit schwierigen Zulassungsinterviews gequält. »Oxbridge-Fragen« enthalten Rätsel und philosophische Paradoxa, oft mit einem spezifisch britischen Hauch von Schrulligkeit: *Hat eine weibliche Pfadfinderin eine politische Agenda? Wie würden Sie einem Marsianer den Menschen beschreiben? Welcher Prozentanteil des Wassers auf der Erde ist in einer Kuh enthalten? Ist es moralisch, einen Psychopathen (der leidenschaftlich gern Menschen tötet) an eine realitätssimulierende Maschine anzuschließen, in der er so viel »töten« kann, wie er will?* Und, für Cambridger Theologiestudenten: *Könnte die Wiederkunft Christi geschehen, wenn die Menschheit von der Erde verschwände?*

In den Vereinigten Staaten war vor allem die Computerindustrie empfänglich für die Verwendung von Knobelfragen in den Bewerbungsgesprächen. Oft wird diese Mode auf IBM zurückgeführt. Einer der legendären Entwickler dieser Firma, John W. Backus, war der Albtraum der Personalabteilung, ein Mann, dessen Talente sich allen Messversuchen widersetzten. Nachdem er das Studium an der University of Virginia abgebrochen hatte, wurde er während des Zweiten Weltkriegs von der US-Armee eingezogen. Die Armee unterzog ihn einer Reihe von Fähigkeitstests und kam zu dem Schluss, dass er für den regulären Dienst zu brillant war. Stattdessen wurde er auf Staatskosten zurück an die Universität geschickt.

Backus absolvierte einen Master in Mathematik an der Columbia University. Eines Tages ging er durch reinen Zufall am Hauptgebäude von IBM in der Madison Avenue vorbei. Dort war einer der neuen elektronischen Rechner der Firma ausgestellt, ein Wunderwerk der Miniaturisierung in der Größe eines Manhattaner Büros. Als Backus voller Erstaunen dieses Ding begaffte, begann ein IBM-Tourguide, ihm Fragen zu stellen. Backus erwähnte, dass er Mathematik studiere. Der Guide lotste ihn nach oben zu einem Jobinterview. Es bestand aus einer Serie von Logikpuzzles.

Man schrieb das Jahr 1950, und IBM steckte in der Klemme. Man kam dort verspätet zu der Einsicht, dass Softwareentwicklung keine Sparte der Elektrotechnik war, sondern ein völlig neues Feld, für das es noch nicht einmal einen Namen oder eine Ausbildung gab. Selbst der Begriff *Software* existierte noch nicht, und mit *Hardware* waren Schraubenschlüssel und Rohrreinigungsspiralen gemeint.

Backus schlug sich bei diesen Rätseln so gut, dass er auf der Stelle unter Vertrag genommen wurde. Er sollte zum Führer des Teams werden, das Fortran produzierte, die erste hochgradige Computersprache. (Ihre Bedeutsamkeit für die Software wurde mit der des Transistors für die Hardware verglichen.) Da niemand Erfahrung mit hochgradigen Programmiersprachen oder eine dafür relevante Ausbildung hatte – immerhin existierte noch keine –, musste Backus sein Netz weit auswerfen. »Sie nahmen jeden, der die Fähigkeit zum problemlösenden Denken zu besitzen schien – Bridgespieler, Schachspieler, sogar Frauen«, sagte Lois Haibt, eine Mathematikerin, die direkt von der Vassar-Universität angeworben wurde. Das Team wuchs auf zehn Mitglieder an, auch ein Kristallograf und ein Dekodierer gehörten dazu. Backus beschrieb seinen kreativen Prozess ganz ähnlich wie Torrance und Edison: »Man muss viele Ideen ausspucken und dann äußerst hart arbeiten, um festzustellen, dass sie nicht funktionieren. Und das macht man wieder und wieder, bis man eine findet, die funktioniert.«

1957 ging William Shockley, der mürrischste der drei Männer, denen man die Erfindung des Transistors zuschreibt, nach Westen, um Elektrogeräte zu bauen und zu vermarkten. Seine Firma, Shockley Semiconductor Laboratory, das erste Start-up-Unternehmen von Silicon Valley, lag in Mountain View, einen kurzen Fahrradtrip von dem Ort entfernt, wo heute der Googleplex steht. Shockley liebte es, bei Vorstellungsgesprächen Logikrätsel einzusetzen, bei denen er auch noch die Zeit stoppte. Das hätte für die Bewerber als Warnung genügen sollen. Bereits ein paar Monate nachdem sie bei Shockley angefangen hatten, hatten acht der klügsten Angestellten – die »verräterischen Acht« – die Schnauze so voll, dass sie kündigten. Sie zogen los und gründeten ihre eigenen Firmen, darunter Fairchild Industries und Intel. Doch seit damals sind Denksportaufgaben ein Teil des Einstellungsprozesses in der Computerindustrie.

Wie man Sergejs Seele dem Teufel verkaufte

Im Juli 2004 tauchten in entgegengesetzten Ecken der Vereinigten Staaten zwei rätselhafte Plakate auf. Das eine am Harvard Square, das andere beim Highway 101 in Silicon Valley. Jedes Plakat präsentierte einen rein schwarzen Text auf weißem Hintergrund. Dort stand:

$$\left\{ \begin{array}{l} \text{die erste 10-stellige Primzahl,} \\ \text{die in aufeinanderfolgenden} \\ \text{Zahlen von e auftaucht} \end{array} \right\} \text{.com}$$

Es wurde mit keinem Wort erwähnt, wer die Plakate angebracht hatte oder wofür sie warben.

Es war ein Test. Wie erwartet, erzeugten die Plakate Aufsehen. Eine Schar von Bloggern mit mathematischen Neigungen schrieb über die Plakate, dann brachte National Public Radio einen Beitrag über das Rätsel. Einer der Ersten, die das Rätsel lösten, war der ikonoklastische Physiker und Mathematiker Stephen Wolfram. Der 1959 geborene Londoner war ein Wunderkind und veröffentlichte bereits mit 17 einen wichtigen Aufsatz über Quarks. Drei Jahre später machte er einen Doktor in Teilchenphysik am California Institute of Technology. In den 1980er-Jahren bekam Wolfram das MacArthur-Stipendium und arbeitete am Institute for Advanced Study, unter anderen mit Richard Feynman. 1987 wurde er Mitbegründer von Wolfram Research und vermarktete Mathematica, das weltweit verwendete Kalkulationsprogramm für Wissenschaftler und Ingenieure. Wolfram brauchte lediglich eine Zeile des Mathematica-Codes, um das Rätsel zu lösen.

Lassen Sie mich die Frage auf dem Plakat erklären. Fangen Sie in der Klammer mit dem kursiv geschriebenen, kleinen *e* an. Das ist die Euler'sche Zahl, etwa 2,71828 … *e* lässt sich unter anderem so erklären, dass sie eine Maßeinheit für Zinseszinsen darstellt. Leihen Sie sich 1 Dollar von einem Kredithai, der 100 Prozent Zinsen verlangt, die täglich aufgerechnet werden, dann schulden Sie ihm am Ende des Jahres etwas weniger als *e* Dollars – 2,71 Dollar.

Zinseszins ist nur eine der Gestalten von *e*. Es ist eine fast mystische Zahl, die in den unterschiedlichsten mathematischen Kontexten auftaucht (von denen die meisten nichts mit Zinswucher zu tun haben). In dieser Hinsicht ist *e* manchmal wie die besser bekannte Zahl Pi, die sich auch in Formeln findet, die nichts mit Kreisen zu tun haben. Wie Pi lässt sich auch *e* nicht exakt in der Dezimalschreibweise ausdrücken. Es ist eine endlose Folge von Zahlen, die mit 2,71828 beginnt und die sich nie wiederholt.

Und so passt sie auch in dieses Rätsel. Da sich die Zahlen von *e* niemals wiederholen, lässt sich erwarten, dass man jede Zahlenfolge in *e* finden kann, wenn man nur lange genug sucht. Ihre Telefonnummer ist in *e*, Ihre Kreditkartennummer und Ihr Schlagdurchschnitt beim Baseball. Die Weltbevölkerung, der morgige Lottosechser und die momentane Temperatur in Tanger sind alle in *e* enthalten.

Die Plakate fragten nach der ersten 10-stelligen Primzahl in der Zahlenfolge von *e*. Eine Primzahl ist eine Zahl, die sich durch keine Zahl, die größer ist als 1, dividieren lässt. 7 ist eine Primzahl und 23. 8 ist *keine* Primzahl, weil sie sich durch 2 und 4 dividieren lässt. 25 ist auch keine, weil sie sich durch 5 dividieren lässt. Bereits seit der griechischen Antike ist bekannt, dass die Verteilung der Primzahlen keinem glatten Muster folgt. Es gibt Primzahlen in allen möglichen Größen.

Es existieren viele bekannte Möglichkeiten, Primzahlen zu identifizieren, genauso wie es viele Arten gibt, die Zahlen in *e* zu bestimmen. Für uns im 21. Jahrhundert ist sicher die einfachste Methode, das zu googeln. Hunderte von Websites werden Ihnen *e* auf mehr Stellen liefern, als Sie sinnvoll verwenden können. Andere Seiten listen die Primzahlen auf.

Das ist nicht so hilfreich, wie Sie nun vielleicht meinen. Wenn Sie das erste Auftreten einer bestimmten *kurzen* Zahl (wie etwa Ihrem Gewicht) in *e* lokalisieren wollten, dann müssen Sie nur auf eine Seite gehen, die die Zahlen aufführt und die Suchfunktion des Browsers benutzen, um die gewünschte Zahl zu finden. Unglücklicherweise gibt es *haufenweise* zehnstellige Primzahlen. Mehr als 400 Millionen. Sie würden jede einzelne von ihnen testen müssen, wie ein Dieb, der jede einzelne Kombination an einem Schloss ausprobiert. Selbst mit einem Helfer, der Ihnen die Primzahlen liefert, würden Sie, vorausgesetzt, Sie könnten in jeder Sekunde eine neue ausprobieren und müssten nicht schlafen, 14 Jahre brauchen, um alle Möglichkeiten durchzugehen.

Die einzig realistische Möglichkeit, dieses Rätsel zu lösen, besteht darin, einen Code zu schreiben. Und Wolfram tat genau das. Glücklicherweise ist Mathematica so konzipiert, dass es die Art von zahlentheoretischen Berechnungen, die hierfür erforderlich sind, ausführen kann. Wolframs einzelne Codezeile lautete:

```
Select[FromDigits/@Partition[First[RealDigits
[E,10,1000]],10,1]PrimeQ,1]
```

Sie identifizierte prompt die zehnstellige Primzahl als 7.427.466.391. Sie beginnt 99 Stellen rechts vom Dezimalpunkt von *e*:

2,718281828459045235360287471352662497757247093
69995 95749669676277240766303535475945713821785
25166427427466391

Auf dem Plakat stand ein *.com* hinter der Klammer, also gab Wolfram 27427466391.com in einen Browser ein. Dieser führte ihn zu einer Seite, auf der zu lesen war: »Gratulation. Sie haben es auf Level 2 geschafft.«

Was folgte, war ein zweites Rätsel. Seine Beantwortung qualifizierte für das dritte Level. Und so machten sich bald schlaue Leute auf der ganzen Welt an die Bearbeitung dieser Rätsel. Wie bei einem Videospiel schrumpfte die Zahl der Spieler mit jedem folgenden Level weiter. Schließlich, am Ende einer Folge von Rätseln, gab es einen Preis: die Einladung, seinen Lebenslauf an Google zu schicken. Vielleicht hat keine Firma solche Anstrengungen für die Verbreitung intellektueller Herausforderungen im Einstellungsprozess unternommen wie Google.

Als Kind russischer Immigranten in Maryland sprach Sergej Brin nur schlecht Englisch, hatte dafür aber umso mehr Freude an mathematischen Rätseln. Der junge Larry Page war fasziniert von dem exzentrischen Erfinder Nikola Tesla und baute an der University of Michigan einen funktionsfähigen Tintenstrahldrucker aus Lego-Steinen.

In den ersten fünf Jahren von Google interviewten Brin oder Page oder beide zusammen jeden einzelnen Kandidaten. Selbst heute gibt Page noch sein Okay zu jedem, der neu eingestellt wird. Als Alissa Lee, eine Rechtsanwältin, interviewt wurde, forderte Brin sie auf, einen Vertrag aufzusetzen, mit dem sie seine Seele dem Teufel verkaufte. Sie sollte ihm diesen innerhalb der nächsten 30 Minuten per E-Mail schicken.

»Wegen der ganzen surrealen Seltsamkeit dieser Aufforderung«, so Lee, »hatte ich vergessen, ihm allerhand Fragen zu stellen, die für einen Rechtsanwalt wichtig sind, beispielsweise welchen Schutz er brauchte, welche Bedingungen er an den Vertrag knüpfen wollte und was er im Austausch für seine Seele wollte. Doch dann wurde mir klar, dass es darum nicht ging. Er suchte nach jemandem, der einen schräg geworfenen Ball fangen konnte und das noch gut fand, weil es ihm Spaß machte, sich dem Unerwarteten zu stellen.« Lee wurde eingestellt.

Die Google-Plakate waren nicht ganz das, was sie zu sein schienen. Die Firma ertrank sowieso schon in Bewerbungsschreiben. Die klugen Köpfe, die die Rätsel lösten und einen Job wollten, bekamen keine Vorzugsbehandlung. Der Stunt mit den Plakaten diente lediglich dazu, Googles Image als innovativen Arbeitgeber aufzupolieren. Praktisch umsonst verschaffte diese Werbung Google Medienaufmerksamkeit und virales Marketing im Internet. Nicht jeder achtete darauf, aber viele, die es taten, müssen den Schluss gezogen haben, dass Google eine Firma voller hoffnungsloser Freaks sei. Doch fast jeder, der die Qualifikationen besaß, um bei Google zu arbeiten, hörte von den Plakaten. Sie zogen die Aufmerksamkeit der Genies von Weltklasse wie Wolfram auf sich, die keinen Job brauchten. Die Plakate sorgten hauptsächlich dafür, dass Softwareentwickler, die nach einem neuen Job suchten, zuerst an Google dachten.

Die Church of Apple

Wenn es eine Firma gibt, die noch cooler ist als Google, dann ist das Apple. Das Problem daran, einen Job bei Apple zu bekommen, ist »die Menge der Leute, die sich für einen Job dort die eigenen Hoden abschneiden würden«, wie ein Bewerber sagt. Er bemühte sich um einen Posten in einem Apple-Store, der in Florida eröffnet werden sollte – als Verkäufer, wofür er ungefähr 11 Dollar die Stunde verdient hätte. Er hatte nicht mit der Church of Apple gerechnet:

»Sind Sie jemals in eine Kirche gegangen, in der jeder total davon überzeugt ist, dass ein liebender Gott über uns wacht? Wenn ja, dann haben Sie eine gute Vergleichsgrundlage für den Interviewprozess bei Apple. Der ganze Prozess zieht sich über eine zwei- bis dreimonatige Phase bis hin zur Neueröffnung des einen Ladens hin. Er besteht aus einer Einführung in die Firma, bei der vier oder fünf feierlich gewandete Angestellte von der Qualität der Apple-Produkte predigen und davon schwärmen, wie sie dein Leben verändern, dann bittet man dich, aufzustehen und dich vorzustellen, und danach musst du wie ein Zirkusaffe rumtanzen, um die Anerkennung des Personalchefs zu bekommen … Der ganze Prozess riecht wirklich nach einem Interview für ein Pyramidensystem.«

Sie haben wahrscheinlich bemerkt, dass die Mitarbeiter in einem Apple-Store so sorgfältig ausgewählt werden wie die Helfer in Disneyland. Jeder passt perfekt in seine Rolle. Niemand ist uncool. Das liegt daran, dass scharenweise Leute abgewiesen werden. Als Apple 2009 seinen Laden in der Upper Westside in Manhattan eröffnete, bewarben sich 10.000 Menschen, wobei nur 200 davon genommen wurden (etwa 2 Prozent). Eine der Fragen, die in den Gruppeninterviews bei Apple gestellt werden, spricht Bände über die Firmenkultur dort: »Was ist 2001 passiert?« Wenn Sie den 11. September erwähnen, informiert man sie cool, dass es noch weitere gute Antworten gibt. Die »korrekten« Antworten: »Der iPod kam auf den Markt!« und: »Der erste Apple-Store hat aufgemacht!«

Das ist eine Möglichkeit, Leute einzustellen, zumindest für die Firmen, die damit durchkommen. Die Coolness sorgt dafür, dass die Firma Dutzende Bewerber für jede Eröffnung haben wird und dass diese sich einem Irrgarten von Interviewrätseln, Stunts, Tests und Schikanen unterwerfen werden. Am Ende schöpfen die

Interviewer die verblüffendsten Talente von ganz oben ab, und alle anderen (die ebenso gut qualifiziert sein mögen) werden nach Hause geschickt. Es ist nicht schwer zu verstehen, warum die Firmen das machen. Das Rätsel dabei ist, warum so viele Jobsuchende sich von ihnen den Kopf verdrehen lassen.

Vor nicht allzu langer Zeit durchforsteten die Arbeitssuchenden die »Gesucht«-Anzeigen ihrer Lokalzeitung und machten sich an der Druckerschwärze die Finger dreckig. Die meisten der Arbeitgeber, die inserierten, waren vor Ort. Das Internet und Monster.com haben den Jobsuchern eine Welt von Möglichkeiten jenseits ihrer Heimatorte geöffnet. Beiträge, die die Vergünstigungen von Firmen sowie kulturelle, immaterielle Anlagewerte vergleichen, bescheren den Firmen, die am besten abschneiden, haufenweise Bewerbungen. Auf diese Firmen hat diese Begeisterung dieselbe Wirkung wie auf Nachtklubs. In die beliebten kommt man nur schwer rein.

In Silicon Valley ist die Geschichte unglaublicher Vergünstigungen etwa so lang wie jene schwieriger Interviewfragen. Hewlett-Packard war einer der Pioniere: Dort gab es kostenlose Snacks und teure Geschenke für frischverheiratete und junge Eltern. Viele der Anreize bei Google sind von anderen Firmen wie Genentech (die lockeren Freitagsmeetings) und Facebook (bring deinen Hund mit in die Arbeit) kopiert. Heutzutage sind kostenlose, von Profiköchen zubereitete Mahlzeiten bei Firmen in Silicon Valley die Norm, und wenn man ein Kind bekommt, ist das einen mittleren vierstelligen Geldbetrag wert. Wie Larry Page es formuliert hat: »Unsere Konkurrenten müssen sich zumindest bei einigen dieser Sachen auch ins Zeug legen.«

Wenn das Großzügigkeit ist, dann ist es die Art von Großzügigkeit, die der russischen Kapitalistin Ayn Rand gefallen hätte. Als die frühen Investoren von Google gegenüber dem kostenlosen Essen argwöhnisch waren, verteidigte Sergej Brin es mit einer der quantitativen Analysen, die so typisch für ihn sind: Würde man es anders machen, müssten die Angestellten zum Essen fahren, warten, bis man sie bedient, und wieder zurückfahren. Wenn auf dem Campus gegessen wird, spart das pro Angestelltem am Tag 30 Minuten. So gerechnet, bezahlt sich das Essen von selbst.

Um es noch genauer auf den Punkt zu bringen: Es gibt Hinweise, dass jene Firmen, für die die Leute am liebsten arbeiten würden, in fast jeder Hinsicht »besser« sind. Alex Edmans von der Wharton School berechnete, dass ein Portfolio mit den »100 Best Companies to Work For« des *Fortune* Magazins von 1984 bis 2005 stets 4,1 Prozentpunkte über dem Marktdurchschnitt lag.

Warum? Robert Levering und Milton Moskowitz, die Autoren der jährlichen Liste von *Fortune*, haben weitläufig dafür argumentiert, dass das Schlüsselelement für ihre besten Arbeitsplätze Vertrauen ist. Es ist kein Geheimnis, dass wir in einem zynischen Zeitalter leben. Wie viel Zeit geht in einer typischen Firma damit drauf, dass Witze über den Boss gerissen werden? Mehr gearbeitet wird in jenen seltenen Firmen, wo den Angestellten das Produkt, ihre Vorgesetzten und die Firma selbst wichtig sind.

Page erinnert sich noch an einen alten Arbeiter in der Chevrolet-Fabrik in Flint, Michigan, der ein in Leder gefasstes Eisenrohr mit zur Arbeit brachte. Das Rohr diente zum Schutz vor den Handlangern der Firma während der Streiks. Page, der seit seinem zwölften Lebensjahr darauf versessen war, eine Firma zu gründen, zog schon früh den Schluss, dass unglückliche Arbeiter unproduktive Arbeiter sind.

Firmen wie Google und Apple nehmen große Mühen auf sich, um sich als kreative, aufgeklärte Arbeitgeber zu präsentieren. Die neuartigen Vergünstigungen dort sind noch das wenigste, eigentlich ist das nur eine profilierte Methode des Managements zu zeigen, dass es sich des Werts seines menschlichen Kapitals bewusst ist. Zumindest in Silicon Valley wurden die Leistungen nicht sonderlich beschnitten, als die Wirtschaft abstürzte, und die Vergünstigungen scheinen ein Comeback zu erleben. Einige der kleineren Spiele- und Social-Network-Firmen lassen mittlerweile sogar Google spießig und billig aussehen. Neue Mitarbeiter bei

Asana, einer Softwarefirma, bekommen eine 10.000 Dollar teure Einkaufsorgie für Computer- und Elektronikzubehör geschenkt. Manchmal hat es den Anschein, dass sich die Firmen schwertun, noch etwas Neues zu finden, womit sie vor den Augen potenzieller Angestellter herumwedeln können. Die Firma Scribd verwandelt nach Dienstschluss ihre Büros in San Francisco in eine Gocart-Strecke. Eine Seilrutsche gibt es auch. Zynga, eine Social-Network- und Spielefirma, verspricht, jemanden zu ihren Angestellten nach Hause zu schicken, der für sie auf den Telefon- oder Fernsehmann wartet. »Wir haben eine Belegschaft, bei der es für viele der erste Job nach dem Schulabschluss ist«, bemerkt der Personalchef von Zynga Colleen McCreary. »Ich mache mir Sorgen, dass die vielleicht niemals woanders arbeiten wollen.«

Vielleicht ist es da kaum überraschend, dass die Arbeitgeber sich über ein Anspruchsdenken bei vielen Jobsuchenden beschweren – Aufschwung ohne Arbeitsplätze hin oder her. Eine aktuelle Studie hält fest, dass im Jahr 2010 41 Prozent der Uni-Abgänger Jobangebote abgelehnt hatten, derselbe Prozentsatz wie im Boom-Jahr 2007. Und wenn die Kandidaten im Vorstellungsgespräch Fragen haben, dann meist nach den Vergünstigungen. Ein Interviewer erzählt von einem Jobsuchenden, der großes Interesse an den juristischen Leistungen der Firma zeigte. »Er wollte wissen, ob die Firma die Kosten von Klagen übernähme, die ein Angestellter einreichte, ob die Firma die Kosten übernähme, wenn er selbst verklagt würde, ob sie sich in Prozesse einschalten würde, in die er momentan verstrickt sei, und ob er das System theoretisch auch dazu benutzen könnte, um die Firma selbst zu verklagen.«

Bei manchen Interviewfragen von heute geht es genauso darum, die verwöhnten erwachsenen Babys herauszufiltern, wie darum, Genies zu finden. Rakesh Agrawal, ein Berater, der für Microsoft, AOL, Search und die Website der *Washington Post* gearbeitet hat, fragt die Jobkandidaten gern, was sie vom Produkt der Firma halten. Einmal begegnete er einem Bewerber bei einem sozialen Event und schlug ihm hilfsbereit vor, das Produkt des Unternehmens vorher auszuprobieren. Am festgesetzten Tag gab der Kandidat dann zu, dies nicht getan zu haben. Er erklärte, er hätte auf die Website geschaut und entschieden, das Produkt interessiere ihn nicht.

Agrawal: »Er befand sich in einem Bewerbungsgespräch für den Posten des Marketing Vice President.«

Traditionelle Denksportaufgaben

Hier ein paar traditionelle Denksportaufgaben, die schon seit Langem in Bewerbungsgesprächen von Technologiefirmen verwendet werden. Heute finden Sie dergleichen auch bei vielen anderen Firmen. (Lösungen ab S. 175)

? An einem Flussufer befinden sich drei Männer und drei Löwen. Sie müssen alle auf die andere Seite tragen, haben aber nur ein einzelnes Boot, das nur zwei Wesen (Mensch oder Löwe) gleichzeitig befördern kann. Sie dürfen nicht zulassen, dass die Löwen auf einer Seite des Flusses zahlenmäßige Überlegenheit haben, weil sie sonst die Männer fressen. Wie bekommen Sie alle hinüber?

? Messen Sie genau 9 Minuten, lediglich unter Verwendung einer 4-Minuten- und einer 7-Minuten-Sanduhr.

? Finden Sie die minimale Anzahl von Münzen zum Herausgeben egal welchen Wechselgeld-Betrags.

? Sie bekommen in einem dunklen Raum ein Kartendeck ausgehändigt, wobei *N* Karten mit der Vorderseite nach oben liegen, der Rest mit der Vorderseite nach unten. Sie können die Karten nicht sehen. Wie würden Sie die Karten in zwei Stöße aufteilen, sodass in jedem Stoß dieselbe Anzahl von Karten mit der Vorderseite nach oben ist?

? Sie bekommen einen Käsewürfel und ein Messer. Wie viele gerade Schnitte mit dem Messer sind vonnöten, um den Käse in 27 kleine Würfel zu zerschneiden?

? Sie bekommen drei Schachteln. In einer befindet sich ein wertvoller Preis, die anderen beiden sind leer. Sie dürfen sich eine Schachtel aussuchen, aber Sie bekommen nicht gesagt, ob darin der Preis liegt. Stattdessen wird eine der anderen Schachteln, die Sie nicht gewählt haben, geöffnet, und sie stellt sich als leer heraus. Sie dürfen nun die Schachtel behalten, die Sie sich ursprünglich ausgesucht haben, oder sie gegen die andere, ungeöffnete Schachtel austauschen. Was würden Sie eher tun, behalten oder tauschen?

? Sie sind in einem Auto, an dessen Boden ein Helium-Ballon befestigt ist. Die Fenster sind geschlossen. Wenn Sie aufs Gaspedal treten, was passiert dann mit dem Ballon – bewegt er sich nach vorn, nach hinten oder bleibt er auf der Stelle?

KAPITEL 3

Kabinett der Seltsamkeiten

Wie mit der großen Rezession bizarre Interviewfragen aufkamen

Man sagt, dass es eine Zeit gab, in der Walmart gezwungen war, jeden einzustellen, der einen Puls vorweisen konnte. Der Witz hat sein Verfallsdatum längst überschritten. In der grimmigen Wirtschaftssituation von heute wird Walmart von Bewerbungen für jeden neu eröffneten Markt überschwemmt, viele davon stammen von schmerzhaft überqualifizierten Leuten, was dazu führt, dass die Interviewfragen von Walmart gedanklich anspruchsvoller werden: »Was würden Sie tun, wenn ein Kunde mit zu spärlicher Bekleidung in den Laden käme?« Das ist vielleicht nicht so schwierig wie die Fragen, für die Google bekannt ist, aber es ist dennoch ein subtiles psychologisches Rätsel, das sich einer oberflächlichen Antwort widersetzt. Eine gute Antwort würde der Tatsache Rechnung tragen, dass es mehrere Arten möglicher Modesünder gibt. Teenager in provokativen Klamotten, die in ihrer Peergroup als cool gelten, sind etwas anderes als geistig verwirrte Erwachsene in unangemessener Kleidung. Walmart schätzt Kandidaten, die mehr als eine stereotype Antwort auf Lager haben.

Dieser Einzelhandelsgigant hat allen Grund, wählerisch zu sein. Im September 2009 berichtete das Arbeitsministerium, dass es sechsmal mehr Arbeitssuchende als Stellen bei einer Neueröffnung gebe. Diese Arbeitslosenzahlen haben zur Verbreitung von

Rätseln, doppelbödigen Fragen und Mehrfachinterview-Marathons geführt, von der Nahrungskette der Firmen hinunter zu älteren und weniger profilierten Industrien.

»Wenn Sie ein Superheld sein könnten, wer wären Sie?«

»Welche Farbe repräsentiert Ihre Persönlichkeit am besten?«

»Welches Tier sind Sie?«

Diese Fragen stammen nicht aus einem verrückten Start-up-Unternehmen in Silicon Valley – derartiges findet sich bei AT&T, Johnson & Johnson und der Bank of America. Die Arbeitgeber von heute fühlen sich verpflichtet – und das keineswegs unbegründet –, das meiste aus den für sie nie dagewesenen Auswahlmöglichkeiten zu machen. Unglücklicherweise gibt es immer noch keine narrensichere Methode, um die talentiertesten und motiviertesten Angestellten auszumachen. In Mainstream-Firmen und auf dem Techniksektor tauchen ungewöhnliche und manchmal trügerische Techniken auf, alles im Namen der Einschätzung von »Kreativität« und »Dazupassen«.

»Die meisten Leuten interviewen nicht besonders regelmäßig«, erklärt Berater Rakesh Agrawal. »Die machen das vielleicht zweimal im Jahr. Da machen sie dann das, wovon sie eben gehört haben, und so setzt sich das fort.« Komische Interviewfragen sind Meme, die sich schnell über das Internet verbreiten, so wie ein Witz oder ein virales Video. Es ist ihre Einprägsamkeit, nicht die Tatsache, dass es Beweise für ihre Effektivität gäbe, die dafür sorgen, dass sie zirkulieren.

Lackmustests und Gretchenfragen

Als 2008 der Arbeitsmarkt zusammenbrach, entwickelten die Arbeitgeber eine Neigung für Firmenkontaktmessen und Telefoninterviews, bei denen der Interviewer sogenannte Lackmustests oder Gretchenfragen präsentiert. Das sind einfache Fragen oder

Kriterien, die (angeblich) die »falschen« Leute aussieben. Es heißt, das sei bei der heutigen Schwemme von Bewerbern nötig. Gretchenfragen können arbeitsrelevantes Wissen, Motivation, Persönlichkeit, das Passen oder Nicht-Passen zur Unternehmenskultur und die Fähigkeit zur Stressbewältigung testen. Oft ist es für den Bewerber nicht leicht festzustellen, worum es eigentlich geht. Aber jene, die die »falschen« Antworten geben, kommen üblicherweise nicht in die nächste Bewerbungsrunde.

Rakesh Agrawal bittet die Bewerber beispielsweise, ihr Lieblingsinternetprodukt zu nennen. Dann schickt er die Frage hinterher: »Wie würden Sie es verbessern?« Diese Folgefrage ist der Bullshit-Detektor. »Mir haben schon Leute erzählt, sie hätten eine Leidenschaft für Gmail, und dann haben sie von den Features geredet, die sie gern hätten, dabei waren die vom ersten Tag an Teil des Produkts.«

Viele Firmen stellen Fragen über Trivialwissen hinsichtlich der Firma selbst. Man geht davon aus, dass ein Bewerber, der wirklich motiviert ist, vorher recherchiert hat. Interviewer bei Goldman Sachs fragen die Kandidaten den Aktienpreis der Firma ab. Johnson & Johnson erkundigt sich manchmal nach der größten Klage gegen J&J, die gerade verhandelt wird – eine ironische Bestätigung der Realitäten der Pharmaindustrie.

Morgan Stanley fragt die Leute in Interviews nach einer aktuellen Story, die sie in den *Financial Times* gelesen haben – offenbar können viele keine nennen – oder nach der Quadratwurzel von 0,01 (die Antwort ist 0,1). JP Morgan Chase fragt, wie die Zahl Pi lautet. Man hält es für erhellend, wie viele Stellen der Kandidat auswendig weiß.

Bloomberg L.P. hält viel auf Korrekturlesen. Manche Bewerber bekommen einen Test, bei dem sie zählen müssen, wie oft ein bestimmter Buchstabe in einem Absatz auftaucht, egal ob groß- oder kleingeschrieben. Das ist viel schwieriger, als es aussieht. (Das glauben Sie nicht? Zählen Sie das H in diesem Absatz. Es kommt zehnmal vor und fast niemand findet alle).

Besonders an der Wall Street können Interviews fast an Schikane grenzen. Bei Bloomberg kann es passieren, dass der Interviewer einen Kandidaten unterbricht, wenn er versucht, eine Antwort zu geben. Ein Kandidat erinnert sich: »Auf alles, was ich gesagt habe, kam immer sofort die Gegenfrage: Sind Sie sicher? Sind Sie sicher? Als ich einen Code geschrieben habe, haben sie Zweifel geäußert und gelacht, versucht, mich aus dem Konzept zu bringen, obwohl ich recht hatte.«

Peter Muller, der Manager des Hedgefonds von Morgan Stanley, PDT, ist berühmt dafür, dass er Jobbewerber bittet, die Bargeldmenge in seinem Geldbeutel einzuschätzen, und zwar »mit 95-prozentiger Sicherheit«. Der Kandidat soll zwei Zahlen nennen, eine niedrige und eine hohe, und zu 95 Prozent sicher sein, dass die tatsächliche Summe dazwischenliegt.

Vorsichtige Leute nehmen normalerweise 0 als die niedrige Zahl (ein Typ wie Muller benutzt vielleicht gar kein Bargeld mehr) und vielleicht etwa 500 Dollar als die hohe Zahl. Muller zieht dann sofort einen 500-Dollar-Schein aus dem Geldbeutel und fragt: »Möchten Sie Ihre Vermutung revidieren?« Das tun sie dann, und egal, wie hoch die Zahl ist, die sie jetzt sagen, Muller hat stets diese Summe im Geldbeutel – wie ein Zauberer, der 25-Cent-Stücke hinter dem Ohr hervorzieht.

»Wenn Sie eine Figur aus einem Cartoon wären, welche wären Sie und warum?« Das ist eine Frage, wie sie die Bank of America aufstrebenden jungen Bankern stellt. Ein Bewerber erinnert sich: »Ich hab gesagt: Yogi Bear. Ich weiß nicht mehr, warum ich es gesagt habe, aber die Personaltypen fanden es alle gut.« Er bekam sofort den Posten.

Solche Fragen, die manchmal ja regelrecht bescheuert sind, verbreiten sich immer weiter. Da es für die meisten Geschäftszweige irrelevant ist, ob man ein Mathematik- oder Technikgenie ist, haben die Mainstream-Firmen ihre Anstrengungen verdoppelt, die perfekte Partie von Kandidat und Firmenidentität zu finden. Job-

Interviews nehmen fast die Form von Speed Dating an. Die Interviewer bei Whole Foods lassen die Kandidaten ihre perfekte »Henkersmahlzeit« beschreiben, um die Leidenschaft und das Wissen eines Kandidaten in Sachen Essen festzustellen. Expedia macht dasselbe mit Reisen und stellt Fragen wie: »Wenn Sie überall campen gehen könnten, wo würden Sie Ihr Zelt aufstellen?«

Schlumberger, das große Ölfeldservice-Unternehmen, hat eine überaus klare Vorstellung von den Persönlichkeiten, nach denen es Ausschau hält: extrovertierte Ingenieure. Vielleicht glaubt man dort, dass jeder, der als Ablösung auf einen abgelegenen Außenposten geschickt wird, verrückt wird, wenn er nicht schnell Freunde findet. Der Interviewprozess bei Schlumberger ist deshalb darauf ausgelegt, die Mauerblümchen auszusieben. Daher gibt es Einstellungstrips mit Übernachtung, bei denen die Bewerber mit den Managern ein Bier trinken gehen und ihnen Fragen gestellt werden wie »Was sind deine Hobbys?« »Den neuesten Roman von Jonathan Franzen lesen« ist da keine besonders gute Antwort.

Es wird viel darüber spekuliert, wie man am besten die »Skala von 1 bis 10«-Fragen beantwortet, die seit Neuestem so populär sind. Zum Beispiel lässt Wells Fargo seine Kandidaten ihr Konkurrenzstreben auf einer Skala von 1 bis 10 einschätzen. In der Praxis schätzt sich so ziemlich jeder auf 8 oder höher ein, und wenn man den Job will, sollte man falsche Bescheidenheit vermeiden.

Der Onlinehändler Zappos legt seinen Kandidaten jedoch eine schwierigere Frage vor: »Auf einer Skala von 1 bis 10, wie durchgeknallt sind Sie?« Die bevorzugte Antwort ist irgendwo in der Mitte, erklärt CEO Tony Hsieh. »Eine 1 ist wahrscheinlich etwas zu geradeaus für uns und eine 10 könnte etwas zu psychotisch sein.«

Man kann bei einem Lackmustest durchfallen, ohne es zu merken. Einem Personalreferenten zufolge sondert die Firma Nordstrom mehr als 90 Prozent weiblicher Kandidatinnen mit einem einfachen dreiteiligen Test aus:

- Trägt die Bewerberin Schwarz?
- Trägt sie Absätze?
- Trägt sie eine Armbanduhr?

Alle drei Antworten sollten Ja lauten. Das ist unfassbar willkürlich. Doch angesichts der Tatsache, dass sich in der Einzelhandelsbranche so ziemlich jedermann überschlägt, um für Nordstrom arbeiten zu dürfen (immerhin hat die Firma auf der *Fortune*-Liste der »100 Best Companies to Work For« Platz 53 erreicht), haben einige Personalreferenten offenbar das Gefühl, dass wenig Grund besteht, jemandem eine Chance zu geben, der nicht dem geheimen Dresscode entspricht.

Genauso verdeckt ist der allgegenwärtige Persönlichkeitsmesser, der sogenannte Flughafen-Test. Nach dem Treffen mit dem Bewerber führen die Interviewer eine Nachbesprechung über dessen allgemeinen Sympathiegrad. Larry Page formuliert das so: »Denken Sie einfach darüber nach, wie es wäre, wenn Sie mit dem Typen auf einem Flughafen festsäßen, bei einer langen Zwischenlandung auf einer Geschäftsreise. Würde Sie das freuen oder nicht?« Man will Leute einstellen, die man gern um sich hat.

Die zwei verbreitetsten Lackmustests sind heute wahrscheinlich die Kreditwürdigkeit und der Arbeitsstatus. Viele Arbeitgeber stellen nicht gern jemanden mit schlechter Kreditwürdigkeit oder einen Arbeitslosen ein. Warum? Die Theorie sieht so aus, dass niedrige Kreditwürdigkeit von schlechtem Urteilsvermögen kündet – nicht nur im Kaufhaus, sondern auch am Arbeitsplatz. »Wenn Sie eine Vorgeschichte schlechter Entscheidungen sehen, dann wollen Sie nicht, dass das auf Ihre Organisation überschwappt«, sagt Anita Orozco, eine Personaldirektorin im Chemiekonzern Sonneborn.

Noch mehr im Sinne Machiavellis ist die Praktik, keine Arbeitslosen einzustellen. Sie basiert auf der Annahme, dass Firmen natürlich die »besten« Leute behalten, wenn sie Mitarbeiter entlassen. Daher sind die besten Kräfte in Firmen konzentriert, die

Entlassungen vorgenommen haben, und die will man einstellen – und nicht jeden, der gerade zufällig auf Jobsuche ist. »Die meisten hochrangigen Personalreferenten schauen sich einen Kandidaten gar nicht erst an, wenn er keinen Job hat, selbst wenn sie das nicht gerne zugeben«, sagt Lisa Chenofsky Singer, Personalberaterin mit Spezialisierung auf den Medien- und Verlagssektor, gegenüber CNN Money.

Jene, die das Glück haben, zu einem Gespräch eingeladen zu werden, dürfen ... nun, mehr Gespräche erwarten. »Wir lassen die Leute ganz bestimmt mehr Runden machen als je zuvor«, sagt Michelle Robinovitz, eine Personalreferentin bei Aarons Grant & Habif, einem Buchhaltungsbüro in Atlanta, das regelmäßig ganz oben in lokalen Listen der besten Arbeitsplätze auftaucht. »In besseren Zeiten haben wir ein oder zwei Interviews gemacht. Jetzt wollen wir wirklich sicherstellen, dass jemand zu uns passt, und so machen wir mindestens vier Interviews.« Robinovitz prognostiziert, dass dieser Trend die Rezession überleben wird. Die Firmen haben gelernt, dass sie rationell sein müssen, denn schlechte Angestellte sind teuer.

Nicht jede Firma kann sich leisten, ihre Kandidaten für einen Tag voller Intensivinterviews einzufliegen, wie Google das macht. Öfter sehen sich die Jobsucher einer schlimmeren Folter ausgesetzt, dem Kafka-Interview. Man ruft sie immer wieder zurück, für eine unbestimmte Serie von Interviews, die in einem Job oder einer Absage – oder noch nicht einmal einer solchen – resultieren kann. Manchmal hören diese Anrufe auf, ohne dass es auch nur eine Dankes-E-Mail gäbe. Es kann vorkommen, dass Kandidaten in sechs Tagen sechs Gespräche absolvieren müssen und immer noch keine Ahnung haben, wo sie stehen. Nach alten Standards hätten fünf Rückrufe Interesse signalisiert. Heute kann das genauso gut nichts bedeuten.

Die Spannung ist oftmals nicht mit den Interviews vorbei. Es wird zunehmend üblich, aussichtsreichen Kandidaten eine mehrmonatige Probezeit anzubieten (mit wenigen oder keinen Vergünstigungen). Bei Google läuft das unter »Auftragsnehmerstatus«. Raten Sie mal. Der »Job« ist in Wahrheit ein weiteres Interview. Erst, wenn diese Periode vorbei ist, entscheidet die Firma, ob sie dem Kandidaten einen permanenten Job anbietet. Das würde bei einem Bewerber, der schon einen anständigen Job hat, natürlich nicht funktionieren. Aber die heutigen Zombie-Horden Arbeitsloser und Unterbeschäftigter sind willens, nach allem zu greifen, was auch nur andeutungsweise nach einem Job aussieht.

Funktionieren unkonventionelle Interviewfragen?

Leisten die vielgestaltiger werdenden Interviewfragen von heute das, was sie sollen: bessere Mitarbeiter zu identifizieren? Eigentlich laufen sie einem der felsenfesten Gebote der heutigen Personalabteilungen zuwider: Dieses besagt, dass jede Methode bei der Auswahl von Jobkandidaten so eng mit der Arbeit in Verbindung stehen sollte wie nur möglich. Die meisten Personalchefs schwören auf Arbeitsbeispiele, bei denen der Kandidat eine Aufgabe erledigen soll, die solchen ähnelt, mit denen er es zu tun haben würde, bekäme er die Stelle. Der Verkauf von Sergejs Seele an den Teufel war so ein Beispiel, wenn auch ein abwegiges. Statistische Untersuchungen von Arbeitsbeispielen (eine berühmte Studie wurde von 1956 bis 1965 bei AT&T durchgeführt) kamen zu eindrucksvollen Ergebnissen bezüglich deren Voraussagekraft.

Die übliche Rechtfertigung für Rätsel der Marke »kreatives Denken« und Persönlichkeitseinschätzungen ist, dass dadurch breit gefächerte, allgemeine Fähigkeiten getestet werden. Ob das stimmt, ist schwer zu beurteilen. Sicher ist, dass solche »Lieblings«-Fragen für einige Interviewer den Status eines Talismans annehmen. Ganz so, wie Athleten während einer Siegesserie nicht ihr Trikot wechseln, stellen die Interviewer immer dieselben Fragen, weil sie sich an paar Fälle erinnern, in denen es angeblich »funktioniert« hat. Die Tatsache, dass einige der angesehensten, innovativsten Firmen solche Interviewfragen benutzen, scheint für sich selbst zu sprechen (»gegen Erfolg lässt sich nicht argumentieren«). Es ist keineswegs klar, dass einer dieser Gründe stichhaltig ist. Die Arbeit der Personalabteilungen ist voll althergebrachter Praktiken ohne beweisbaren Nutzen. Der Psychologe Daniel Kahneman berichtet von einem Test, der einst vom israelischen Militär angewendet wurde, um Kandidaten für die Offiziersausbildung auszuwählen. Eine Gruppe von acht Rekruten ohne Abzeichen wurde angewiesen, einen Telefonmasten über eine Mauer zu tragen, ohne dass er den Boden oder die Mauer berühren durfte. Es ging darum zu sehen, wer die Führung übernahm (die »geborenen Anführer«) und wer sich lammfromm in die Befehlskette fügte (die »Gefolgsleute«). »Doch das Dumme war, dass das nicht aussagekräftig war«, so Kahneman. »Wir hatten ungefähr einmal im Monat den »Statistik-Tag«, an dem wir Feedback von der Offiziersschule bekamen und somit Hinweise über die Akkuratesse unserer Einschätzung des Potenzials der Kandidaten. Die Geschichte war immer die gleiche: Unsere Fähigkeit, die Leistung in der Ausbildung vorherzusagen, war vernachlässigbar gering. Aber am nächsten Tag gab es einen Pulk neuer Kandidaten, die auf das Hindernisfeld gebracht wurden, und wir stellten sie vor die Mauer und hofften, ihr wahres Wesen würde sich offenbaren.«

Ähnliche Taktiken florieren in sämtlichen Branchen Amerikas. Auf dem überhitzten Arbeitsmarkt von heute ist es gängige Praxis, eine Gruppe von Bewerbern an einen Konferenztisch zu setzen und sie eine »Gruppendiskussion« führen zu lassen. Die Teilnehmer wissen, dass nur einer den Job bekommen wird. Die Diskussion wird zu einer kleinen Realityshow, wobei sich der Personalreferent in aller Stille notiert, wer die Führung übernimmt. Es ist zweifelhaft, ob das besser funktioniert als der Test der israelischen Armee.

Der Beweis, dass eine Einstellungspraxis funktioniert – oder nicht – ist eine komplexe Übung in Statistik. Würde jemand fordern, dass ein Einstellungskriterium zu 100 Prozent erfolgreich ist, dann müssten die Arbeitgeber die Jobs völlig willkürlich vergeben. Es gibt keine Kriterien, die zu 100 Prozent zuverlässig sind – weder die Arbeitsvergangenheit noch die Noten noch sonst irgendwas können das für sich in Anspruch nehmen. Jemanden einzustellen, ist und bleibt ein Glücksspiel. Viele Jobsucher beschweren sich, dass manch talentierte Person bei den unkonventionellen Interviewfragen von heute schlecht abschneidet – ergo sollte niemand sie benutzen, um festzulegen, wer eingestellt wird und wer nicht. Das ist kein überzeugendes Argument, und zwar aus oben genannten Gründen. Aber psychologische Studien liefern Hinweise, dass die Leute dazu neigen, fast *jedes* Kriterium für »unfair« zu halten, wenn es darüber entscheidet, wer eingestellt oder befördert wird. Dieses Gefühl von Ungerechtigkeit wächst noch, wenn das Kriterium nicht bekannt ist. Ein traditionelles Jobinterview ist ein Gespräch. Das Jobangebot oder die Ablehnung kommen ein paar Wochen später, was eine gewisse emotionale Distanz gewährt. Fragen zum kreativen Denken bringen oft schon eine Ablehnung während des Interviews mit sich, die man direkt ins Gesicht gesagt bekommt. Wenn Sie gescheitert sind, dann wissen Sie das im Normalfall auch. Das fühlt sich schlimmer an als eine Ablehnung ein paar Tage später. Das macht vielleicht nicht unbedingt Sinn, aber wann war das bei Emotionen schon jemals der Fall?

Knifflige Interviewfragen

Das Rechensieb

Branchen, die mit Zahlen zu tun haben, stellen zum Aussieben oft kurze, schwierige Mathematik-Fragen in den ersten Telefoninterviews. Sie können an einem Computer sitzen, wenn Sie antworten, aber das hilft nicht immer. Oft sind Papier und Bleistift hilfreicher. (Lösungen ab S. 195)

? Einer Untersuchung zufolge mögen 70 Prozent der Leute Kaffee und 80 Prozent Tee. Was ist die untere und die obere Grenze von Leuten, die sowohl Kaffee als auch Tee mögen?

? Welcher Winkel ist um 3.15 Uhr zwischen dem Minuten- und dem Stundenzeiger auf einer analogen Uhr gegeben?

? Wie viele ganze Zahlen zwischen 1 und 1000 enthalten eine 3?

? Ein Buch hat N Seiten und ist normal nummeriert, von 1 bis N. Die Gesamtsumme der Ziffern auf den Seitenzahlen beläuft sich auf 1095. Wie viele Seiten hat das Buch?

? Wie viele Nullen stehen am Ende von 100 Fakultät? [Das heißt 100 multipliziert mit jeder ganzen Zahl, die kleiner ist als sie selbst, bis hinunter zu 1.]

KAPITEL 4

Googles Einstellungsmaschinerie

Einer von 130: Wieso gerade der?

»Jedermann weiß, dass Google gut darin ist, schlaue Köpfe einzustellen«, schrieb der Amazon-Personalrefernt Steve Yegge 2004 in einem viel gelesenen Blogpost.

> »Ich rede hier nicht von Einzelfällen, die Zahlen sprechen ihre eigene Sprache. Wir verlieren viele unserer besten Kandidaten an Google (…) Es geht dabei aber nicht nur um eine andere Größenordnung. Google ist tatsächlich so gut beim Anwerben im technischen Bereich, dass sich das, was sie machen, kaum noch als Anwerben bezeichnen lässt. Der Begriff ›Anwerben‹ impliziert, dass Sie nach draußen gehen und sich nach Leuten umsehen und versuchen, die zu überzeugen, für Sie zu arbeiten. Google hat es geschafft, diesen Prozess umzukehren. Die schlauen Köpfe unternehmen jetzt die Pilgerfahrt zu Google, und Google verbringt den Großteil seiner Zeit damit, tollen Leuten die Tür zu weisen.«

Was ist es, wonach all diese tollen Leute suchen? Es ist nicht das Geld, obwohl Google nur so Mitarbeiter-Millionäre ausspuckt. (Die ersten 30 Google-Mitarbeiter bekamen Aktien, die bis 2008 den Wert einer halben Milliarde Dollar hatten. Und wir sprechen hier von einer halben Milliarde für jeden der 30.) Was Google anbietet, ist mehr wie ein Elite-College oder eine Denkfabrik. Doch in Colleges geht es um die Theorie, bei Google um die Praxis. Dort bietet sich die verführerische Herausforderung, ein neues, digitales Universum zu erschaffen. Yegges Analyse dazu: »Schlaue Köpfe gehen dorthin, wo schon schlaue Köpfe sind, was sie in die Lage versetzt, cooles Zeug vom Stapel laufen zu lassen, das Aufmerksamkeit erzeugt. Und plötzlich hat man eine Endlosschleife.«

Ein Signal, versteckt in viel Lärm

Bei Google ist die Personalabteilung unter dem Namen People Operations oder People Ops bekannt. Todd Carlisle, ein junger Industriepsychologe mit schulterlangem Haar, begann 2004, für die People Ops von Google zu arbeiten. »Die hatten viele Daten«, erklärt er, »und niemanden, der sie sich ansah, sie analysierte und ihnen sagte, was sie bedeuteten.«

Es war Carlisles Job, statistische Analysen durchzuführen, um festzustellen, welche Faktoren beim Einstellen von Leuten wichtig sind. »Die Begründer der Firma sind Programmierer und daher gewohnt, nach einem Signal zu suchen, das in viel Lärm versteckt ist«, sagt Carlisle. Aber sobald es um Menschen geht, stößt der statistische Ansatz auf Widerstand. »Das ist so, als würde Ihnen der Computer sagen, dass das die Person ist, die Sie heiraten sollen. Jeder hat, wenn er ein Interview macht, das Gefühl, dass er weiß, wonach er sucht. Ich habe mich mit den Leuten hingesetzt, sie gefragt: »Wonach suchst du?«, und von so ziemlich allen völlig verschiedene Antworten bekommen. Also hab ich gedacht: Diese Leute können nicht alle recht haben.«

Carlisle begann, bei Google den Biodaten-Ansatz zu erforschen. »Ich habe angefangen, mich mit Fragen wie: ›In welchem Alter hattest du deinen ersten Computer?‹ zu beschäftigen«, erzählt er. So fand er heraus, dass sich ein Bewerber umso besser bei Google schlug, je früher er mit Computern zu tun gehabt hatte, wenn man die vierteljährlichen Leistungsberichte und andere Kriterien als Maßstab nutzte. Ein weiterer aussagekräftiger Faktor war eine Aktualisierung der Modellflugzeug-Frage von Cureton: »Hast du je einen Computer aus einem Bausatz zusammengebastelt?« Nun mag sich das Basteln von Computern (genau wie das Bauen von Modellflugzeugen) ein wenig merkwürdig ausnehmen. Aber die Leute, die sich damit beschäftigen, haben üblicherweise eine lebenslange Leidenschaft für Computer. Diese Leidenschaft ist ein gutes Vorzeichen für das Überleben in einer intensiven Umgebung, wo jedermann eine Obsession mit allem hat, das digital ist.

2006 entwickelte Carlisle eine Umfrage für Bewerber bei Google. Mit diesem hausgemachten Persönlichkeitstest wollte er herausfinden, wie gut ein potenzieller Angestellter zu Google passte – es war sozusagen ein Test seiner »Googlehaftigkeit«. Die Firma bat jeden Mitarbeiter, der mindestens fünf Monate an Bord war, einen Fragebogen mit 300 Fragen auszufüllen. Die Ergebnisse wurden mit den statistischen Leistungsbewertungen von Google verglichen. Wie erwartet, stellte Carlisle fest, dass vieles überhaupt keine Auswirkungen auf die Leistung hatte, manches aber schon. Der Test wurde nach und nach verfeinert und poliert, und 2007 bat Google das erste Mal Jobkandidaten, den Fragebogen auszufüllen.

Bei der ganzen Gewichtung von Grips und Ehrgeiz glauben die Googler doch an eine offenes Arbeitsumfeld, in dem Wert auf Kooperation gelegt wird. Das widerspricht dem Stereotyp des Softwareentwicklers als getriebenem Einzelgänger deutlich. Der Googleplex ist ein geselliger Ort. Die Arbeitsnischen haben niedrige Wände, sodass niemand wirklich isoliert ist – oder, wie ein Außenseiter vielleicht bemerken könnte, niemand Privatsphäre hat. Larry und Sergej haben sich fast immer ein Büro geteilt. Ironischerweise suchen sich solche Googler, die etwas Zeit in Stille verbringen wollen, einen leeren Konferenzraum.

Daher ist es entscheidend, dass die Leute, die Google einstellt, in einer Umgebung aufblühen können, die sich leicht als Goldfischglas beschreiben ließe. »Wir mögen es, wenn die Leute wirklich kooperativ sind und einsehen, dass alles, was sie schaffen, im Team geschaffen wird«, erklärt Carlisle. »Du kannst nicht einfach an deiner Codesequenz arbeiten und davon ausgehen, dass es schon passen wird; sie muss zum Code, den andere Leute entwickeln, passen.«

Wie macht man nun extrovertierte Softwareentwickler aus? Die einfachste Methode ist, die Leute zu fragen, wie gern sie mit anderen zusammenarbeiten. Das bringt jedoch das alte Problem der Biodaten mit sich: Die Leute sagen das, von dem sie glauben, dass es ihr potenzieller Arbeitgeber hören will.

Eine Lösung besteht darin, die Fragen so anzulegen, dass es keine Rolle spielt, ob die Leute sich falsch darstellen oder nicht. Eine Frage in dem Fragebogen für Kandidaten lautete:

> »Bitte geben Sie Ihren bevorzugten Arbeitsmodus auf einer Skala von 1 zu 5 an.
> 1 = Arbeit alleine. Meine persönliche Espressomaschine und eine Packung Toblerone auf meinem Schreibtisch, und ich kann loslegen!
> 5 = Teamarbeit: Zehn Stimmen durcheinander, kollidierende Egos … ich liebe die Herausforderung, meine Meinung dazwischenzuquetschen!

Die Formulierung der Frage ist der Antwort, die Google hören will, entgegenformuliert: Sie erinnert den Bewerber daran, dass Teamarbeit unproduktiv sein kann, während sie eine Verbindung von Eigenbrötlertum mit teurem Kaffee und Schokolade andeutet. Die Benutzung der Skala von 1 bis 5 fördert eine gewisse Offenherzigkeit. Nicht viele Leute geben die extremen Antworten 1 oder 5. Sie sind sich im Klaren, dass eine Antwort in der Mitte »sicherer« ist. Dennoch haben Eigenbrötler die Tendenz, mit

2 oder 3 zu antworten, während die geselligeren Typen eher 3 oder 4 zur Antwort geben. Es gibt einen statistischen Unterschied zwischen den Persönlichkeitstypen, obwohl viele versuchen, die Wahrheit zu verschleiern.

»Einer der Faktoren, die ich getestet habe, war, ob jemand an Codierungswettbewerben – und zwar an ganz bestimmten – teilgenommen hatte und wie er sich dort geschlagen hatte«, so Carlisle. Google sponsert einen der bekanntesten Wettbewerbe, den Google Code Jam. Nicht wenige Programmierer, die von einem Job bei Google träumen, machen mit. »Ich musste allerdings feststellen, dass Leute, die teilgenommen haben, dann, wenn sie hier arbeiten, weniger erfolgreich sind als Leute, die an gar keinen solchen Wettbewerben teilgenommen haben.«

Warum passen die ehrgeizigsten Programmierer der Welt nicht besonders gut zu Google? Die Statistiken haben darauf keine Antwort. Carlisle vertritt die Auffassung, dass das Wesen von Codierungswettbewerben – einer gegen alle, die an einem eng definierten Projekt mit einem Anfang und einem Ende arbeiten – wenig mit dem auf Teamwork ausgelegten Arbeitsumfeld bei Google zu tun hat. Die Leute, die an Wettbewerben teilnehmen, wollen vielleicht innerhalb eines kleinen Zeitfensters ihre Rivalen fertigmachen. Bei Google würden sie sich wahrscheinlich langweilen.

Diese Google-Kandidatenumfrage wurde schließlich abgeschafft. Man hat herausgefunden, dass nichts ein todsicherer Allzweckindikator für Erfolg bei Google ist. Die Dinge, die in einer Werbeabteilung ihren Zweck erfüllen, funktionieren nicht bei Softwareentwicklern oder Public Relations. Aber bestimmte Abteilungen stellen in ihren Bewerbungsgesprächen manchmal Fragen aus Carlisles Fragebogen, was bedeutet: Sie können bei Google also mit einigen Fragen zu Arbeitsstil und Persönlichkeit rechnen. Google ist nach wie vor ziemlich scharf auf schlaue Köpfe, die gern mit anderen zusammenarbeiten.

»Das Paket«

In den meisten Firmen erhalten die Arbeitgeber mit der Zeit mehr und mehr Informationen über einen Kandidaten. Sie nehmen die ersten paar bruchstückhaften Informationen, die bei ihnen eingehen, oft zu wichtig. Danach tendieren sie dazu, Informationen zu ignorieren, die nicht zu ihrem ursprünglichen Eindruck passen. Das ist ein klassischer Irrtum bei der Entscheidungsfindung. Um dies zu vermeiden, versucht Google, alle verfügbaren Informationen über den Kandidaten zu sammeln, bevor diese dann den Entscheidungsträgern präsentiert werden. Daher ist die Einstellungspraxis bei Google stark zentralisiert. Informationen über Kandidaten, die für Positionen in den Büros von Mumbai oder Breslau in Erwägung gezogen werden, werden an Mountain View weitergegeben. Kandidaten in Übersee dürfen ein Videointerview mit jemandem im Googleplex erwarten.

Die höchste Verkörperung dieser Philosophie ist »das Paket«. Dabei handelt es sich um ein 40- oder 50-seitiges Dossier über jeden Bewerber bei Google, erklärt Prasad Setty, der Direktor der Abteilung für Mitarbeiteranalyse- und Vergütung. Das Paket ist eine Biografie, die alle Informationen enthält, die Google über den Bewerber bekommen konnte. Die Firma ist sehr effektiv dabei, wenn es darum geht, Leute zu »googeln«, sowohl buchstäblich wie bildlich gesprochen. Im Allgemeinen enthält das Paket die Noten aus Schulzeit und Ausbildung; den Lebenslauf des Kandidaten, Arbeitsbeispiele (alle Schriften, die er veröffentlicht hat, über Presseerklärungen hin zu gelieferten Produkten), Berichte von Quellen und Informationen aus dem Internet, darunter Postings in Blogs oder sogar aus sozialen Netzwerken.

Das Paket hat zu einer Reihe von regelrechten Legenden über die Einstellungsstandards bei Google geführt. Man behauptet, niemand würde bei Google genommen, der nicht

- einen Notendurchschnitt von 1,7 oder besser (2,3 bei nicht-technischen Positionen) hatte,
- in Stanford, auf der Caltech, dem MIT oder einem Ivy-League-College war,
- hervorragende Noten in Schule und Ausbildung und/oder
- einen Doktor hat.

Nichts davon ist ein Muss. Aber Sie werden gegen Kandidaten antreten, die viele oder alle dieser Qualifikationen besitzen.

»Google war mein erster Arbeitgeber nach dem College«, erinnert sich ein früherer Angestellter. »Ich hatte einen Magister in Englisch an einem prestigeträchtigen College gemacht und wurde in der Personalabteilung angestellt. Das ist eines der Probleme, die ich gleich von Anfang an mit Google hatte – ist es wirklich nötig, Ivy-League-Absolventen anzustellen, um Papierkram zu erledigen? Von der Lektüre Derridas musste ich mich auf das Durchackern von Statuswechsel-Anträgen von Mitarbeitern umstellen, die bezahlten Urlaub wollten.«

Viele finden die Tatsache, dass Schulen und Noten Google so wichtig sind, enervierend. Der Reporter Ken Auletta vom *New Yorker* nennt es sogar absurd. Roni Zeigler, ein Physiker mit einem hohen Abschluss in Medizininformatik, weiß noch, wie überrascht er war, als er während seiner Bewerbung aufgefordert wurde, seine Noten von der Highschool einzuschicken (er bekam den Job). Blogger mit technischem Hintergrund behaupten, Google ignoriere Lebensläufe von Nicht-Ivy-League-Absolventen.

Die Personalreferenten von Google beteuern, dass man sie missversteht. Da Google nach Noten fragt und manch andere Firma das nicht tut, wird von Außenstehenden der Schluss gezogen, Google hätte ein anmaßendes, naives Vertrauen in Noten. Tatsächlich ist das Ziel, Noten weder mehr noch weniger Gewicht zu geben, als sie verdienen. »Letzte Woche haben wir sechs Leute mit einem Notendurchschnitt eingestellt, der schlechter war als

2,3«, prahlte der Chef von People Ops, Laszlo Brock, im Jahr 2007. Carlisle, der seinen Doktor an der nicht zur Ivy League gehörenden texanischen Universität A&M gemacht hat, sagt, dass Google einen Ivy-League-Hintergrund als Signal versteht, gesetzt, »jemand hat das für uns überprüft, aber wir schließen deshalb sicherlich niemanden aus. Wir sehen uns oft Leute an, die einiges an Hindernissen zu überwinden hatten, um dahin zu kommen, wo sie heute sind. Bist du der Erste in deiner Familie, der aufs College gegangen ist? Ich habe kürzlich eine Frau eingestellt, die nicht nur die Erste in ihrer Familie war, die aufs College gegangen ist, sondern nebenbei noch einen Vollzeitjob hatte, sodass auch ihre Schwester aufs College gehen konnte. Wir haben sie angestellt, obwohl sie auf eine Schule gegangen war, die gar nichts mit Ivy League zu tun hatte.«

Es ist vielleicht treffender zu sagen, dass Google sich beim Evaluieren seiner Kandidaten wie ein Ivy-League-College verhält. Die Politik dort ließe sich beschreiben als eine Affirmation der äußerst, äußerst Klugen. »Wir scheuen keine Mühen, um Leute einzustellen, die ein bisschen anders sind«, wie Larry Page es einmal formuliert hat. Carlisle sieht seine Rolle daher als die des Mannes, der »die Leute findet, die wir ignorieren würden. Zum Beispiel: Wer ist das Kind in Indien, das alle Telefonleitungen repariert, obwohl es erst zwölf Jahre alt ist, weil es sonst keiner kann und dieses Kind allein die technischen Fähigkeiten dazu hat?«, führt er aus. »Wer sind diese Mädchen aus den Problemgebieten von Detroit, die technisch so geschickt sind, und wie können wir sie finden, wenn sie noch jünger sind, und dafür sorgen, dass sie zu uns kommen?«

Der Anteil von weiblichen Angestellten bei Google liegt mittlerweile angeblich bei fast 50 Prozent. Das ist beeindruckend in einer Gesellschaft, die nach wie vor Vorurteile gegenüber weiblichen Wissenschaftlern und Entwicklern hat. Google stellt die Leute von überall auf der Welt ein. Viele kommen nach Mountain View und machen den Googleplex so zu einem kosmopolitischen Ort.

Die Fünfer-Regel

Wie bei anderen technischen Firmen werden die Einstellungsinterviews auch bei Google von Leuten aus den jeweiligen Abteilungen durchgeführt. People Ops gibt ihnen Ratschläge auf allen möglichen Gebieten, angefangen bei fairem Arbeitsrecht bis hin zur »Kunst der Ablehnung«. »Die bekommen ein richtiges Training, wie man die Kandidaten sachte enttäuscht«, sagt Carlisle. Der Großteil eines Jobgesprächs bei Google ist eine Arbeitskostprobe. Ein Softwareentwickler soll eine App programmieren, ein Bewerber für Public Relations soll eine Pressemitteilung verfassen.

Google hat sich ziemlich ins Zeug gelegt, um herauszufinden, welchen Wert man den Gesprächen im Vergleich zum Rest beimessen soll. Eine weitere wichtige Frage ist, wie viele Runden man bei einem bestimmten Kandidaten ansetzen soll. Mehr sind besser – bis zu einem gewissen Grad. »Wir wollen die Zeit der Leute nicht verschwenden«, sagt Carlisle. Seine statistischen Analysen haben ergeben, dass etwa fünf Interviews optimal sind, alles, was darüber hinausgeht, ist eher kontraproduktiv.

2003 ließ der Vorstand eine ähnliche, aber breiter angelegte Studie durchführen und befragte 28.000 kürzlich eingestellte Mitarbeiter im ganzen Land, wie viele Bewerbungsrunden sie hatten absolvieren müssen, um ihren Job zu bekommen. Die Antworten wurden mit den folgenden Leistungsberichten verglichen. Die Ergebnisse glichen denen von Carlisle: Die besten Mitarbeiter waren die, die nach vier bis fünf Interviews eingestellt worden waren.

Es mag sein, dass die mehr als fünfmal interviewten Angestellten größtenteils jene waren, die keine eindeutigen Signale gesendet hatten. Einige der Gespräche liefen gut, manche nicht, und die Firma setzte mehr als die übliche Anzahl von Interviews an, um die widersprüchlichen Ergebnisse zu bereinigen. Die Umfrageergebnisse implizieren, dass die Zweifel berechtigt waren.

Eine alternative Erklärung für die Ergebnisse der Vorstandsumfrage ist, dass die besten Leute von den vielen Interviews frustriert waren und »Genug!« gesagt haben. Die Unternehmen, die auf acht bis zehn Interviews bestehen, bleiben auf den Leuten sitzen, die einfach nur verzweifelt einen Job wollen.

Ein Google-Kandidat muss mit etwa fünf Interviews vor Ort rechnen, die von fünf unterschiedlichen Leuten geführt werden, alle an einem Tag. Eines ist ein Gespräch beim Mittagessen, bei dem sich der Kandidat bei einem Gourmet-Essen von den harten Fragen erholen soll. Die Interviewer geben dem Kandidaten eine von vier Noten. Carlisle zufolge bedeuten diese: »Ich denke, diesen Kandidaten sollten wir nicht einstellen«; »Ich denke, diesen Kandidaten sollten wir nicht einstellen, aber ich lasse mich vom Gegenteil überzeugen«; »Ich denke, wir sollten ihn einstellen, aber ich lasse mich vom Gegenteil überzeugen« und »Unbedingt!«.

Die Interviewer bei Google treffen nicht direkt die Entscheidungen, wer eingestellt wird und wer nicht. Ihre Aufgabe besteht darin, gute, anspruchsvolle Gespräche zu führen und die Ergebnisse mitzuteilen. Die Berichte erläutern, welche Fragen gestellt wurden, wie die Antworten lauteten und was der Interviewer von den Fragen gehalten hat. »Die Weisheit der Menge« (eines der Prinzipien hinter Googles Einstellungspolitik) funktioniert am besten, wenn jeder »Richter« die Möglichkeit hat, sein Urteil unabhängig von den anderen zu formen. Damit ist der Durchschnitt der Meinungen vermutlich recht nah an der Wahrheit. Bei Google werden die Interviewer angehalten, nicht miteinander über den Kandidaten zu sprechen, bis sie ihren Bericht eingereicht haben.

(Der einzig legitime Grund, seine Notizen auszutauschen, ist der Versuch, Zeitverschwendung zu vermeiden, wenn ein Kandidat ganz klar ungeeignet ist. Google lässt die Interviewer einen Kurzbericht beim Personalreferenten des Kandidaten abgeben, um die Interviews in diesen wenigen unglücklichen Fällen zu stoppen.)

Die Berichte der Interviewer werden Teil des »Pakets« des Kandidaten und an ein Einstellungskomitee verteilt. Wenn dieses erste Komitee den Kandidaten abnickt, prüft ein weiteres Komitee das Paket und dann noch mal eines. Schließlich kommt jede Einstellungsentscheidung auf den Schreibtisch von Larry Page, der die endgültige Entscheidung trifft. Bei Google ist das Einstellen von Leuten mehr Bürokratie als Algorithmus.

Das ist das genaue Gegenteil dessen, was die meisten Leute erwarten. »Letztlich versuchen wir, den Prozess fair zu gestalten und so viele Vorurteile wie möglich zu vermeiden«, so Setty. Google nimmt das Problem der »Vorurteile« ernst. Damit sind nicht nur ethnische oder geschlechtsspezifische Vorurteile gemeint (die man in der Tat sehr ernst nimmt), sondern Vorurteile im weiten Sinn jeglichen eingebürgerten Spleens bei der Entscheidungsfindung. Beispielsweise mag ein Interviewer eine Faustregel haben, dass man »nichts falsch machen kann, wenn man einen Doktor aus Stanford einstellt«. Wenn damit zu viel Gewicht auf einen Titel gelegt wird, wie es wahrscheinlich tatsächlich der Fall ist, dann ist das ein Vorurteil. Es wäre gleichermaßen ein Vorurteil, wenn ein Arbeitgeber der festen Überzeugung wäre, dass Noten und Schulen keine Rolle spielen und überhaupt kein Gewicht auf diese legen würde. Das nominelle Ziel von Google ist es, alle Punkte optimal zu gewichten. Dieses Ziel mag unerreichbar sein, aber es ist der Leitstern der People Ops bei Google.

Die Interviewer, denen ein Kandidat zugewiesen wird, werden so ausgewählt, dass ein breites Spektrum von Hintergründen, Persönlichkeiten, Geschlechtern, Altersgruppen und Abstammungen gewährleistet ist. Diese Praktik trägt der Tatsache Rechnung, dass es in der menschlichen Natur liegt, sich mit solchen Kandidaten leichter zu tun, die ähnliche Schulen besucht, eine ähnliche Vita und einen ähnlichen Kleidungs- oder Sprachstil haben. »Wir versuchen nicht, das menschliche Element aus dem Prozess zu eliminieren«, erklärt Setty. Das Ziel ist »zu verstehen, worin diese Muster bestehen, und sie dann den Leuten zu präsen-

tieren, die die Entscheidungen treffen, nicht, die Entscheidung
für sie zu treffen«. »In den meisten Firmen gehst du als Manager
in die Finanzabteilung und sagst: Hab ich das Budget, jemanden
einzustellen? Und dann ziehst du los, du hast dein eigenes System, du redest mit den Leuten, die du kennst, du gehst einfach los
und stellst sie ein. Hier herrscht das genaue Gegenteil. Wir sagen:
Du kannst die Entscheidung nicht treffen, weil wir der Meinung
sind, dass jeder seine persönlichen Vorlieben hat, und wir können nicht darauf vertrauen, dass ein Einzelner in der Lage ist, die
richtige Entscheidung zu treffen. Also haben wir diesen auf den
ersten Blick unglaublich komplexen und zeitintensiven Prozess.
Aber letztlich ist es unser Ziel, falsche Treffer zu vermeiden.«

Falsche Treffer und falsche Nieten

Ein *falscher Treffer* ist das Ergebnis, wenn ein Kandidat den Beurteilungsprozess besteht und eingestellt wird, sich aber als schlechter Mitarbeiter entpuppt. Das Gegenteil ist eine *falsche Niete*,
wenn ein Kandidat einen guten Mitarbeiter abgegeben hätte, aber
abgelehnt wurde. Es mag den Anschein haben, dass falsche Treffer und falsche Nieten gleichermaßen schlecht sind. Das sind sie
jedoch nicht, weder bei Google noch sonst wo.

Jobsucher fürchten sich natürlich davor, eine falsche Niete
zu werden. Ein anspruchsvoller Interviewer oder eine Frage, die
man versaut, kann verhindern, dass man dort einen Job bekommt, wo man Herausragendes hätte leisten können. Aus der
Perspektive des Bewerbers ist das zutiefst unfair. Aber für den
Arbeitgeber sind falsche Nieten unsichtbar. »Wir wissen nicht, ob
unser System viele falsche Fehlanzeigen produziert, die wir so aus
dem Prozess ausschließen«, gibt Setty zu. »Wir wissen es nicht,
weil wir sie nicht eingestellt haben.«

Schlechte Angestellte andererseits fallen auf. Es ist die Kerndirektive von People Ops, falsche Treffer zu reduzieren, das war

»das Credo von Larry, Sergej und Eric seit Gründung der Firma«, so Setty. Daher ist der Einstellungsprozess bei Google der Inbegriff von Redundanz.

Das ist kein Spezifikum von Google. »In einem aufstrebenden Markt, sagen wir in den späten 1990er-Jahren, waren die Kosten einer schlechten Entscheidung in Sachen Angestellte niedrig«, so Alec Levenson vom Center for Effective Organizations an der University of Southern California. »Die Firma konnte großzügiger beim Einstellen von Leuten sein, weil die Chancen gut standen, dass der Mitarbeiter bald weiterzog, wenn er nicht in den Laden passte.«

Nicht so heute. Die Angestellten klammern sich an ihre Jobs wie Napfschnecken an einen nassen Felsen. Je unwichtiger der Angestellte, desto stärker der Sog. Die einzige Möglichkeit, einen fragwürdigen Angestellten loszuwerden, ist, ihn zu feuern. Das ist ein nervenaufreibender Prozess. »Über die letzten 30 Jahre hinweg hat es eine graduelle Erosion von fristlos kündbaren Arbeitsverhältnissen gegeben, da immer mehr Leute unter den Schirm von Arbeitsschutzgesetzen gekommen sind«, erklärt Levenson. »Es wird immer schwieriger für die Firmen, die Leute einfach einzustellen und sie genauso einfach wieder zu feuern. Selbst wenn 100 Leute klageberechtigt sind und nur einer oder zwei es wirklich tun, reicht das völlig.« Wenn man heute jemanden einstellt, ist das wie eine Ehe: prinzipiell auf Dauer.

Trotz der Besorgnis in Sachen falsche Treffer »kannst du ein Interview total versauen«, sagt Carlisle, »und es ist trotzdem nicht das Ende deiner Bewerbung.« Google ist sich im Klaren, dass ein Interview ein lautstarkes Signal ist. Es gibt durchaus Hinweise, dass Kandidaten, die einen enthusiastischen Schulterklopfer von einem Interviewer bekommen, sich im Durchschnitt besser schlagen als solche, die lediglich günstige Beurteilungen von allen Interviewern bekommen. Es ist, als ob der Kandidat ein Indie-Film wäre: besser, die Leidenschaft in einem einzigen Menschen zu wecken, als zu versuchen, es allen recht zu machen. Das bedeutet aber auch, dass eine einzelne schlechte Beurteilung nicht so schlimm ist.

Die Obama-Frage

Die Interviewer bei Google sind angehalten, die traditionellen Knobelaufgaben, die bei anderen Firmen gestellt werden, zu vermeiden, etwa: »Warum sind Kanaldeckel rund?« Ebenfalls sollen sie nicht das Wissen der Kandidaten mit trivialen Fragen wie der folgenden auf die Probe stellen:

? Erklären Sie die Bedeutung des Ausdrucks
»DEAD BEEF«.

Ebenso vermieden werden sollen kryptische Forderungen an den Interviewten wie die folgende:

? In Südafrika herrscht ein Latenzproblem. Diagnostizieren Sie es.

Gegen diese Art von Fragen spricht, dass die Patentlösungen leicht zu merken und nicht informativ sind. Aber Softwareentwickler bei Google wie auch Mitarbeiter anderswo hören der Personalabteilung oft nur mit einem Ohr zu und stellen diese Fragen trotzdem. (Für den Fall, dass es Ihnen entgangen ist, die Antwort auf die Frage nach den Gullydeckeln ist: »Weil ein runder Gullydeckel, anders als ein eckiger, nicht in das Loch fallen kann.« (Die Antworten auf die »Dead Beef« und die Latenzproblem-Frage finden Sie ab S. 202).

»Stellen Sie Fragen mit offener Lösung, die Allgemeinbildung und lösungsorientiertes Denken testen und dann in die Details einsteigen«, erklärt ein früherer Interviewer bei Google. »Die für

Google charakteristischsten Fragen, die auch am meisten Nach-ahmung finden, sind kurze Konversationszünder.«

Am 26. Januar 2008 versuchte sich der Senator und Präsident-schaftshoffnungsträger Barack Obama darin, eine gewisse Glaub-würdigkeit in der New Economy zu etablieren. Er besuchte den Googleplex für ein öffentliches Gespräch mit Eric Schmidt. Schmidt machte die Bemerkung, es sei schwer, einen Job als Präsident zu kriegen – und schwer, einen Job bei Google zu kriegen. Um Oba-mas Qualifikationen zu testen, fragte Schmidt ihn: »Was ist die effi-zienteste Art, 1 Million ganze 32-Bit-Zahlen zu sortieren?«

Obamas Antwort lautete: »Bubble Sort wäre wohl der falsche Weg?« Das war natürlich gut gespielt und erntete einen großen Lacher. Das Video findet sich auf Youtube.

Die »Obama-Frage« wird Softwareentwickler-Kandidaten bei Google ganz im Ernst gestellt. Solche Leute wissen, dass der Al-gorithmus Bubble Sort quälend langsam ist (daher Obamas Witz). Wenn man Bubble Sort für 1 Million Zahlen verwenden würde, wäre das, als würde man einen Swimmingpool mit einem Fingerhut füllen.

Die beste Antwort auf die Frage beginnt mit den Worten: »Das hängt davon ab.« Es hängt von der Zusammenstellung der Liste der Zahlen ab sowie von den Beschränkungen in Sachen Zeit und Speicherkapazität. Man erwartet vom Bewerber, dass er nach die-sen Dingen fragt. Die Frage soll zu einer Diskussion über die re-lativen Vorteile von Algorithmen führen und herausfiltern, wel-che Werkzeuge der Bewerber für die Aufgabe nutzen würde (das ist von allen Dingen das, was vermutlich am schwierigsten zu lehren oder zu lernen ist).

»Im Allgemeinen versuchen wir nicht, eine bestimmte Stelle auszufüllen«, sagt Setty. »So, wie Google sich verändert hat und gewachsen ist, haben wir festgestellt, dass die Leute in einer be-stimmten Rolle anfangen können und fünf Jahre später genau das Gegenteil tun. Sie können jemanden nicht einfach nur für einen Job einstellen, wir wollen für Google jemanden als Ganzes.«

Das lässt es nützlich erscheinen, einige Fragen zu stellen, die nicht an ein bestimmtes Set von Fähigkeiten geknüpft sind. Googles allgemeinere, verspieltere Fragen wie jene mit der Mixer-Hypothese sollen den Kandidaten ermuntern, dem Interviewer die Stirn zu bieten und eine kohärente Lösung zu entwickeln. Die Interviewer bei Google sind wie gute Journalisten, weil sie stets Folgefragen stellen, die das Anbringen von Patentlösungen verhindern. Ein nie aus der Mode kommendes Thema ist: »Können Sie Ihre Antwort weiter verbessern?«

Zählt Ihre Facebook-Seite?

Viel von dem, was Google tut, ist eine Neudefinition des Konzepts der Privatsphäre. Das ist Stoff für viele Legenden. Haben Sie schon von der Frau gehört, die ihren Mann dabei erwischt hat, wie er sie betrog? Sie sah seinen SUV vor dem Haus seiner Geliebten bei der Street View von Google Maps – um dann nach einem guten Scheidungsanwalt zu googeln. Das wurde als Fakt in einem britischen Boulevardblatt berichtet, hat sich aber mittlerweile als Unsinn herausgestellt. Noch so eine wilde Geschichte ist, dass Google die Suchverläufe seiner Kandidaten auf Grundlage der IP-Adresse ihres Computers überprüft. Das würde Google verraten, welche Jobseiten Sie kürzlich von anderen Firmen angesehen haben – äh, und noch ein paar andere interessante Dinge mehr.

Dabei handelt es sich freilich um Enten, aber Google hat, wie andere Firmen auch, mit dem richtigen Umgang mit Seiten sozialer Netzwerke beim Einstellungsprozess zu kämpfen. Ist es legitim, dass ein Arbeitgeber Informationen auf Facebook, Youtube oder Twitter bei einer Entscheidung über ein Arbeitsverhältnis verwendet? Das ist eine interessante ethische Frage, aber, seien wir ehrlich, der Zug ist abgefahren.

2007 war der Mitbegründer von LinkedIn, Reid Hoffman, auf der Suche nach einem neuen CEO für die Firma. Er stellte infra-

ge, dass traditionellerweise bei der Beurteilung von Vorstands-
mitgliedern so viel Wert auf Referenzen gelegt wurde. »Die Messlatte muss schon ziemlich niedrig hängen, wenn jemand dir
nur zwei oder drei Leute nennen muss, die was Nettes über dich
sagen«, so seine Beobachtung. Stattdessen nutzte er das Netzwerk
von LinkedIn, um eine Liste von 23 Geschäftskontakten des
Hauptkandidaten zusammenzustellen – die der Kandidat nicht
als Gewährsmänner aufgeführt hatte. Manche von ihnen waren
nur Bekannte von Bekannten. Diese außerbilanziellen Kontakte
wurden kontaktiert. »So, wie wir die Sache angehen, müssen wir
ein bisschen Detektivarbeit leisten und uns die Geschichte selber
zusammenreimen«, sagt Hoffmann. »Aber man spürt ziemlich
schnell, ob jemand gut ist oder nur so tut.«

Was 2007 noch grenzwertig war, ist heute normal. Einer Umfrage von CareerBuilder zufolge stieg der Prozentsatz von Arbeit-
gebern, die ihre Kandidaten auf den Seiten von sozialen Netzwerken überprüften, von 22 Prozent im Jahr 2008 auf 45 Prozent im
Jahr 2009. Man kann mit Sicherheit davon ausgehen, dass der
Prozentsatz nun, da Sie dies lesen, noch erheblich höher ist.

»Die Leute sind bereit, Ihnen auf Facebook und LinkedIn allerhand über sich selbst zu erzählen«, sagt Todd Carlisle von Google. Es gibt eine Art Zwang in der Firmenkultur, demzufolge es
eine Sünde ist, Informationen über einen potenziellen Angestellten zu ignorieren. »Hier müssen wir das Gleichgewicht wahren:
Die schicken es nicht an Google und bewerben sich nicht um einen Job. Damit wollen wir vorsichtig umgehen.«

Nicht jedermann ist so umsichtig. 2009 ergab die besagte
Umfrage (unter 2667 Managern und Personalreferenten), dass
35 Prozent bereits eine Entscheidung getroffen hatten, jemandem
aufgrund von Informationen auf Facebook, Myspace oder anderen Seiten keinen Job zu geben. Die wichtigsten Warnsignale für
die Arbeitgeber waren »provokative oder unanständige Fotografien oder Informationen« (53 Prozent) und die Tatsache, dass der
Kandidat »kein Problem damit hatte, Drogen zu nehmen oder

Alkohol zu trinken« (43 Prozent). Mit anderen Worten: genau die Dinge, von denen man erwarten würde, sie auf einer Facebook-Seite zu finden.

Bewerber googeln allerdings auch ihre Interviewer. »Ich versuche immer, schon im Vorfeld eine Liste der Leute zu kriegen, die mich interviewen werden, und google sie dann, schaue nach, ob sie auf Twitter sind oder ein Blog haben«, sagt Rakesh Agrawal, der schon auf beiden Seiten des Interviewtisches gesessen hat. »Jeder, der sich diese Mühe macht, bekommt sicher ein paar Extrapunkte.« Wenn er selbst ein Interview führt, stellt Agrawal seine Fragen auf Grundlage dessen, was er online herausgefunden hat. »Der Trick dabei ist, das so anzustellen, dass es nicht unheimlich wirkt. Sie sollen den Kandidaten ja nicht stalken oder seine Flickr-Fotos wegen ein paar obskurer Bilder von vor zehn Jahren durchsehen.«

Von Bedenken bezüglich der Privatsphäre einmal abgesehen, bestehe die Möglichkeit für die Kandidaten, mit den sozialen Netzwerken eine Art Glücksspiel zu versuchen, sagt Carlisle. Ein Kandidat, der glaubt, dass ein potenzieller Arbeitgeber sich heimlich seine Facebook-Seite anschauen wird, könnte dort falsche Angaben über seine Leistungen machen oder von Freunden machen lassen. Eine falsche Angabe auf einem Lebenslauf ist eine Sünde. Auf einer Sozialnetzwerk-Seite liegt das noch in einer Grauzone.

Bislang ist das fehlende Ingrediens gegenseitige Offenheit. Die Arbeitgeber müssen zugeben, dass sie sich die Sozialnetzwerk-Seiten ansehen. Jobsucher müssen in der Lage sein, für karriererelevante Informationen auf diesen Seiten einzustehen.

Da die Menge persönlicher Informationen im Internet exponentiell wächst, »wird es immer schwieriger, alle Informationen über jemanden zusammenzukratzen«, erklärt Carlisle. »Wenn es also etwas gäbe, das die ganzen Informationen auf LinkedIn und auf Facebook und in den Youtube-Videos zusammentrüge und sie auf eine Art kombinierte, die es für mich leichter macht, dann will ich das haben«, so Carlisle. Bislang ist es nur ein Traum, aber das wird es sicher bald geben.

In der Zwischenzeit ist es das Beste, sich an den Standardratschlag für Jobsucher zu halten. Stellen Sie Ihre Sozialnetzwerk-Seiten auf »privat« oder räumen Sie sie auf, bevor Sie sich an die Jobsuche machen. Ein Ergebnis in der Umfrage von CareerBuilder ist besonders ernüchternd. Dabei geht es um die Bedeutung, die »schlechten kommunikativen Fähigkeiten« beigemessen wurde. 29 Prozent der Arbeitgeber sahen darin einen »Dealbreaker«, eine Vielzahl von Verstößen gegen die Bestimmungen der Grammatikpolizei zu begehen. 16 Prozent hatten sich entschlossen, einen Kandidaten gar nicht erst in Erwägung zu ziehen, weil er in seinem Bewerbungsschreiben oder seiner E-Mail-Korrespondenz »SMS-Ausdrücke« verwendete (etwa »N8« für »night«).

»Jemanden nicht einzustellen, weil seine Kommunikationsfähigkeiten auf Facebook schlecht sind, ist ein bisschen bescheuert«, sagt ein Beobachter. »Das ist so, als würde man sagen: Ich stell dich nicht ein, weil die Grammatik in dem Witz, den du letzte Woche im Restaurant erzählt hast, nicht richtig war und ich dir im Separee hinterherspioniert habe.«

Gut gesagt – aber achten Sie besser trotzdem auf Grammatik und Rechtschreibung.

Klassische Google-Rätsel

Hier finden Sie ein paar der etwas weiter hergeholten Fragen, für die die Interviewer bei Google bekannt sind. Für die Beantwortung ist nur bei der Huhn-Frage Hintergrundwissen in Informatik vonnöten, doch alle sind schwierig. Die meisten wurden von anderen Firmen aufgenommen (die Lösungen finden Sie ab S. 204).

? Entwickeln Sie einen Evakuierungsplan für San Francisco.

? Stellen Sie sich ein Land vor, in dem alle Eltern sich einen Jungen wünschen. Jede Familie bekommt Kinder, bis ein Junge geboren wird, dann hören sie auf. Wie sieht das Verhältnis von Jungen und Mädchen in diesem Land aus?

? Die Wahrscheinlichkeit, auf einem verlassenen Highway innerhalb einer 30-minütigen Frist ein Auto zu beobachten, beträgt 95 Prozent. Wie hoch ist die Chance innerhalb einer Frist von 10 Minuten?

? Sie haben die Wahl zwischen zwei Wetten: Die eine lautet, dass Sie einen Basketball bekommen und eine Chance, ihn für 1000 Dollar zu versenken. Die zweite lautet, dass sie zwei von drei Würfen versenken müssen, wofür Sie ebenfalls 1000 Dollar bekommen. Für welche entscheiden Sie sich?

? Benutzen Sie eine Programmiersprache, um ein Huhn zu beschreiben.

? Sie stehen vor einer Treppe und dürfen entweder einen oder zwei Schritte auf einmal machen. Wie viele Möglichkeiten gibt es, die n-te Stufe zu erreichen?

? Sie haben N Firmen und wollen sie zu einer großen Firma verschmelzen. Wie viele Möglichkeiten gibt es, das zu tun?

? Was ist die schönste Gleichung, die Sie je gesehen haben? Erklären Sie Ihre Antwort.

KAPITEL 5

Programmierer und wie man nicht wie sie denkt

Von der Strategie, die Dinge einfach zu halten

Der große Physiker Richard Feynman bewirbt sich um einen Job bei Microsoft (so lautet die garantiert apokryphe Geschichte). »Nun gut, Herr Dr. Feynman«, fängt der Interviewer an. »Wir haben nicht viele Bewerber mit einem Nobelpreis, nicht einmal wir hier bei Microsoft. Aber bevor wir Sie einstellen können, wäre da noch diese kleine Formalität. Wir müssen Ihnen eine Frage stellen, um Ihre Fähigkeit, kreativ zu denken, auf die Probe zu stellen. Die Frage lautet: Warum sind Gullydeckel rund?«

»Die Frage ist lächerlich«, antwortet Feynman. »Zunächst mal sind nicht alle Gullydeckel rund. Manche sind quadratisch!«

»Aber bleiben wir jetzt mal bei den runden«, fährt der Interviewer fort, »warum sind diese rund?«

»Warum runde Gullydeckel rund sind?! Runde Deckel sind per definitionem rund! Das ist eine Tautologie.«

»Äh – richtig. Wenn Sie mich bitte entschuldigen wollen, Dr. Feynman, ich würde mich gern mit der Personalabteilung beraten.« Der Interviewer verlässt für zehn Minuten den Raum. Als er zurückkommt, verkündet er: »Ich freue mich, Ihnen mitteilen zu dürfen, dass wir Sie zur sofortigen Anstellung an unsere Marketingabteilung empfohlen haben.«

Diese Geschichte macht eine der beliebtesten Knobelfragen lächerlich, die lange mit Microsoft assoziiert war und von Steve Ballmer selbst kreiert worden sein soll. Sie zeigt die tiefreichende Ambivalenz dieser Art von Interview auf. Feynman – einer der Helden der Kindheit von Sergej Brin – beweist mit seiner Antwort mehr kreatives Denken als die vermeintlich richtige Antwort von Microsoft.

Eine wahre Geschichte lautet folgendermaßen: Der Google-Mitbergünder Brin arbeitete im Computergebäude der Stanford University für seine Abschlussarbeit. Dieses Gebäude war nach dem Stifter, einem gewissen William Gates, benannt. Jeder Raum im Gates-Gebäude hatte eine vierstellige Zahl. »Wir waren entrüstet über die Tatsache, vierstellige Zahlen zu haben, obwohl es keine 10.000 Räume gab«, erklärt Brin. Er entwickelte ein neues Nummerierungssystem, für das man nur drei Zahlen brauchte. Das Gebäude hat auch keine 1000 Räume, doch Brin argumentierte, dass er bei der Konvention bleiben musste, dass die erste Zahl das Stockwerk auszeichnete. »Ich musste die Zahlen nur um das Gebäude laufen lassen«, sagt Brin. »Gerade Zahlen standen für Räume an der Außenseite, ungerade Zahlen für Räume auf der Innenseite. Die zweite Zahl sagte einem, wie weit man um das Gebäude gehen musste.«

Die Leute bei Google denken, sie hätten einen einzigartig kreativen Ansatz in Sachen Design. In dieser Weltsicht gibt Microsoft oft das viel zitierte »schlechte Beispiel« ab. Obwohl dieser gehässige Vergleich weniger mit dem echten Microsoft zu tun hat als mit Witzen von Außenseitern, gibt es doch eine gewisse Grundlage in der Realität. Microsoft fing zu einer Zeit an, als kleine Computer ein Hobbygerät waren und jeder Benutzer Spaghetticodes schrieb. Google wurde eine Generation später gegründet, als eine neue Disziplin der Algorithmentheorie die Art, wie Software geschrieben wurde, verändert hatte. Natürlich hat Microsoft viele der besten Codeschreiber und Computerwissenschaftler der Welt angeheuert. Aber das Unternehmen hat einiges, was es mit sich herumschleppt – ein Vermächtnis von Produkten, Nutzern und eine Firmenkultur, die in den 80ern Gestalt angenommen hat. Google kam als unbeschriebenes Blatt ins neue Jahrtausend. Der Tech-Blogger Joel Spolsky formulierte es folgendermaßen:

»Ein ziemlich hochrangiger Programmierer von Microsoft, der zu Google ging, hat mir gesagt, dass Google auf einem höheren Abstraktionsniveau denkt und arbeitet als Microsoft. Google benutzt Bayes'sche Filter wie Microsoft Sätze mit ›wenn‹«, sagt er. Das stimmt. Google benutzt vollständige-text-suche-des-gesamten-Internets so wie Microsoft kleine Tabellen, die auflisten, welche Fehler-IDs zu welchem Hilfstext gehören. Machen Sie sich klar, wie Google seine Rechtschreibprüfung durchführt: Die basiert nicht auf Lexika, sondern auf Wortbenutzungsstatistiken des gesamten Internets – das ist der Grund, warum Google weiß, wie es meinen Namen korrigieren muss, während Microsoft Word das nicht tut.

Bob und Eve

Dieses »höhere Abstraktionsniveau« schlägt sich in vielen Interviewfragen von Google nieder. Versuchen Sie es mal mit folgender:

? Sie wollen feststellen, ob Bob Ihre Telefonnummer hat. Sie können ihn nicht direkt fragen. Stattdessen müssen Sie ihm eine Nachricht auf eine Karte schreiben und diese Eve geben, die als Botin fungieren wird. Eve wird die Karte Bob geben und er wird seine Nachricht Eve überreichen, die Ihre Nummer nicht erfahren soll. Welche Frage stellen Sie Bob?

Diese Frage stellt man normalerweise Softwareentwicklern, die die Namen »Bob« und »Eve« sofort erkennen. In den Textbüchern für Computerwissenschaften ist es eine Konvention zu sagen, »Alice« würde eine verschlüsselte Nachricht an »Bob« schicken (klingt etwas menschlicher als zu sagen »A schickt eine Nachricht an B«). Der typische Bösewicht der Textbücher ist ein Schnüffler namens »Eve« (für »Eavesdropper«; dt.: Lauscher). Verschlüsselte Nachrichten sind im Internet von entscheidender Bedeutung – sie sind die Grundlage des Internethandels und von Rechnerwolken. Eve kann zahlreiche Gestalten annehmen, darunter Hacker, Spammer und Phisher. Es ist nicht allzu übertrieben, wenn man sagt, dass diese Interviewfrage im Kern das zentrale Problem unserer vernetzten Welt enthält.

Ihre Beantwortung zeigt außerdem ziemlich unterschiedliche Ansätze, wenn es darum geht, über Probleme nachzudenken. Es gibt eine technisch brillante Lösung. Jede Textbuchdiskussion über Bob und Eve behandelt eigentlich das Thema RSA-Kryptografie. Diese Art der Codierung wird unter anderem von PayPal benutzt. Es mag an dieser Stelle genügen, zu sagen, dass RSA ein paar ziemlich heftige Berechnungen mit sich bringt. Das ist okay, schließlich macht das immer der Computer. Der Schlauberger, dem diese Frage im Interview gestellt wird, grübelt nun, ob es eine Möglichkeit gibt, Bob RSA zu erklären, und zwar so, dass es in eine Nachricht passt, die auf der Rückseite einer Visitenkarte Platz hat. Das ist etwa so, als würden Sie versuchen, Ihrer Großmutter zu erklären, wie man ein iPad baut, und zwar so klar, dass sie es tatsächlich könnte.

Es ist möglich! Es ist möglich, das Knochengerüst der Implementierung von RSA einem naiven Bob zu erklären, der nicht weiß, wie man Codes schreibt (die gesamte Erklärung findet sich im Antwortteil ab Seite 224). Eine schlanke Version dieser Anweisungen passt auf eine 7 mal 12 Zentimeter große Karteikarte, sogar auf eine Visitenkarte, wenn Sie eine mikroskopisch kleine Handschrift haben. Der Kandidat, der es schafft, eine RSA-

Nachricht an Bob zu entwerfen, wird meinen, eine Sternstunde erlebt zu haben.

Nicht so schnell. Er hat lediglich die »Microsoft Antwort« gegeben. Eve hin oder her, Bob wird bei den folgenden komplizierten Anweisungen, die ja nur die triviale Aufgabe erfüllen sollen zu bestätigen, dass er eine Telefonnummer hat, stutzen. Die Interviewer bei Google gehen davon aus, dass sich die Programmierer mit RSA auskennen, aber besonders beeindruckt sind sie von solchen, denen eine einfachere, praktischere Lösung einfällt.

Die Microsoft-Antwort:

Bob, du musst diese Anweisungen sorgfältig befolgen, ohne sie infrage zu stellen. Tu so, als wäre meine Telefonnummer eine normale zehnstellige Zahl. Zuerst musst du diese Zahl kubieren (also sie mit sich selbst multiplizieren, und dann das Produkt noch mal mit der ursprünglichen Zahl multiplizieren). Die Antwort, bei der es sich um eine 30-stellige Zahl handelt, muss genau sein. Mach das von Hand, wenn es sein muss, und überprüfe das Ergebnis zweimal. Dann musst du die längste Division ausführen, die du je gemacht hast. Teile das Ergebnis durch folgende Zahl: 50533669373418348823. Auch die Division muss exakt sein. Schick mir nur den Rest der Division. Es ist wichtig, dass du nicht den ganzen Teil des Quotienten schickst, sondern nur den Rest.

Die Google-Antwort:

»Bob, ruf mich auf meinem Telefon an, unter der Nummer, die du hast.«

Sagen Sie Bob, dass er Sie anrufen soll (idealerweise nennen Sie ihm einen bestimmten Zeitpunkt). Wenn Ihr Telefon klingelt, Bingo. Wenn nicht, dann verrät Ihnen das, dass er nicht die richtige Nummer hat. Das ist ja alles, was die Frage verlangt (»Sie wollen feststellen, ob Bob Ihre Telefonnummer hat…«). Warum soll man es sich unnötig schwer machen?

Diese Frage testet etwas, was weniger verbreitet ist als Bildung – die Fähigkeit, das zu ignorieren, was man gelernt hat, wenn es nicht hilfreich ist. Im Geschäftsleben sagt Ihnen niemand, welcher Teil Ihrer Ausbildung gerade zur Anwendung kommt (wenn das überhaupt geht). Die Versuchung, alle intellektuellen Hilfsmittel zu benutzen, die gerade zur Verfügung stehen, ist überwältigend. Man will darauf zurückgreifen, um sich dann auf die Schulter zu klopfen, dass man das beste Werkzeug eingesetzt hat, das es gibt. Google sucht nicht nach Leuten, die die Sachen instinktiv auf die schwierige Art angehen, nur weil sie es können. Google will die Leute, die eine Gabe dafür haben, simple Lösungen zu finden, die funktionieren.

Das Menschliche im Blick behalten

Das wirft die ungeheuer wichtige Frage auf, was den Unternehmer vom Programmierer unterscheidet. Teilweise ist es die Fähigkeit, manchmal nicht wie ein Programmierer zu denken. Ein Programmierer kann gar nicht anders, als sich in die ganzen cleveren Ideen und Algorithmen zu verlieben, die in ein neues Produkt geflossen sind. Ein Unternehmer muss das ignorieren und beurteilen, ob die Endverbraucher das Produkt benutzen wollen oder können. Da es sich bei Google um einen Ort handelt, für den die Jobbeschreibungen vage sind, versucht man dort, Angestellte mit der Fähigkeit zu finden, sich in den Kopf eines anderen zu versetzen. Viele Interviewfragen spielen mit diesem Thema.

? Ein Henker stellt 100 Gefangene in einer Reihe auf und setzt jedem entweder einen roten oder einen blauen Hut auf. Jeder Gefangene kann die Hüte der Leute vor ihm in der Reihe sehen, aber nicht seinen eigenen oder die der Leute hinter ihm. Der Henker fängt hinten in der Reihe an und fragt den letzten Gefangenen nach der Farbe, die sein Hut hat. Er muss mit »Rot« oder »Blau« antworten. Wenn er richtig antwortet, darf er weiterleben. Wenn er die falsche Antwort gibt, wird er sofort geräuschlos getötet. (Es hören zwar alle die Antworten, aber niemand weiß, ob die Antwort gestimmt hat.) In der Nacht, bevor die Gefangenen in der Reihe aufgestellt werden, beraten sie sich über eine Strategie, mit der sie einander helfen können. Was sollten sie tun?

Wie bei »Bob und Eve« handelt es sich auch bei diesen Finten um einen bekannten Fragentypus, in diesem Fall um ein Logikrätsel der alten Schule. Fraglos steht es mit einem Rätsel in Verbindung, das der amerikanische Mathematiker und Computerwissenschaftler Alonzo Church (1903–1995) entwickelt hat. Er formulierte in den 1930er-Jahren ein Rätsel über drei Gärtner, die Erdflecken auf der Stirn haben. Natürlich kann keiner seine eigene Stirn sehen und es gibt keinen Spiegel. Die Gärtner bekommen gesagt, dass mindestens einer Dreck auf der Stirn hat, und müssen ableiten, wer es ist. Einer der Studenten von Church, der Logiker Raymond Smullyan, nahm die Idee auf und produzierte haufenweise brillante Rätsel in einer Serie populärer Bücher. In späteren Variationen von Smullyan und anderen werden die verräterischen »Flecken« durch Hüte oder farbige Punkte oder sonst etwas, was sich noch plausiblerweise mit bloßem Auge (von dem des Trägers abgesehen) erkennen lässt, ersetzt. Die Geschichten werden mit amüsanten Motiven gewürzt, zum Beispiel wird versucht abzuleiten, wessen Frau wen mit wem betrügt oder wer ein

Spion ist. Viele dieser Rätsel werden in der gesamten Geschäfts-
welt bei Einstellungsgesprächen verwendet.

Die Lösungen haken meistens bei der Annahme, dass alle Beteiligten »perfekte Logiker« sind. Das heißt, dass Person A x ableiten kann, und zwar auf Grundlage dessen, was B aus y abgeleitet und C versäumt hat, aus z zu deduzieren. Es wird Sie kaum
schockieren zu erfahren, dass die anvisierten Lösungen nichts
mit der realen Welt zu tun haben. In vielen Fällen strafen diese
Rätsel oft jene ab, die einen Blick dafür haben, wie Menschen tatsächlich denken und handeln. So, wie sie bei Google verwendet
wird, ist die Frage mit dem Henker eine subtile Dekonstruktion
des Genres. Es gibt keine definitive richtige Antwort. Die besten
Antworten beweisen einen Blick für den Faktor Mensch.

Fangen Sie damit an, sich zu überlegen, was passiert, wenn die
Gefangenen überhaupt keinen Plan haben. Wenn die Gefangenen ihre Hutfarben zufällig erraten, dann würden sie in 50 Prozent der Fälle richtig liegen. Das würde bedeuten, dass durchschnittlich 50 von 100 Gefangenen überleben.

Jeder Plan, der sich lohnen soll, muss also bessere Chancen liefern. Konzeptuell gesehen wollen die Gefangenen Informationen
die Reihe hinaufschicken. Der letzte Gefangene, Nr. 100, sieht die
Farben aller Hüte bis auf seinen eigenen. Hätte er die Möglichkeit, seine letzten Worte frei zu wählen, könnte er die Farben der
Hüte aller 99 Gefangenen vor sich rezitieren und sie alle retten.
Das ist verboten. Er darf nur ein einziges Wort sagen, und das
lautet »Rot« oder »Blau«. Das ist eine 1-Bit-Nachricht, während
er eigentlich eine 99-Bit-Nachricht schicken will.

Da der letzte Gefangene keine Möglichkeit hat, seine eigene
Hutfarbe zu erfahren, hat er nichts zu verlieren. Er kann seine
Antwort genauso gut dazu verwenden, etwas Nützliches zu tun,
zum Beispiel die Farbe des Gefangenen direkt vor ihm zu sagen.
Das würde es Nr. 99 erlauben, die richtige Antwort zu geben. Nr.
100 hat eine Fifty-fifty-Chance, auch verschont zu werden, da es
ja sein kann, dass sein Hut dieselbe Farbe hat wie der von Nr. 99.

Warum soll nicht jeder als Antwort die Hutfarbe seines Vorder-
mannes sagen? Das funktioniert nicht. Stellen Sie sich vor, Sie
sind irgendwo in der Mitte der Reihe. Der Gefangene hinter Ihnen sagt »Rot«, was bedeutet, dass *Ihr* Hut rot ist. Der Hut vor
Ihnen ist jedoch blau. Retten Sie das eigene Leben, indem Sie
»Rot« sagen, oder geben Sie die richtige Antwort an den Gefangenen vor sich weiter und sagen »Blau«? Beides ist nicht möglich.

Ein Schema, nennen wir es Plan A, sieht so aus, dass die geradzahligen Gefangenen als Antwort die Hutfarbe nennen, die sie
direkt vor sich sehen, und die (glücklichen) ungeradzahligen Gefangenen Nutzen aus dieser Information ziehen und sich retten.
Mit Plan A werden alle 50 ungeradzahligen Gefangenen überleben. Die geradzahligen Gefangenen müssen ihrem Glück vertrauen. Man darf erwarten, dass die Hälfte von ihnen getötet
wird. Alles in allem erhöht dies die Zahl der voraussichtlichen
Überlebenden auf 75. Das ist sicher besser, als gar keinen Plan zu
haben.

Die Überlebensrate ließe sich verbessern, wenn die Gefangenen in der Lage wären, ähnlich wie beim Poker versteckte »Signale« zu senden. Nehmen wir an, Nr. 100 sagt die Hutfarbe von
Nr. 99. Nr. 99 räuspert sich, bevor er antwortet, wenn und nur
dann, wenn der Hut vor ihm dieselbe Farbe hat wie sein eigener.
Dann nennt er die korrekte Farbe seines eigenen Hutes. Das
Räusper-Signal würde es Nr. 98 erlauben, seine Hutfarbe zu nennen und ein ähnliches Signal an Nr. 97 weiterzuschicken. Alle
außer Nr. 100 könnten sich retten und Nr. 100 hätte immer noch
eine 50-prozentige Überlebenschance. Das ist eine Überlebensrate von 99,5.

Versteckte Signale gelten üblicherweise nicht als legitime Lösung. Sie müssen davon ausgehen, dass die Antwort von jedem
Gefangenen entweder »Rot« oder »Blau« sein muss und sonst
nichts. Es gibt ein völlig legales Schema, das ähnlich gut ist. Nennen wir es Plan B. Dabei zählt der letzte Gefangene die Zahl der
roten Hüte, die er vor sich sieht, und antwortet entsprechend der

Tatsache, ob diese Zahl gerade oder ungerade ist. Die Regel könnte lauten: »Rot« bedeutet »die Zahl der roten Hüte, die ich sehe, ist ungerade« und »Blau« bedeutet »die Zahl der roten Hüte, die ich sehe, ist gerade«.

Plan B hilft nicht, die Überlebenschancen des letzten Gefangenen zu erhöhen (diese Möglichkeit besteht einfach nicht). Er bietet jedoch eine Möglichkeit, alle anderen zu retten. Sagen wir, Sie sind Nr. 99 und hören, wie Nr. 100 sagt: »Blau.« Das bedeutet, dass er eine gerade Zahl roter Hüte sieht. Jetzt zählen Sie die Zahl der roten Hüte, die *Sie* vor sich sehen. Ist sie ebenfalls gerade? Wenn dem so ist, dann kann Ihr Hut nicht unter den roten Hüten gewesen sein, die Nr. 100 gesehen hat. Daher muss Ihr eigener Hut blau sein. Indem Sie »Blau« sagen, retten Sie die eigene Haut. Das Schöne an diesem Plan ist, dass Ihre Antwort »Blau« auch Nr. 98 hilft. Er weiß, dass Nr. 100 eine gerade Anzahl roter Hüte gesehen hat und dass Ihrer nicht dazugehörte (weil Sie dieselbe Antwort gegeben haben). So kann Nr. 98 seine eigene Hutfarbe ableiten.

Allgemein gesprochen: Jeder weiß, dass die Zahl der roten Hüte insgesamt gerade ist (abgesehen von Nr. 100, der ist aus den Augen, aus dem Sinn). Jeder kennt außerdem die Farben der Hüte hinter ihm (diese werden ja laut ausgesprochen) und kann diese Information verwenden, um seine eigene Hutfarbe abzuleiten. Indem er die Farbe seines eigenen Huts ausspricht, rettet ein Gefangener sich selbst und liefert die Informationen, die der folgende Gefangene braucht.

Plan B macht es erforderlich, dass alle sich an die Antwort von Nr. 100 erinnern und im Kopf behalten, wie viele Leute hinter ihnen schon »Rot« gesagt haben. Jeder muss diese Zahl zu der Zahl roter Hüte addieren, die er vor sich sieht, und die Summe dann mit der Antwort von Nr. 100 vergleichen. Wenn Nr. 100 »Rot« gesagt hat, dann bedeutet das, dass er eine ungerade Anzahl roter Hüte gesehen hat – und wenn Sie um 47 rote Hüte wissen (21 sehen Sie und 26 Leute hinter Ihnen haben schon »Rot« gesagt), dann geht das auf. Über die roten Hüte herrscht Klarheit, und Ihr Hut muss blau sein. Wenn es eine Diskrepanz gibt, dann muss es daran liegen, dass Ihr Hut rot ist. Sie sagen einfach Ihre Hutfarbe.

Hört sich diese Erklärung etwas verwirrend für Sie an? Stellen Sie sich jetzt einmal vor, Sie erklären das 100 Gefangenen in Stadelheim oder Ihrer Schwägerin oder dem Verkaufspersonal eines Unternehmens im Mittleren Westen. Echte Menschen machen Fehler, besonders wenn jemand bereitsteht, um sie umzubringen. Wenn nur ein einziger Gefangener es versaut, dann ist der Plan dahin.

Es gibt viele Programmierer, die sich darüber keine Gedanken machen würden. Sie wären zufrieden, bei einer technisch gültigen Antwort aufzuhören, die niemand verstehen kann. Aus diesem Grund hat Ihre Fernsehanlage auch vier Fernbedienungen und ist ziemlich verwirrend.

Die besseren Antworten auf diese Frage gehen über die reine Lösung eines Logikrätsels hinaus. Ein Kandidat sollte sich fragen, wie pragmatisch Plan B wirklich ist.

Ein Rettungsring besteht darin, dass es nur zwei mögliche Antworten gibt. Wenn jemand verwirrt ist und es versaut, dann gibt es immer noch eine 50-prozentige Chance, dass er durch reines Glück das Richtige sagt. Aber auf lange Sicht werden die unvermeidlichen Fehler Plan B kompromittieren. Denken Sie daran, Google mag Antworten, die auch mit hohen Zahlen fertigwerden. Für »100 Gefangene« können Sie »1000 Gefangene« oder »eine unbestimmte Anzahl von Gefangenen« einsetzen. Um es mit den Worten von John Maynard Keynes zu sagen: Auf lange Sicht sind wir alle tot. Nun, so ziemlich. Wenn die Reihe lang genug ist, um mehrere Leute Fehler machen zu lassen, dann wird immer noch die Hälfte der Gefangenen auf Grundlage der richtigen Informationen handeln und überleben – während die andere Hälfte aufgrund von Fehlinformationen agiert und abgeschlachtet wird wie eine Schafherde. Wenn man Irrtümer einkalkuliert, ist die asymptotische Überlebensrate von Plan B auch nur 50 Prozent. Das ist nicht besser als das, was sich erwarten ließe, wenn man völlig ohne Plan zu Werke geht.

Auf jeden Fall mag die tatsächliche Überlebensrate von Plan B niedriger sein als die 75 Prozent, die bei Plan A herauskommen würden (bei dem sich die Fehler ja nicht fortpflanzen können). Nicht dass Plan A narrensicher wäre. Man bittet die geradzahligen Gefangenen edel, die ungeradzahligen zu retten und dafür keine Gegenleistung zu bekommen. Stellen Sie sich einmal vor, wie gut das im Gefängnis von San Quentin ankäme. Die geradzahligen Gefangenen können Ihre 50-prozentige Überlebenschance nicht erhöhen. Aber ein bösartiger Gefangener könnte eine alte Rechnung begleichen, indem er einem ungeradzahligen Gefangenen vor sich die falsche Antwort nennt. Da sich jedoch Fehler nicht fortpflanzen, ist die realistische Überlebensrate von Plan A nur ein wenig geringer als 75 Prozent.

Idealerweise sollten die Gefangenen Testläufe beider Pläne durchführen und dann den mit der höheren Überlebensrate – in der Praxis – wählen. Es mag gut sein, das am Schluss Ihrer Antwort zu erwähnen. In diesem Fall und auch in realistischeren Situationen kann niemand unfehlbar vorhersagen, wie die Leute eine neue Idee aufnehmen – Sie müssen es ausprobieren.

Hör auf deine Mutter

Wer ist schlauer, ein Typ mit einem Doktor in Informatik oder Ihre Mutter? Nachdem er jahrelang Interviews bei Google geführt hatte, war Paul Tyma, ein Programmierer, entschlossen, das herauszufinden. Stellen Sie sich vor, Sie bekommen 1 Million Blätter Papier (so fängt eines von Tymas Interview-Rätseln an). Jedes ist die Akte eines Studenten. Sie sortieren sie nach Alter (Anzahl der Jahre, die ein Student gelebt hat). Wie würden Sie das machen?

Tyma stellte die Frage seiner Mutter, die absolut nichts von Computerwissenschaften verstand. Mrs Tymas Antwort war klüger als die von vielen der bestausgebildeten Bewerber, die Tyma interviewt hatte.

Wie kann das sein? Die Antwort von Tymas Mutter war, dass sie Stapel machen würde. Nimm die erste Akte von ganz oben auf dem Stapel und schau auf die Altersangabe. Wenn es sich um einen 21-Jährigen handelt, dann kommt sie auf den Stapel der 21-Jährigen. Wenn die nächste Akte die eines 19-Jährigen ist, kommt sie auf den Stapel der 19-Jährigen. Und so weiter. Sie müssen nur einmal auf jede Akte schauen, und wenn Sie fertig sind, sammeln Sie die Stapel einfach in altersmäßig aufsteigender Reihenfolge ein. Fertig.

Das geht etwa 20-mal schneller als Quicksort, der Algorithmus, den viele Google-Bewerber vorschlagen. Manche Kandidaten drehen durch, wenn man ihnen von der Lösung von Tymas Mutter erzählt. Quicksort ist »garantiert« das asymptotisch schnellste Programm! Das steht in jedem Lehrbuch!

Diese Bewerber vergessen das mathematische Kleingedruckte. Quicksort basiert auf Vergleichen: Ist diese Zahl größer als jene? Doch Sie brauchen nicht immer Vergleiche, um zu sortieren – und so auch hier: Es gibt viele, viele Akten und nur ein paar unterschiedliche Altersstufen von Collegestudenten. Quicksort ist vielseitig wie ein Schweizer Armeemesser, aber die Stapel von Muttern sind eine viel bessere Lösung für diese Aufgabe.

Eines der oft bemühten Mysterien der Kreativität ist, dass revolutionäre Ideen zum Großteil von Leuten kommen, die keine Experten sind und die Perspektive eines Außenseiters haben. Die Informatikabsolventen waren es so gewohnt, an leistungsstarke Algorithmen zu denken, dass sie nicht länger in der Lage waren, *nicht* an sie zu denken. Ohne diesen mentalen Ballast war Mrs Tyma in der Lage, intuitiv die bessere Lösung zu finden. Manchmal ist »Kreativität« einfach nur gesunder Menschenverstand.

Ich entschuldige mich bei den Leuten in Redmond und schließe mit einem weiteren Microsoft-Witz, weil er die Sache gut auf den Punkt bringt (das gilt in allen Bereichen, nicht nur für Microsoft): Ein Helikopter fliegt über Seattle, als eine Fehlfunktion sämtliche seiner elektrischen Navigations- und Kommunikationsinstrumente lahmlegt. Die Wolken sind so dicht, dass der Pilot nicht sagen kann, wo er ist. Schließlich sieht er ein hohes Gebäude, hält darauf zu, umkreist es und hält einen handgeschriebenen Zettel hoch, auf dem in großen Buchstaben steht: »WO BIN ICH?« Die Leute in dem hohen Gebäude antworten dem Mann im Helikopter schnell und schreiben in großen Buchstaben: »SIE SIND IN EINEM HELIKOPTER.« Der Pilot lächelt, schaut auf seine Karte und bestimmt die Route zum Sea-Tac-Flughafen, wo er wohlbehalten landet. Am Boden angekommen, fragt ihn der Kopilot, wie er das gemacht hat. »Ich wusste, dass das das Microsoft-Gebäude sein muss«, antwortet er, »weil die mir eine technisch richtige, aber völlig nutzlose Antwort gegeben haben.«

Wie man technisch korrekte, aber nutzlose Antworten vermeidet

Auf jede dieser Fragen gibt es eine simple, praktische Antwort und eine komplizierte, nutzlose. Das ist ein Hinweis, doch seien Sie gewarnt: Es ist oft leichter, die komplizierte Antwort zu finden als die einfache (die Lösungen beginnen auf S. 229).

? Wenn Sie einen Stapel von Pennystücken hätten, der so hoch ist wie das Empire State Building, könnten Sie alle Münzen in einem Raum unterbringen?

? Sie haben 10.000 Apache-Server und einen Tag, um 1 Million Dollar zu machen. Was tun Sie?

? Wir haben zwei Hasen, Speedy und Sluggo. Wenn die beiden ein Wettrennen über 100 Meter machen, läuft

Speedy schon über die Ziellinie, als Sluggo bei der 90-Meter-Marke angekommen ist (beide Hasen laufen mit konstanter Geschwindigkeit). Jetzt lassen wir die beiden bei einem Rennen antreten, bei dem wir Speedy etwas benachteiligen. Speedy muss 10 Meter hinter der Startlinie loslaufen (und 110 Meter laufen), während Sluggo beim gewohnten Start anfängt und 100 Meter läuft. Wer gewinnt?

? Sie haben eine analoge Uhr mit Sekundenzeiger. Wie oft am Tag überlappen sich alle drei Zeiger der Uhr?

? Sie spielen Football auf einer einsamen Insel und wollen eine Münze werfen, um festzulegen, welches Team den Kick-off machen darf. Unglücklicherweise ist die einzige Münze auf der Insel verbogen und daher ziemlich parteiisch. Wie können Sie die parteiische Münze dazu benutzen, eine faire Entscheidung zu treffen?

KAPITEL 6

Eine praktische Anleitung für fiese Interviewfragen

So dekodieren Sie die verborgenen Absichten des Interviewers

Es gibt eine Fülle von Ratschlägen für Bewerbungsgespräche, und keineswegs alle sind nützlich. Eine Halbwahrheit über die heutigen wettbewerbsgetriebenen Interviews ist beispielsweise, dass der Interviewer dazu da ist, Ihnen zu helfen. Das Ziel der Interviewer ist es, die am besten qualifizierte Person für jede offene Stelle zu finden. Die Chancen stehen zehn zu eins (oder schlechter), dass Sie es nicht sind.

Der Mythos vom wohlwollenden Interviewer wird aufrechterhalten durch eine Liste von Signalen auf den Arbeits-Websites. Google schickt seinen Kandidaten folgende Ratschläge in einer E-Mail:

»Bei Google glauben wir an Zusammenarbeit und das Miteinander-Teilen von Ideen. Das Wichtigste ist, dass Sie mehr Informationen von Ihrem Interviewer brauchen werden, um die gestellte Frage vollständig zu analysieren und zu beantworten.

- Es ist okay, Ihren Interviewer zu hinterfragen.
- Wenn man Sie bittet, eine Lösung zu liefern, definieren Sie zunächst den Rahmen des Problems, wie Sie ihn begreifen.
- Wenn Sie etwas nicht verstehen, dann bitten Sie um eine Erklärung.

- Wenn Sie etwas voraussetzen müssen – dann halten Sie sofort Rücksprache, ob es die korrekte Voraussetzung ist!
- Beschreiben Sie, wie Sie es angehen wollen, die unterschiedlichen Teile der Frage zu lösen.
- Lassen Sie Ihren Interviewer stets wissen, was Sie denken. Er/Sie wird an Ihrem Denkprozess ebenso interessiert sein wie an Ihrer Lösung. Wenn Sie also feststecken, dann können Ihnen die Leute vielleicht Hinweise liefern, wenn sie wissen, was Sie denken.
- Zu guter Letzt: Hören Sie gut zu. Lassen Sie sich keine Hinweise entgehen, wenn Ihr Interviewer versucht, Ihnen zu helfen.

Verstehen Sie mich nicht falsch: Das sind soweit alles gute Ratschläge. Erwarten Sie nur nicht, dass die »Zusammenarbeit« des Interviewers so aussieht, dass er die Frage für Sie beantwortet. Was man Ihnen ebenfalls vorenthält, ist, wie zermürbend das emotionslose Pokerface-Verhalten der Interviewer von Google sein kann. Wie es ein Google-Bewerber einmal formuliert hat: »Du bekommst so ein ›Lost in space‹-Gefühl, wenn du nicht weißt, ob du was Interessantes oder was Dummes sagst.«

Das Pokerface ist teilweise eine Sache der Fairness. Interviewer machen sich oft nicht bewusst, wie subjektiv ihre Bewertung von Antworten ist. Das gilt sogar dann, wenn sie Aufgaben mit einer einzigen »richtigen Antwort« stellen. Und natürlich ist der Interviewer gezwungen, einen Schlussstrich zu ziehen und weiterzumachen, indem er einen Kandidaten, der ins Schwimmen geraten ist, unterbricht. (Wer weiß, ob der Kandidat auf die Antwort gekommen wäre, wenn er ein paar Sekunden mehr gehabt hätte?) Es kann passieren, dass Interviewer unbewusst Kandidaten, die sie mögen, mehr Zeit geben und solchen, die sie nicht mögen, weniger. Die Interviewer bei Google werden deshalb dazu angehalten, bei allen Kandidaten gleich und einheitlich zu reagieren. Sie versuchen, weder durch Stimmlage noch Körpersprache Hinweise zu geben. Hinweise sollten jedem Kandidaten auf die gleiche Art und Weise gegeben werden (zum Beispiel »Wenn gefragt wird, ob der Mixer einen Deckel hat, dann antworte ›Nein‹, ansonsten erwähne einfach keinen Deckel.«) Mit Händchenhalten jedenfalls brauchen Sie nicht zu rechnen.

Videospiele fallen unter die Kategorien First-Person-Shooter, Strategie und Lebenssimulationen. Ein Spieler, der die Konventionen eines Genres nicht versteht, ist entscheidend im Nachteil. Dasselbe gilt für schwierige Interviewfragen, die sich ebenfalls in mehr oder weniger klar abgegrenzte Kategorien einteilen lassen. Es ist wichtig, den Fragentypus zu erkennen, mit dem man es zu tun hat, denn dieser enthält schon den ersten Hinweis, wie man vorgehen soll. Hier ein kleiner Führer zu den Haupttypen mentaler Herausforderungen und ihrer Beantwortung.

Klassische Logikrätsel

Diese Fragen sind oft sehr alt – manche von ihnen lassen sich tatsächlich bis ins Mittelalter zurückverfolgen. Man findet sie in Artikeln, Büchern und Videospielen. Hier ein Beispiel:

> Zwei MIT-Absolventen, die sich 20 Jahre lang nicht gesehen haben, begegnen sich.
> A fragt: »Wie ist es dir die Jahre über denn so gegangen?«
> B antwortet: »Toll! Ich bin jetzt verheiratet und habe drei Töchter.«
> A fragt: »Und wie alt sind die?«
> B antwortet: »Das Produkt ihrer Alter ist 72 und die Summe ihrer Alter ergibt dieselbe Zahl wie die Nummer auf dem Gebäude da drüben.«
> Darauf A: »Äh… ich weiß es immer noch nicht.«
> B: »Meine Älteste hat gerade angefangen, Klavier zu spielen.«

A entgegnet: »Wirklich? Meine Älteste ist genauso alt!«
Wie alt sind die Töchter?

Die Lösung eines solchen Rätsels ist größtenteils eine Frage der Hartnäckigkeit. Fangen Sie oben an. Es ist A neu, dass B verheiratet ist und Kinder hat. Sie haben sich 20 Jahre lang nicht gesehen, d. h. alle Töchter von B müssen 20 oder jünger sein. Wahrscheinlich lässt sich 19 als Maximum annehmen.

Versuchen Sie es einfach mit ein bisschen Algebra. Nennen wir die Alter der Töchter x, y und z. Das Produkt ist 72.

$$xyz = 72$$

Der zweite Teil von Bs Kommentar ist verwirrender. Statt die Summe der Alter zu nennen, sagt er, sie sei gleich wie die Nummer auf einem Gebäude. Wir erfahren diese Nummer jedoch nicht.

$$x + y + z = \text{Nummer am Gebäude}$$

Sagt uns all das überhaupt etwas? Wir bekommen noch nicht einmal gesagt, dass es eine Hausnummer ist. Aber nehmen wir einmal an, es wäre eine. Die einzige üblichen Beschränkungen bei Hausnummern sind, dass sie nicht negativ und nicht 0 sein dürfen (oder irrational oder erfunden). Manche Hausnummern sind gebrochen, aber vermutlich können wir Brüche ausschließen. Ein Alter wird normalerweise als ganze Zahl ausgedrückt. Und tatsächlich sagt A, dass er die Alter nicht aus den obigen Informationen ableiten kann.

Dennoch ist die Information über die Nummer an dem Gebäude höchstwahrscheinlich von Bedeutung. Logikrätsel sind wie Gedichte oder Codes: Die guten enthalten nichts Unwesentliches. Die Tatsache, dass die Frage die Zahl auf dem Gebäude erwähnt, muss etwas bedeuten – wir wissen nur nicht, was.

B sagt, seine Älteste habe gerade damit begonnen, Klavier zu spielen. Das bedeutet, dass es eine Tochter gibt, die B salopp »die Älteste« nennt. Er würde das wahrscheinlich nicht sagen, wenn die Tochter, die Klavier spielt, eine Zwillingsschwester hätte – nicht einmal dann, wenn sie fünf Minuten früher zur Welt gekommen wäre und technisch gesehen »die Älteste« wäre. Genauso würde ein Vater wahrscheinlich keinen Drilling als »die Älteste« bezeichnen.

Das bedeutet, dass die drei Töchter *keine* Drillinge sind und die ältesten beiden *keine* Zwillinge. Ist da noch mehr? Nun, es dauert ungefähr neun Monate, bis ein Kind zur Welt kommt. Schwestern, die keine Zwillinge sind, sind also normalerweise unterschiedlich alt, d. h. mindestens ein Jahr auseinander. Dieser Schluss ist aber nicht zwingend. Zwei Schwestern könnten elf Monate nacheinander geboren sein und trotzdem jedes Jahr einen Monat lang »das gleiche« Alter haben. Die beiden MIT-Absolventen hätten sich in genau so einem Monat begegnen können.

Aber versuchen wir es trotzdem. Gehen Sie bis zum Beweis des Gegenteils davon aus, dass

- die drei Töchter nicht alle das gleiche Alter haben und
- die beiden Ältesten nicht gleich alt sind.

Nach Bs Aussage über die »Älteste« geht A ein Licht auf. Er zieht den Schluss, dass seine älteste Tochter genauso alt ist.

Wie kann das sein? Es ist an der Zeit, einen Schritt zurückzugehen und einen Blick auf die eine vollständige Gleichung zu werfen, die wir haben: $xyz = 72$. Da Alter ganze Zahlen sind, gibt es nur eine bestimmte Anzahl von Kombinationen, die funktionieren wird. 72 ist 6 x 12 und die Primfaktoren dabei sind 2 x 3 x 3 x 4. Außerdem können wir eine 1 ausklammern (beispielsweise in 1 x 1 x 72 = 72). Somit sieht die vollständige Liste aller ganzzahligen Dreiergruppen, deren Produkt 72 ist, folgendermaßen aus (bei einem Jobinterview würden Sie so was an die Tafel schreiben).

1 x 1 x 72
1 x 2 x 36
1 x 4 x 18
2 x 2 x 18
2 x 3 x 12
1 x 6 x 12
1 x 8 x 9
2 x 4 x 9
3 x 3 x 8
2 x 6 x 6
3 x 4 x 6

Die ersten beiden können wir ausschließen. Alle drei Töchter müssen jünger als 20 sein. 2 x 6 x 6 können wir wahrscheinlich auch ausschließen. Doch bedenken Sie, dass B »die Älteste« bis gegen Ende nicht erwähnt hat und der Großteil der Überlegungen von A zustande kam, ohne dass er aus dieser Bemerkung hätte Nutzen ziehen können. Lassen Sie uns nur zum Spaß die Summen der Alter bilden. Es muss einen Grund geben, warum die Geschichte die Nummer an einem Gebäude erwähnt.

1 + 1 + 72 = 74
1 + 2 + 36 = 39
1 + 4 + 18 = 23
2 + 2 + 18 = 22
2 + 3 + 12 = 17
1 + 6 + 12 = 19
1 + 8 + 9 = 18
2 + 4 + 9 = 15
3 + 3 + 8 = 14
2 + 6 + 6 = 14
3 + 4 + 6 = 13

13! 3 und 4 und 6 zusammengenommen ergeben eine »Pech-zahl«, die in unserer abergläubischen Welt höchstwahrscheinlich nicht als Hausnummer fungieren wird. Das ist wiederum kein narrensicherer Schluss. 13 *wird* manchmal als Hausnummer ver-wendet und es gibt weitere Gründe, warum »13« auf einem Ge-bäude stehen könnte (zum Beispiel in einer Werbung für Kanal 13). Doch das ist genau die Wendung, nach der Sie in einem Lo-gikrätsel Ausschau halten sollten. Sie erwarten eine mathemati-sche Ableitung, also wird eine kulturelle Wendung eingebaut.

Schließen Sie 3 + 4 + 6 aus, weil das 13 ergäbe und deshalb wahrscheinlich nicht auf einem Gebäude stehen würde. Diese »brillante« Ableitung bringt uns genau genommen keinen Schritt weiter (was ebenfalls typisch für solche Rätsel ist). Es bleiben auf jeden Fall mindestens sieben plausible Altersverteilungen, deren Produkte 72 sind und deren Summe kein Unglücksmagnet für Immobilien ist.

Warten Sie – die Typen in der Geschichte wissen etwas, was wir nicht wissen, nämlich die Nummer an dem Gebäude. Beide kön-nen sie sehen, und deshalb machen sie sich nicht die Mühe, sie auszusprechen. Dennoch ist A nach der Bemerkung über die Summe der Alter, die die Nummer auf dem Gebäude ergeben sol-len, verwirrt. Da den Alumni vom MIT nie ein Trick entgeht (wieder eine keineswegs wasserdichte Annahme), hat es den An-schein, dass die Zahl auf dem Gebäude einem nicht genug Infor-mationen liefert, um das Rätsel zu lösen. Das geht nur, wenn die Zahl auf dem Gebäude 14 ist. Es gibt nämlich zwei Altersvertei-lungen, die die Summe 14 ergeben. Wäre die Hausnummer des Gebäudes beispielsweise 18 gewesen, hätte A gewusst, dass es 1, 8 und 9 sein muss.

Die zwei möglichen Altersverteilungen sind

3, 3, 8

2, 6, 6

Als B sagte, dass seine Älteste jetzt anfängt, Klavier zu lernen, hat das die Sache festgenagelt. Das schließt 2, 6, 6 aus, eine Verteilung, bei der die beiden älteren Töchter dasselbe Alter haben. Das heißt, die Töchter von B müssen 3, 3 und 8 Jahre alt sein. Die Lösung wird durch viel Hin-und-her-Überlegen statt durch einen einzelnen Geistesblitz erreicht. Es ist mehr, als würde man die Kabel hinter einem Schreibtisch entwirren.

In seiner langjährigen Kolumne im *Scientific American* veröffentlichte Martin Gardner eine Variante dieses Rätsels, bei der er Mel Stover aus Winnipeg als den ersten Leser würdigte, der es eingesandt hatte. Gardner war der Ursprung des Rätsels ansonsten unbekannt, was darauf hindeutete, dass es damals neu war. In dieser Version des Rätsels ist das Produkt der Alter 36, die Summe gleicht wieder einer unbestimmten Hausnummer und der Vater erwähnt, dass das älteste Kind eine Warze auf seinem rechten Daumen hat.

Wenn das Produkt der Alter 36 ist, gibt es weniger Kombinationen, die man im Auge behalten muss. Die Hausnummer *muss* 13 sein, weil das die einzige Summe ist, die zwei Lösungen zulässt. (Die korrekte Antwort ist 2, 2 und 9). Vielleicht ist jemandem aufgefallen, dass 13 als Hausnummer unwahrscheinlich ist und hat das Rätsel entsprechend modifiziert.

Jetzt denken Sie wahrscheinlich: »Toll! Jetzt weiß ich, wie ich die Frage beantworten muss, wenn sie jemals kommen sollte.« Doch was ist, wenn eine andere Frage gestellt wird?

Bis zu einem gewissen Grad gibt es ein Muster. Genau wie Witze, Golfplätze und Haikus erfordern auch Logikrätsel eine gewisse Form von Cleverness und folgen bestimmten Regeln, um sie zu erreichen. Indem man diese Struktur umdreht, kommt man in groben Zügen auf einen dreiteiligen Prozess, der zur Lösung der meisten dieser Rätsel führt. Dieser sieht folgendermaßen aus:

1. Misstrauen Sie der ersten Antwort oder dem ersten Schlachtplan, der Ihnen in den Sinn kommt. Der wird nicht funktionieren, denn wenn es so wäre, wäre das Rätsel zu leicht.

2. Entscheiden Sie, welches Merkmal der Formulierung der Frage nicht »passt«, und nehmen Sie das als Hinweis.
3. Halten Sie Ausschau nach einer Lösung, die irgendwie überraschend ist.

Die erste Reaktion auf das Rätsel mit den MIT-Absolventen ist, dass es sich um eine »Textaufgabe« handelt, die man in algebraische Gleichungen übersetzen muss, die dann zu lösen sind. Wie wir gesehen haben, wird jeder, der sich kurzsichtig auf Algebra versteift, früher oder später seinen Kopf gegen die Wand schlagen.

B macht zwei Aussagen, die nicht »passen«. Er bezieht sich auf eine Zahl auf einem Gebäude, aber wir bekommen nicht gesagt, welche Zahl es ist. Die Erwähnung, dass seine älteste Tochter angefangen hat, Klavier zu spielen, hat keinen logischen Informationsgehalt – doch gerade diese ist es, die es A, und schließlich auch dem Leser des Rätsels, erlaubt, die Lösung zu finden.

Der dritte Schritt ist vielleicht der wichtigste von allen. Gute Rätsel enthalten ein Element der Überraschung. Entweder ist die Antwort selbst überraschend oder ein Schritt auf dem Lösungsweg. In diesem Fall besteht die Wendung in der Tatsache, dass sich zwei mögliche Altersverteilungen zu 14 addieren lassen – und dass es genau diese Ambiguität ist, die, statt die Lösung zu verhindern, eine liefert.

Einsichtsfragen

Anders als die normalen Logikrätsel lassen sich diese Fragen nur schwer durch schrittweise Schlüsse beantworten. Es bedarf eines geistigen Sprungs, einer blitzartigen Einsicht – entweder trifft man oder eben nicht. Jene, bei denen sich der Aha-Effekt nicht einstellt – und zwar bevor der Interviewer weitermacht –, haben einfach Pech.

Google stellt manchmal folgende Frage:

? Sie haben ein Schachbrett, bei dem zwei diagonal ge-
genüberliegende Felder abgebrochen sind – es hat also
62 statt der üblichen 64 Felder. Sie bekommen 31 Dominosteine, die alle genau so groß sind, dass sie zwei
aneinandergrenzende Felder verdecken können. Arrangieren Sie die Steine so, dass sie das ganze Feld bedecken.

Der Kandidat wird Wasser treten: Die Aufgabe ist unmöglich.
Die Herausforderung besteht darin einzusehen, dass es unmöglich ist, und dies dann zu beweisen.

Einsichtsfragen sind oft unterhaltsam, denn eine Lösung ist immer eine Art »Pointe«. Aber sie bringen den Kandidaten in Ver-
legenheit. Es gibt kaum einen Denkprozess, der sich richtig in
Worte fassen ließe.

In diesem Fall ist die Lösung von der Beobachtung abhängig, dass die beiden abgebrochenen Eckfelder dieselbe Farbe haben müssen. Ein Dominostein bedeckt dagegen unfehlbar immer nur ein schwarzes und ein weißes Feld gemeinsam. Sie können 30 Dominosteine hinlegen und 60 Felder abdecken und dennoch bleiben ihnen zwei nicht-abgedeckte Felder derselben Farbe übrig. Diese können nicht aneinandergrenzen – bestenfalls liegen sie einander schräg gegenüber, und der letzte Dominostein kann sie auf keinen Fall beide bedecken.

Die beste Art, mit diesen Fragen umzugehen, ist, sich über die verbreitetsten Fragestellungen im Klaren zu sein. Es gibt eine endliche Anzahl, und die meisten von ihnen sind schon ziemlich alt. Martin Gardner erwähnt dieses in seiner Kolumne im *Scientific American* von 1957.

Laterales Denken

Wie der verrückte Onkel, der bei jedem Weihnachtsessen denselben Witz erzählt, können manche Interviewer der Versuchung nicht widerstehen, diese Puzzle einzustreuen. Diese Fragen hängen an Zweideutigkeiten in den Formulierungen und testen größtenteils, ob Sie das Rätsel schon vorher gehört haben. Hier ist eines davon:

> Sie sehen drei Frauen in Badeanzügen. Zwei sind traurig, eine ist froh.
> Die traurigen Frauen lächeln, die Glückliche weint.
> Erklären Sie das Gesehene.

Die Interviewer, die solche Fragen stellen, halten sie vermutlich für lustig. Das zeigt, wie relativ dieser Begriff doch ist.

Die gewünschte Antwort auf die obige Frage lautet: »Es sind Teilnehmerinnen an einem Schönheitswettbewerb.«

Testfragen zu lateralem Denken sind kurz und scheinen nicht genug Informationen für eine Antwort zu enthalten. Das sollte ein Hinweis sein.

Tests in divergierendem Denken

Diese Tests ähneln klassischen psychologischen Kreativitätstests. Es sind Herausforderungen ohne fixe Lösung, die den Kandidaten zum Brainstorming anregen sollen. Es gibt keine richtige Antwort, die sich ableiten ließe. Das Ziel ist, so viele gute Ideen wie möglich auszuspucken, wobei sie für gute, originelle Ideen Extrapunkte bekommen.

Wie würden Sie zwei Suchmaschinen vergleichen?

Es ist oft hilfreich, ein Ziel zu identifizieren, das in der Frage nicht explizit wird. Eine Suchmaschine ist wie ein Wahrsager am Jahrmarkt, könnte man sagen. Man verlangt von ihr, dass sie die Gedanken des Fragestellers lesen kann, und zwar auf der Grundlage von ein paar vagen Hinweisen. Die erfolgreiche Suchmaschine (oder der Wahrsager) versteht es, dem Benutzer weiszumachen, sie wisse mehr, als sie tatsächlich weiß. Das Schlimmste, was sie tun kann, ist, so zu reagieren, dass der Benutzer weiß, dass es ein Fake ist, oder sich »missverstanden« fühlt. Einige typische gute Antworten auf die Frage sehen so aus.

Man misst ihre Geschwindigkeit. Wie schnell erscheinen die Suchergebnisse?

Man googelt sich selbst. Jeder von uns ist die Weltautorität auf dem Gebiet unserer selbst. Indem man den eigenen Namen in eine Suchmaschine eingibt, bekommt man eine einzigartige Perspektive darauf, wie relevant die Links sind.

Man probiert einen Satz aus kurzen, verbreiteten Wörtern aus. Jemand gibt »Sein oder Nichtsein« ein und will wissen, in welchem Stück das vorkommt, oder möchte den Cartoon im *New Yorker* finden, in dem diese Worte in der Überschrift vorkommen (der Souffleur hilft einem äußerst verwirrten Hamlet auf die Sprünge). Der Benutzer will nicht gemaßregelt werden, dass die Suchbegriffe zu verbreitet sind und eine Suche daher nicht möglich ist. Wird die Suchmaschine besser damit fertig, wenn der String in Anführungszeichen gesetzt wird?

Man buchstabiert einen Suchbegriff falsch. »Exhibit pimp ride« sollte Links für eine Fernsehshow, nicht für ein Ausstellungsstück im Smithsonian Museum liefern.

Man überprüft den Umgang mit Großschreibung. Eine Suchmaschine kann keine Großschreibung verlangen, denn die meisten Nutzer machen sich diese Mühe nicht. Sie sollte das Maximum aus Hinweisen herausholen, die man ihr gibt, darunter großgeschriebene Buchstaben. Überprüfen Sie »googol« (die Zahl), »Google« (die Firma) und »Gogol« (den Autor), jeweils einmal mit dem ersten Buchstaben großgeschrieben und einmal nicht. Wenn Sie »gogol« kleinschreiben, könnte das die Suchmaschine dazu bringen, zu fragen, ob Sie »googol« meinten.

Man stellt fest, wie leicht die Ratings zu hacken sind. Jede Firma will, dass ihre Website weit oben in den Listen auftaucht. Die Technologie, mit der man mit den Suchergebnissen herumspielt, ist ständig im Wandel, im Alice-im-Wunderland-artigen Wettrennen mit den Suchmaschinen selbst. Man kann einen Test mit den Promotern der Seite arrangieren und diese alles in ihrer Macht Stehende tun lassen, um eine Dummy-Seite hoch oben in den Listen auftauchen zu lassen. Dann prüft man, ob die Suchmaschinen darauf hereinfallen.

Man testet die Anfälligkeit für Google-Bombardements. 2003 startete der Blogger George Johnston eine Kampagne, um Präsident George W. Bush zum obersten Suchergebnis für den Suchbegriff »miserable failure« zu machen. Diese Worte tauchten natürlich nicht auf Bushs Seite whitehouse.gov auf. Stattdessen überredete Johnston Blogger dazu, die Formulierung zu verwenden und sie mit der Bush-Seite zu verbinden. Das führte schnell zum gewünschten Ergebnis. Selbst wenn man bei Google nur »failure« eingab und »auf gut Glück« suchte, landete man bei George W. Dieser Scherz führte zu mehr Klicks auf der Bush-Seite als reguläre Suchen. Suchmaschinen versuchen seitdem, solch einem Google-Bombardement zu entgehen. Starten Sie einen Test und verfolgen Sie, wie gut sich die Suchmaschinen schlagen.

Diese Interviewfrage hat ihre Wurzeln in einem realen Test. 1998 priesen Larry Page und Sergej Brin Google dem skeptischen Risikokapitalanleger Ram Shriram an. Er bestand auf einem blinden Test. Shriram suchte Schlagwörter aus und gab sie bei Google und den wichtigsten Suchmaschinen der damaligen Zeit ein. Google war am schnellsten, und so stellte Shriram einen Scheck über 250.000 Dollar aus.

Fermi-Fragen

Ein beliebter Interviewfragen-Typus verlangt die schnelle und spontane Einschätzung einer unbekannten Quantität. Das Ziel dabei ist nicht, die »richtige« Lösung zu finden. Erstens kennt der Interviewer sie selbst nicht. Es geht darum zu zeigen, dass man einen logischen Pfad zu einer Antwort ausarbeiten kann. Diese Fragen sind nach dem Physiker Enrico Fermi (1901–1954) benannt, der sie beim Unterrichten verwendete.

Wie viele Tennisbälle kann man in diesem Raum unterbringen?

Fangen Sie damit an, sich kurz im Raum umzusehen und seine Dimensionen zu schätzen. Eine Arbeitsnische von 10 x 10 x 10 Fuß wären 1000 Kubikfuß [etwa 30 Kubikmeter]. Die meisten Jobinterviews werden in recht bescheidenen Büros durchgeführt, die Chancen stehen also nicht schlecht, dass Sie es mit 1000 bis 2000 Kubikfuß [30 bis 60 Kubikmetern] zu tun haben.

Ein normaler Tennisball hat ungefähr einen Durchmesser von 2,575 bis 2,700 Zoll. Man erwartet freilich nicht von Ihnen, dass Sie das wissen. Unvorbereitet würden Sie den Durchmesser wohl auf »ungefähr 3 Zoll [circa 7 Zentimeter] Durchmesser« schätzen. Vier Bälle ergeben also das Maß von einem Fuß und 4 x 4 x 4 = 64 einen Kubikfuß, wenn Sie sie in einem netten, würfelförmigen Gitter aufschichten.

Multiplizieren Sie das (oder die grobe Schätzung »weniger als 100«) mit dem Wert des Raumvolumens. Wenn Sie nicht gerade ein Interview in der CEO-Suite führen, dann wird die Antwort »etwa 100.000« lauten.

Algorithmus-Fragen

Der Begriff »*Algorithmus-Fragen*« soll hier für eine Kategorie verwendet werden, die bei den »Fortune 500«-Firmen sowie in Silicon Valley recht beliebt ist. Dabei wird gefragt, wie Sie eine Aufgabe ausführen würden – das geht vom Alltäglichen bis hin zum Grotesken. Es gibt oft den Hinweis, dass Effizienz zählt – dass man Sie danach beurteilen wird, wie gut Ihre Lösung mit Zeit, Aufwand oder Geld umgeht. Manche Algorithmus-Fragen sind so vage gehalten und trumpfen in ihrer Ungenauigkeit obendrein noch so auf, dass der Nichteingeweihte denken könnte, er solle Motivationsslogans ausspucken. Tatsächlich aber erwartet man

von Ihnen, dass Sie die Frage ernst nehmen und einen detaillier-
ten Plan für das Bewältigen der Aufgabe vorlegen. Hier ein Beispiel:

> Sie haben einen Schrank voller Hemden und es ist recht
> schwierig, das eine zu finden, das Sie wollen. Wie wür-
> den Sie die Hemden sortieren, damit sie sich leicht ent-
> nehmen lassen?

Der Interviewer will jetzt nicht hören, dass Sie »einen Schrankorganisierer kommen lassen«. Sie sollen den Schrankorganisierer
erfinden.

Bei Fragen wie dieser ist es üblicherweise das Beste, mit einer
umsetzbaren Idee anzufangen und diese dann zu verbessern.
Hier sieht ein vielversprechender erster Streich so aus, dass man
einen Hemdenregenbogen formt. Arrangieren Sie die Hemden
nach Farben in Ihrem Schrank, und zwar in der Reihenfolge des
Farbspektrums. So können Sie sämtliche Hemden auf einen Blick
wahrnehmen und genau sehen, wo sich jedes befindet oder befinden sollte. Ein leuchtend gelbgrünes Hemd kommt zwischen die
blauen Hemden und die gelben Hemden, oder, genauer gesagt,
zwischen Aquamarin und Hellgrün.

Aber wenn man genauer drüber nachdenkt, ist es gar nicht so
leicht. Sie müssen auch an Nicht-Spektralfarben wie Weiß, Beige,
Grau und Schwarz denken. Diese könnte man an den Enden des
Regenbogens unterbringen. Dann gibt es noch Holzfällerhem-
den, gemusterte Hemden und so weiter.

Alternativ können Sie die Hemden auch nach anderen Ge-
sichtspunkten als Farben sortieren: Ärmellänge (lang oder kurz),
Stil (zum Überziehen oder mit durchgängiger Knopfleiste);
Zweck (Arbeit, Sport, Freizeit, formelle Anlässe); Stoff; Designer.
Manche dieser Unterscheidungen sind zweideutig. Die Trennlinie zwischen Sport, Arbeit und Freizeitkleidung ist schmal, besonders bei Google. Stoffe können Mischgewebe sein und nicht

jeder achtet auf Designer. Das Ziel ist, dass man nur einen flüchtigen Blick auf ein Hemd werfen muss und sofort genau weiß, wo es hingehört.

Eine Möglichkeit, diese Uneindeutigkeiten auszuräumen, ist, wie eine Reinigung an jedem Hemd eine Nummer anzubringen. Allerdings müssten Sie, wenn Sie diese Nummern nicht auswendig lernen wollen, verdammt oft nachschauen. Wie lange braucht der Mann in der Reinigung, bis er Ihr Hemd gefunden hat? Wenn die Seriennummern ohne Nachdenken verteilt werden, sind die Hemden völlig willkürlich angeordnet. Das ist keine Verbesserung gegenüber dem vorigen Zustand, in dem man noch gar kein »System« hatte.

Hier eine praktische Lösung. Unterteilen Sie Ihre Hemden in so viele eindeutige Kategorien wie möglich. Teilen Sie jeder Kategorie eine Organisationsfahne oder eine Abteilung im Schrank zu. Die optimalen Kategorien sind von Ihrer Garderobe abhängig. Hier ein Beispiel:

> Richtige Farben: Lila, Blau, Grün, Gelb, Orange, Rot/Rosa, Weiß, Grau, Schwarz, Beige/Braun (10 Gruppen).
> Streifen (1 Gruppe)
> Holzfällerhemden (1 Gruppe)
> T-Shirts und Trikots mit aufgedruckten Slogans, angeordnet nach dem Anfangsbuchstaben des Slogans: A bis L und M bis Z (2 Gruppen)
> T-Shirts mit Bildern ohne Text (1 Gruppe).

Der Nachteil dieser Überlegung besteht darin, dass es sicher mehr als ein Hemd in einer Gruppe geben wird. Das ist vielleicht für einen Angestellten mit 20 hellblauen Button-down-Oxford-Baumwollhemden kein Problem, weil die alle auswechselbar sind. Man nimmt sich einfach eines dieser Hemden aus dem entsprechenden Fach, und wenn es von der Reinigung zurückkommt, hängt man es dort wieder hin, irgendwo. Die Interviewer erwarten jedoch von Ihnen, dass Sie in der Lage sind, mit dem verbreiteteren Fall fertigzuwerden, bei dem man ein bestimmtes Hemd finden muss. Sie haben vielleicht nur ein einziges Miami-Dolphins-T-Shirt in der Abteilung »M bis Z (T-Shirts und Polohemden mit Slogans)«. Sie brauchen dieses bestimmte T-Shirt, und vielleicht sind da noch viele andere Shirts. Wie arrangieren Sie die Hemden in den entsprechenden Abteilungen effektiv?

Die offensichtliche Antwort ist, die Hemden in jeder Gruppe in der passenden linearen Ordnung zu arrangieren. Das könnte die alphabetische Ordnung sein, die Spektralordnung oder eine andere. Das ist eine effiziente, durchführbare Lösung (zumindest theoretisch).

Eine klügere, realistischere Antwort könnte sich der 80-20-Regel für Hemden bedienen. Vermutlich tragen Sie 20 Prozent Ihrer Hemden 80 Prozent der Zeit. Die meisten Kleidungsstücke werden nur selten getragen (sind aber »zu gut zum Wegschmeißen«).

Um daraus einen Vorteil zu ziehen, müssen Sie Ihre Abteilungskategorien so anlegen, dass es in jeder Abteilung nur ein paar oft getragene Hemden gibt. Sie können stets Folgendes tun: Sollten in einer Kategorie zu viele Hemden sein, dann spalten Sie sie in kleinere, beschränktere Kategorien auf (wie »kurzärmlige blaue Hemden« und »langärmlige blaue Hemden«). Das beliebteste Hemd kommt ganz oben auf den Stapel in jeder Abteilung. Es ist leicht zu finden und leicht zu ersetzen. Sie müssen nicht darunter herumwühlen, außer wenn Sie nach einem weniger beliebten Hemd suchen. Die anderen Hemden in jeder Gruppe sollten in der Reihenfolge absteigender Beliebtheit sortiert werden. So ist es am leichtesten, an die Hemden zu kommen, die Sie höchstwahrscheinlich wollen.

Man erwartet von Programmierern, denen solche Fragen gestellt werden, Parallelen zum Softwaredesign zu erkennen. Das Sortieren von Hemden nach Farbe oder Muster ist eine *Hash-Funktion* und das lineare Anordnen von Hemden innerhalb einer Gruppe erlaubt eine *binäre Suche*. Bei der Beantwortung ist es entscheidend zu verstehen, was Sie sparsam gestalten wollen (in diesem Fall die Zeit oder den Aufwand, die/den es braucht, um ein Hemd zu finden).

Wie man Genres identifiziert

Diese kniffligen Interview-Fragen repräsentieren die beliebtesten Genres. Versuchen Sie zunächst festzustellen, zu welcher Gattung die einzelnen Fragen gehören, und beantworten Sie sie erst dann (die Lösungen beginnen auf S. 235).

? Wie viel würden Sie dafür verlangen, alle Fenster in Seattle zu putzen?

? Ein Mann schob sein Auto zu einem Hotel und verlor sein Vermögen. Was ist passiert?

? Sie steigen in einen Sessellift am Fuß eines Berges und fahren ganz nach oben. Wie viel Prozent der Liftsessel kommen auf Ihrem Weg vorbei?

? Erklären Sie Ihrem acht Jahre alten Neffen in drei Sätzen, was eine Datenbank ist.

? Sehen Sie sich die folgende Sequenz an:

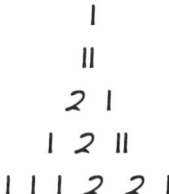

Was kommt in der nächsten Zeile?

? Sie haben 25 Pferde. Wie viele Rennen müssten Sie veranstalten, um festzustellen, welches die drei schnellsten Pferde sind? Sie haben keine Stoppuhr und können nur fünf Pferde pro Rennen laufen lassen.

KAPITEL 7

Whiteboarding

Die Kunst visueller Lösungen

Whiteboarding – quasi eine Interview-Weiterentwicklung vom sogenannten *Waterboarding* – beschreibt folgende Herangehensweise: Ein Jobkandidat soll seine Gedanken bei der Beantwortung einer schwierigen Frage niederschreiben oder als Diagramm festhalten. Das ist eine Form von Psychoanalyse, die in der heutigen Interviewwelt weitverbreitet ist und die Kandidaten zwingt, ihre privatesten Gedanken einem nicht immer wohlwollenden Publikum offenzulegen. Whiteboarding ist bei technischen Fragen zwingend notwendig, kann aber auch bei den im vorangegangenen Kapitel besprochenen Genres hilfreich sein. »Selbst wenn es keine Programmierfrage ist, schreib deine Gedanken an die Tafel«, sagt Todd Carlisle von Google. Das Aufschreiben kann helfen, wenn Fragen ein offensichtliches visuelles Element haben und oder aufwendige Ableitungen erforderlich machen.

Außerdem können Sie durch Zeichnen oder Schreiben Ihre Hände in Bewegung halten, während Sie darauf hoffen, dass die Muse Sie küsst. Sie könnten damit anfangen, sich die Hauptcharakteristika des Problems zu skizzieren, nur um sicherzustellen, dass Sie sie verstehen. Die Tafel ist auch eine Gedächtnisstütze, um Schlüsse oder Zwischenwerte festzuhalten. Und das Beste ist, dass das Anlegen eines Diagramms oft wirklich zur Lösung eines Problems beitragen kann. Hier ein Beispiel, wie man es bei Google findet:

Zerbrechen Sie einen Stock willkürlich in drei Teile. Wie groß ist die Wahrscheinlichkeit, dass sich die drei Stücke zu einem Dreieck zusammensetzen lassen?

Zuerst müssen Sie verstehen, wie es sein kann, dass die drei Stöcke *kein* Dreieck bilden. Sie fangen vermutlich damit an, es zu zeichnen.

Wenn Sie einen Stock in drei circa gleich lange Teile zerbrechen, dann lässt sich aus diesen *immer* ein Dreieck formen. Das ist nicht notwendigerweise ein ordentliches, gleichmäßiges Dreieck, aber es wird drei Seiten und drei Winkel haben.

Drei Stocksegmente können allerdings auch kein Dreieck bilden. Auf der folgenden Seite finden Sie zwei Beispiele. In jedem Fall ist eine Seite des Dreiecks länger als die anderen beiden Seiten zusammengenommen. Es besteht keine Möglichkeit für die zwei kurzen Seiten, die lange Seite zu überbrücken.

Nennen wir die Länge des ursprünglichen Stocks 1 Einheit. Wenn das längste der Bruchstücke länger ist als 0,5 Einheiten, sind die anderen beiden Segmente zusammengenommen weniger als 0,5 Einheiten lang und ergeben kein Dreieck mehr. Ansonsten ergeben sie ein Dreieck. So einfach ist das.

Daher lautet die Frage nun, wie hoch die Wahrscheinlichkeit ist, dass das größte Stockfragment nicht länger ist als die Hälfte des ursprünglichen Stocks. Die Antwort ist davon abhängig, was mit »einen Stock willkürlich zerbrechen« gemeint ist. Es ist angemessen, den Interviewer hier um eine Klärung zu bitten.

Würde mich ein Zauberer aus dem Publikum rufen und mich bitten, einen Stock »willkürlich in drei Teile zu zerbrechen«, würde ich den Stock mit beiden Fäusten packen und ihn biegen, bis das Holz bricht. Ich würde nicht versuchen, ihn in zwei gleiche Hälften zu zerbrechen oder eine extrem einseitige Verteilung zu erreichen. Dann würde ich mir das längere der beiden Stücke nehmen (gesetzt, eines wäre deutlich länger) und würde es auf dieselbe Art zerbrechen.

Diese Prozedur ist nicht einmal besonders willkürlich. Die Physik von Holzfasern und die Größe menschlicher Fäuste beeinflussen den Vorgang des Zerbrechens. Bei einem wirklich zufälligen Zerbrechen sollte *jede* Verteilung der Stöcke möglich sein. Es wäre denkbar, zwei winzige Stummel und einen großen Stock, der fast ebenso lang ist wie der ursprüngliche, zu produzieren. Das ergäbe kein Dreieck.

Der Interviewer wird Ihnen erlauben, die pragmatischen Aspekte zu vergessen und ein mathematisch zufälliges Zerbrechen anzunehmen. (Tatsächlich *muss* der Interviewer das sagen, weil er auch keine Ahnung hat, wie man diese pragmatischen Fragen angehen könnte.) Das ergibt eine Neuinterpretation der Frage. Stellen Sie sich vor, der Stock ist ein Meterstab, bei dem das eine Ende mit 0 und das andere mit 1 markiert ist. Dazwischen befinden sich nummerierte Skalenstriche. Suchen Sie sich eine Zahl zwischen 0 und 1 aus und benutzen Sie dabei eine willkürliche

Methode oder Funktion, die Ihnen gefällt. Zerbrechen Sie den Stock an diesem Punkt. Dann suchen Sie sich eine weitere Zahl zwischen 0 und 1. Zerbrechen Sie den Stock an diesem Punkt. (Der Punkt für den zweiten Bruch kann auf jeden der beiden Stöcke, die aus dem ersten Bruch resultiert sind, erscheinen. Daher ist es hilfreich, einen Stock zu verwenden, der Markierungen wie ein Lineal hat.) Das würde drei tatsächlich willkürliche Segmente erzeugen. Jedes Segment kann eine Länge haben, die irgendwo zwischen 0 und 1 liegt.

Diese Interpretation erlaubt es, ein einfaches Diagramm zu erstellen. Tragen Sie die Position des ersten Bruchs auf der x-Achse ein und die des zweiten Punktes auf der y-Achse. Das ergibt ein Rechteck. Jeder Punkt in dem Rechteck repräsentiert eine Möglichkeit, den Stock willkürlich in drei Teile zu zerbrechen. Alle Punkte sind gleich wahrscheinlich, sodass die Bereiche auf der Tabelle den Wahrscheinlichkeiten entsprechen.

Hier das Diagramm (der Klarheit halber etwas ausgeklügelter, als Sie es in einem Interview aufzeichnen werden).

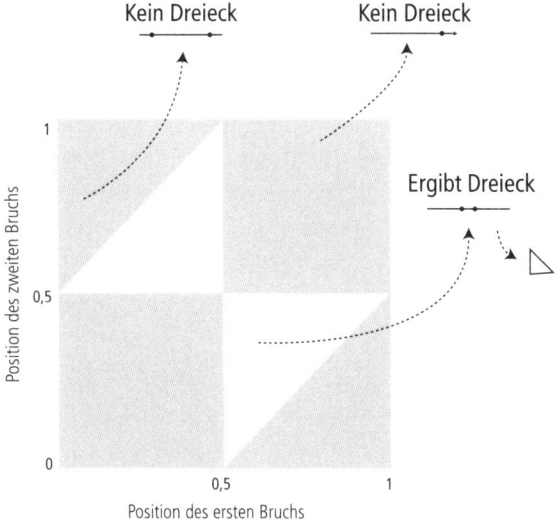

Teilen Sie das Rechteck zweimal, sodass Sie vier kleinere Rechtecke erhalten. Die Fälle, in denen beide Brüche auf derselben Seite des Mittelpunkts (0,5) liegen, sind durch den südwestlichen und nordöstlichen Quadranten repräsentiert. Ich habe diese rechteckigen Regionen schattiert, um anzudeuten, dass die sich ergebenden Teile des Stocks kein Dreieck ergeben.

Die anderen beiden Quadranten sind Fälle, in denen die Bruchstellen auf den gegenüberliegenden Seiten des Mittelpunkts liegen. Dies lässt sich diagonal in zwei Sektionen aufteilen. In den schattierten dreieckigen Regionen, sind x – y oder y – x größer als 0,5. Das bedeutet, dass das mittlere Segment zu groß ist, um ein Dreieck zu ermöglichen. In dem fliegenförmigen weißen Bereich ist das mittlere Segment kleiner als 0,5 und die Stücke können ein Dreieck formen. Man sieht, dass die weiße Fläche nur ein Viertel der Gesamtfläche des Diagramms ausmacht. Daher liegt die Chance, einen Stock willkürlich in drei Teile zu brechen, die ein Dreieck ergeben, bei 25 Prozent.

Bilder und Abbildungen (und Pizza)

In obigem Rätsel habe ich die Tafel auf zweierlei Art verwendet: Einmal, um ein tatsächliches *Bild* der zerbrochenen Stöcke zu malen, dann, um eine konzeptuelle *Abbildung* der Wahrscheinlichkeiten zu erstellen. Die Interviewer sind besonders beeindruckt von Leuten, die Abbildungen verwenden können, um ein Problem visuell zu lösen. Die Tafel kann aber auch hilfreich sein, wenn es nichts gibt, von dem Sie ein Bild malen müssen. Hier ein Beispiel.

Sie und ein Freund teilen sich eine Pizza. Sie brauchen x Sekunden, um eine Einheit Pizza zu essen, und Ihr Freund braucht y Sekunden. Die Regeln der Pizza-Etikette verlangen, dass Sie immer nur ein Stück Pizza essen. Sie können nicht nach einem neuen Stück Pizza greifen, bis Sie nicht mit dem fertig sind, das Sie gerade essen. Sollten Sie und Ihr Freund gleichzeitig nach dem letzten Stück greifen, bekommt er es (das ist die »Sticht«-Regel). Die Pizza muss in gleich große Stücke zerteilt werden. Wie viele Stücke muss es geben, damit Sie so viel Pizza wie möglich bekommen?

Ihr erster Impuls mag so aussehen, dass Sie eine in Stücke aufgeteilte Pizza zeichnen. Nun gut, das schadet nichts. Aber es hilft wahrscheinlich nicht viel weiter. Bei diesem Problem geht es mehr um die Zeit als um die Pizza.

Wie jedermann weiß, hat der schnellere Esser einen Vorteil. Er bekommt schon das zweite Stück, wenn die anderen noch nicht einmal mit dem ersten Stück fertig sind. Das gilt in jedem Fall, unabhängig davon, ob die Pizza im Domino-Stil in acht Teile aufgeteilt ist oder ob die Zahl der Stück größer ist, ob die Pizza rund ist oder rechteckig, eine dünne Kruste hat oder eine dicke.

Untersuchen wir ein paar extreme Fälle. Stellen Sie sich vor, Sie würden die Pizza gar nicht aufteilen, sondern sie ganz lassen. Sie und Ihr Freund greifen beide danach und die »Sticht«-Regel greift. Das erste Stück ist auch das Letzte und er bekommt es – die ganze Pizza!

Sie müssen die Pizza also definitiv aufteilen. Der zweiteinfachste Fall ist, die Pizza zu halbieren. Jeder von Ihnen erhält dabei natürlich ein Stück, und es kommt eine faire Fifty-fifty-Aufteilung zustande. Es ist wichtig, das zu wissen. Sie müssen sich niemals mit weniger als 50 Prozent der Pizza zufriedengeben.

Noch ein Extrem: Schneiden Sie die Pizza in eine unendliche Anzahl infinitesimaler Stücke. Im Fall vieler, vieler Stücke spielt es kaum eine Rolle, wer das letzte, mikroskopische Stückchen bekommt. Das Endergebnis ist, die Pizza nach Essgeschwindigkeit aufzuteilen. Sollten Sie und Ihr Freund mit derselben Geschwindigkeit essen, dann werden Sie beide die halbe Pizza bekommen. Essen Sie doppelt so schnell, bekommen Sie doppelt so viel Pizza.

Das lässt folgende Strategie empfehlenswert erscheinen:

- Wenn Ihr Freund schneller isst als Sie, halbieren Sie die Pizza. Das sichert Ihnen die halbe Pizza.
- Wenn Sie schneller essen, schneiden Sie die Pizza in unendlich viele Stücke. Das garantiert Ihnen einen Anteil in Proportion zu Ihrer Essgeschwindigkeit (Sie bekommen also mehr als die Hälfte).

Das ist wie: »Kopf: Ich gewinne, Zahl: Du verlierst.«

Sie sollten sich nie zu schnell mit der ersten gangbaren Antwort begnügen. Fällt Ihnen etwas Besseres ein?

Ein Makel an der soeben präsentierten Strategie ist die Sache mit dem Zerteilen der Pizza in unendlich viele Stücke. Das Zerteilen würde eine unendliche Zeitspanne erfordern – und wenn diese abgelaufen ist, ist die Sonne ein ausgebranntes Stück Schlacke und die Pizza kalt wie Stein. Selbst wenn Sie sich mit »vielen« Stücken begnügen, im Sinne einer Annäherung an die Unendlichkeit, verschwenden Sie dabei »viel« Zeit.

Es gibt eine wesentlich bessere Strategie. Zeichnen Sie sich eine Stück-Greif-Zeitlinie auf. Sie und Ihr Freund fangen jeder mit einem Stück an. Dann wird der schnellere Esser mit seinem Stück fertig und nimmt sich ein zweites. Halten Sie da die Uhr an: In diesem Augenblick hat der Schnellesser zwei Stücke und der Langsamesser nur eines.

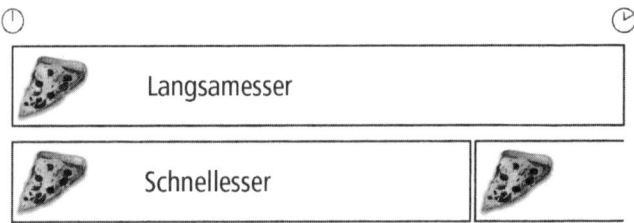

Was wäre, wenn diese drei Stücke alles wären? Dann würde der Schnellesser zwei Drittel der Pizza bekommen. Machen Sie sich klar, dass der Schnellesser nicht *viel* schneller sein muss. Es reicht, wenn er einen Sekundenbruchteil schneller ist. Das ist viel besser als das Schema mit den unendlich vielen Stücken, bei dem jemand, der nur ein wenig schneller ist, auch nur etwas mehr als die Hälfte bekommt.

Stellen Sie sich vor, der Schnellesser ist doppelt so schnell wie der Langsame. Er kann zwei Stücke verdrücken und sich ein drittes schnappen, während der Langsamesser noch immer beim ersten Stück ist. Wenn es eine in vier Stücke aufgeteilte Pizza ist, würde der Schnellesser drei Viertel der Pizza bekommen. Für die Schnellesser geht es nur darum, zweite (dritte, vierte …) Stücke zu bekommen, während der Langsamesser noch beim ersten Stück ist.

Die beste Strategie sieht also so aus herauszufinden, wie viele Stücke Sie sich schnappen können, während Ihr Freund noch beim ersten ist. In der Fragestellung bekommen Sie gesagt, dass Sie x Sekunden brauchen, um ein Stück Pizza zu essen, und Ihr Freund y Sekunden. Je größer y ist, desto mehr Zeit haben Sie, um sich vollzustopfen. Genau gesagt, werden Sie sich x/y Stücke schnappen können (notfalls aufgerundet auf eine ganze Zahl), während Ihr Freund noch beim ersten ist. Teilen Sie die Pizza in so viele Stücke *plus eins* auf. Das garantiert, dass Sie sämtliche Stücke bis auf eines bekommen.

Ich mache es Ihnen noch leichter. Realistisch gesehen werden x und y kaum besonders weit auseinanderliegen. Eine Person mag 30 Prozent länger brauchen, um mit einem Stück fertig zu werden, aber wird wahrscheinlich kaum dreimal schneller essen oder nur ein Zehntel so schnell. Hier zwei plausible Situationen: Wenn Sie der langsamere Esser sind, dann halbieren Sie die Pizza und sichern Sie sich 50 Prozent. Wenn Sie schneller sind, schneiden Sie sie in drei Teile und sichern sich zwei Drittel.

Das Geheimnis bei der Benutzung der Tafel ist, die richtigen Abbildungen zu finden. (Das ist das Geheimnis beim Lösen jedes

Problems, wobei die »Abbildungen« normalerweise mentaler Art sind.) Und seien Sie nicht schüchtern bei der Benutzung der besten Funktion der Tafel: dem Wischlappen.

Visuelle Lösungen

Diese Interview-Fragen lassen sich durch ein Bild oder Diagramm lösen (Antworten ab S. 242).

? Stellen Sie sich vor, Sie haben eine rotierende Scheibe, wie eine CD. Sie bekommen zwei Farben, Weiß und Schwarz. Ein Sensor, der an einem Punkt in der Nähe des Rands der Scheibe angebracht ist, kann die Farbe unter der Scheibe feststellen und Informationen liefern. Wie müssen Sie die Scheibe bemalen, um sagen zu können, in welche Richtung sie sich dreht, indem Sie nur auf die Sensordaten schauen?

? Wie viele Linien kann man auf einer Ebene ziehen, sodass sie gleich lang zu drei Punkten sind, die nicht auf einer Linie liegen?

? Fügen Sie arithmetische Standardzeichen in die Gleichung ein, sodass diese aufgeht.

$$3 \ 1 \ 3 \ 6 = 8$$

? In einer Bar sind alle Besucher soziophob. In dieser Bar gibt es 25 Plätze in einer Reihe. Immer wenn ein Besucher kommt, setzt er sich so weit wie möglich von den anderen Besuchern weg. Niemand wird sich direkt neben einen anderen setzen – sollte jemand hereinkommen und feststellen, dass es keine solchen Sitze gibt, dann geht er wieder. Der Barkeeper will natürlich so viele Kunden wie möglich unterbringen. Wenn er dem ersten Gast sagen darf, wo er sich hinsetzen soll, wo müsste er ihn platzieren?

? Auf wie viele unterschiedliche Arten kann man einen Kubus mit drei Farben anmalen?

KAPITEL 8

Dr. Fermi und die Außerirdischen

Wie sich innerhalb von 60 Sekunden so ziemlich alles abschätzen lässt

»Ich werde Ihnen ein paar Fragen stellen, die sich komisch anhören werden«, verkündete die Stimme am Telefon. Oliver und führte ein Gespräch mit Alyson Shontell, einer Werbestudentin von der Syracuse University, die sich auf den Posten des Assistant Product Managers beworben hatte. »Diese Fragen sollen Ihr analytisches Denken testen. Ich möchte, dass Sie schätzen, wie viel Geld Google täglich mit Werbung in Gmail verdient.«

»Ähm, Sie meinen eine harte Zahl?«, fragte Alyson. »Vielleicht … 70.000 Dollar?«

Diese Antwort verhalf Oliver zu einem herzlichen Lachen. *Natürlich* wollte er eine harte Zahl, aber sie lautete nicht 70.000 Dollar.

»Warten Sie … können Sie diese Antwort bitte total ignorieren?«, fragte Alyson. »Streichen Sie sie und tun Sie so, als hätte ich es nie gesagt.«

»Sie müssen mir keine exakte Zahl nennen, sondern nur, wie Ihr Lösungsweg aussehen würde.«

»Okay«, versuchte Alyson es erneut, »Google platziert vier Anzeigen pro E-Mail, die man in Gmail aufmacht … Sagen wir, jeder Gmail-Nutzer öffnet am Tag sieben E-Mails. Er würde also 28 Anzeigen sehen. Wenn er auf ein Viertel dieser Anzeigen klickt, dann sind das wieder nur sieben. Wenn allen Leuten, die Anzeigen in Gmail schalten, 5 Cent pro angeklickter Anzeige berechnet werden, dann wäre der Verdienst etwa 5 Cent mal sieben Anzeigen mal der Anzahl der Gmail-Nutzer … macht das Sinn?«

»Schon irgendwie«, sagte Oliver unsicher. »Bei der Formulierung ›klickt nur ein Viertel der Anzeigen an‹ bin ich ausgestiegen.« Dann: »Machen wir weiter.«

Alysons zweites Interview, ebenfalls am Telefon, wurde von Anna geführt. »Nennen Sie mir ein technisches Gerät, von dem Sie kürzlich gelesen haben«, fing Anna an.

Das war leicht! »Okay, ich hab heute davon gelesen, dass Apple und Nike zusammenarbeiten, um einen Schuh mit einem Chip herzustellen, der dabei hilft, im Takt der Musik, die man hört, zu laufen.«

»Okay, dann erklären Sie mir, wie Sie für dieses Produkt werben würden.«

Alyson entwarf ein perfektes Bild in Worten für diese Werbung. Darin kamen ein Läufer vor, ein iPod und das dramatische Überqueren der Ziellinie. Anna kicherte leise – weil es blöd war oder weil es brillant war?

»Jetzt werde ich Ihnen ein mathematisches Problem präsentieren«, sagt Anna. »Sagen wir, eine Werbefirma verdient 10 Cent, wenn jemand auf eine ihrer Anzeigen klickt. Nur 20 Prozent der Leute, die die Seite besuchen, klicken auf die Werbungen. Wie viele Leute müssen die Seite besuchen, damit die Werbefirma 20 Dollar verdient?«

»Also, okay. 20 von 100 Leuten klicken auf die Anzeige. Alle zehn Klicks bringen 1 Dollar … und Sie brauchen 20.« Das lief nicht gut. Alyson begann zu raten und blind herumzurudern.

Schließlich erklärte Anna ihr die korrekte Antwort. Es braucht fünf Besucher auf der Seite, damit ein Klick zustande kommt, der 10 Cent wert ist, sagte sie. 20 Dollar sind 200-mal dieser Betrag, es würde also fünfmal 200 – also 1000 – Besucher brauchen.

Alyson fühlte sich wie eine komplette Idiotin. Anna meinte, es sei an der Zeit, noch ein mathematisches Problem anzugehen.

»Schätzen Sie die Zahl der Studenten im Abschlussjahr an Universitäten mit Vierjahres-Curriculum in den Vereinigten Staaten, die dort einen Abschluss machen und einen Job bekommen«, forderte sie.

»Es gibt ungefähr 300 Millionen Menschen in den USA«, sagt Alyson. »Sagen wir, 10 Millionen davon sind Studenten an Universitäten mit Vierjahres-Curriculum. Nur ein Viertel dieser 10 Millionen ist im Abschlussjahr, das wären also ungefähr 2 oder 3 Millionen. Wenn die Hälfte davon einen Abschluss macht und einen Job bekommt, dann hätten wir ungefähr 1,5 Millionen Leute.«

»Würden Sie sagen, dass diese Zahl Ihnen hoch, niedrig oder gerade richtig vorkommt?«

»Ich würde sagen, dass mir Zahl niedrig vorkommt, aber vielleicht liegt das daran, dass ich gerade selber auf Jobsuche bin und mir wünsche, die Zahl wäre höher.«

Nicht mal ein Lachen.

»Das ist alles«, sagt Anna. »Viel Glück bei der Jobsuche.«

Mittagessen in Los Alamos

Geben Sie den Außerirdischen die Schuld für diesen Interviewstil. 1950 wurde das Thema der fliegenden Untertassen Tischgespräch bei einem Mittagessen in Los Alamos.

»Edward, was denkst du?«, fragte der Physiker Enrico Fermi seinen Tischnachbarn Edward Teller. War es möglich, dass Außerirdische in Raumschiffen der Erde einen Besuch abstatteten? Teller hielt es für äußerst unwahrscheinlich. Fermi war sich nicht so sicher. Er verbrachte einen Großteil des Mittagessens damit auszurechnen, wie viele außerirdische Zivilisationen es im Universum gab und wie nahe uns die nächstgelegenen waren.

Das war eine klassische »Fermi-Frage«. Zu seiner Zeit quälte Fermi seine Studenten an der University of Chicago mit Fragen dieser Art, die nur unwesentlich leichter waren. Sein berühmtestes Rätsel im Klassenzimmer war: »Wie viele Klavierstimmer gibt es in Chicago?« Fermi war der festen Überzeugung, dass jemand mit einem Doktorgrad in Physik in der Lage sein sollte, so ziemlich alles zu schätzen. Irgendwo auf dem Weg wurde dann der Teil mit dem »Doktorgrad in Physik« weggelassen.

Die Arbeitgeber von heute haben die fixe Idee entwickelt, dass jeder, auch jemand mit einem Magister in Humanwissenschaften, in der Lage sein sollte, bei einem Jobinterview merkwürdige Mengen einzuschätzen. (Man verlangt von niemandem, dass er solch merkwürdige Schätzungen vornimmt, nachdem er eingestellt worden ist.) Diese Fragen sind die Sphinx-Rätsel von heute. Oft entscheiden Sie darüber, wer es vom Telefoninterview zu einem Einstellungsgespräch bringt. Manche haben eine lose Verbindung zur Branche des Unternehmens:

Wie viele Tankstellen gibt es in den USA?
(bei General Motors).

Doch wesentlich öfter gibt es keine erkennbare Verbindung:

Wie viele Müllmänner gibt es in Kalifornien? (Apple)

Schätzen Sie die Zahl der Taxis in New York City.
(KPMG)

Wie viele Golfbälle würden in ein Stadion passen?
(JP Morgan Chase)

Schätzen Sie die Gesamtkosten der Herstellung einer Flasche Gatorade. (Johnson & Johnson)

Wie viele Staubsauger werden pro Jahr hergestellt?
(Google)

Ein Vorteil der Fermi-Fragen besteht für Arbeitgeber darin, dass es leicht ist, neue zu erfinden. So kann man dem Kandidaten eine blütenweiße Frage präsentieren, deren Antwort noch in keinem Buch und auch nicht im Internet steht. Intel ist da besonders clever: Die Interviewer fordern manchmal einen Programmierer im Gespräch auf, die Anzahl der Zeilen von C oder C ++ Codes zu schätzen, die er geschrieben hat. Dahinter verbergen sich mindestens drei Absichten. Erstens ist es eine Fermi-Frage. Zweitens wird damit gefragt, wie viel Erfahrung mit Codes der Bewerber wirklich hat. Drittens ist es eine trickreiche Art herauszufinden, ob der Kandidat willens ist, auch nachts und am Wochenende zu arbeiten, da es die Antwort ja erforderlich macht, die Stunden, die man bereits gearbeitet hat, zu schätzen.

Ein Nachteil dieser frei erfundenen Fragen ist, dass der Interviewer nicht weiß, wie schwierig sie ist, und noch viel weniger die korrekte Antwort kennt. Einige Zeit nach ihrem Telefoninterview begegnete Alyson Shontell Oliver bei einer Konferenz. Er gab zu, nicht zu wissen, wie viel Google an Anzeigen in Gmail verdient.

»Das Gespräch lief glänzend, bis ich an einen Interviewer geriet, der offensichtlich etwas gegen das Militär hatte«, erinnert sich ein erfolgloser Kandidat, der sechs Jahre im militärischen Geheimdienst gearbeitet hatte. »Er benutzte das ›Tu nichts Böses‹-Mantra von Google als Vorwand und fragte mich, wie viele Menschen ich während meiner Dienstzeit getötet hatte. Als ich ihm erklärte, dass ich beim militärischen Geheimdienst gewesen sei, fragte er, ob ich schätzen könne, wie viele Leute als Resultat der Informationen, die ich beschafft hatte, getötet worden waren. Das implizierte, dass ich entweder ein böser, effizienter Killer oder inkompetent war.«

Die Truppe in Los Alamos hätte Schwierigkeiten mit dieser ethischen Gleichung haben können. Fermi jedenfalls glaubte an

die universelle Verbundenheit des Wissens. Er hatte die Beobachtung gemacht, dass man mit einer kritischen Masse von Fakten
und Zahlen allerhand exotische Informationen abschätzen konnte, beispielsweise die Anzahl der Lichtjahre, die uns von der
nächstgelegenen außerirdischen Zivilisation trennen. Bei diesen
Fragen geht es also darum, einen vergleichsweise vernünftigen,
direkten Pfad vom Ausgangspunkt *bekannter Tatsachen* hin zu
der geforderten seltsamen Statistik zu finden. Das bedeutet, dass
Sie ein paar Tatsachen kennen und in der Lage sein müssen, die
Verbindungen herzustellen. Bei der Mathematik können Sie runden, aber Sie sollten die Zahlen nicht völlig aus der Luft greifen.

Das war Alysons Problem bei der Gmail-Frage. Statt mit etwas
anzufangen, was sie wusste, versuchte sie, eine Reihe unbekann-
ter und firmeneigener Fakten zu erraten. (Google lässt sich bei
den finanziellen Details bestimmter Produkte nicht in die Karten
schauen.) Der bessere Ansatz wäre gewesen, mit zwei grundlegenden Bilanz-Fakten anzufangen. Das wäre zunächst, dass
Google den Großteil seines Geldes durch Werbung verdient, und
dann, dass Google jährlich etwa 25 Milliarden Dollar umsetzt.

Sie fragen sich vielleicht: Woher zum Teufel soll ich wissen, was
Google jährlich umsetzt? Die Antwort ist, dass Sie das vor dem
Interview recherchieren. Es ist eine der wenigen statistischen Tat-
sachen, die Sie kennen sollten, wenn Sie sich bei einer großen
Firma vorstellen.

Wie viel von diesen 25 Milliarden stammt aus Anzeigen in
Gmail? Sie haben jedes Recht, hier danebenzuhauen. Darüber
spekuliert auch die Finanzpresse. Idealerweise würden Sie genug
über die Geschäfte von Google gelesen haben, um zu wissen, dass
Anzeigen in Gmail ein ziemlich unbedeutender Teil des Ganzen
sind. Als Gmail 2004 an den Start ging, gab es hoffnungsfrohe
Stimmen, die sagten, Gmail-Anzeigen würde zuletzt so wichtig
wie Suchanzeigen werden. Es kam jedoch anders.

Kein Interviewer wird es Ihnen vorwerfen, wenn Sie sagen:
»Ich rate einfach mal, dass Gmail 1 Prozent der Gesamteinnah-

men ausmacht. Wenn es mehr oder weniger ist, kann ich es leicht anpassen.« Das macht auch die Mathematik einfach. Der Umsatz aus den Gmail-Anzeigen würde sich damit jährlich auf 250 Millionen Dollar belaufen. Man teilt diese durch 365 und landet bei etwas unter 1 Million Dollar am Tag. Das ist ein gutes Beispiel für die Hauptregel bei Fermi-Fragen: Glätten Sie die Ecken im arithmetischen Teil, nicht im logischen.

Alyson hatte bei der Frage mit den Studenten im Abschlussjahr einen guten Start. Sie wusste, dass die Gesamtbevölkerung der USA sich auf etwa 300 Millionen Menschen beläuft. Doch sie verlor die Spur, als sie sagte: »Nehmen wir an, 10 Millionen davon sind Studenten auf Universitäten mit Vierjahres-Curriculum.« Sie warf eine genaue Statistik über Bord und zauberte eine Fantasiezahl aus dem Ärmel.

Eine bessere Antwort hätte so ausgesehen: Die US-Population beträgt 300 Millionen und die Lebenserwartung beläuft sich auf 70 Jahre. Diese beiden Zahlen implizieren, dass jedes Jahr etwa 300 Millionen / 70 Menschen einen gewissen Altersmarker überschreiten – etwa den 21. Geburtstag.

Das können Sie optimieren, bevor Sie die Division machen. Die Anzahl der Leute, die 21 werden, ist größer als die der Leute, die 70 werden, weil mehr Leute das 21. Lebensjahr erreichen als das 70. Wie viel größer? Höchstwahrscheinlich wissen das weder Sie noch der Interviewer. Das bietet Deckung zur Vereinfachung der Mathematik. Die Beantwortung solcher Fragen ist wie Parcours. Sie wollen von einer bequemen, runden Zahl zur anderen gelangen, ohne zu Fall zu kommen. Statt 300 Millionen / 70 rechnen Sie 300 Millionen / 50. Das würde bedeuten, dass etwa 6 Millionen Amerikaner jedes Jahr 21 werden.

Nicht alle davon sind Studenten im Abschlussjahr. Viele Amerikaner gehen nicht aufs College. Andere machen nur Zweijahres-Kurse oder verlassen die Uni, bevor sie fertig sind. Dies sollte man gegen die Tatsache abwägen, dass es Leute gibt, die älter sind als der Durchschnitt der Leute, die sich im College immatrikulieren und die bis ins Abschlussjahr kommen. Benutzen Sie das, um die 6 Millionen Studenten auf 3 Millionen im Abschlussjahr herunterzurechnen.

Der nächste Teil der Frage lautet: Wie viele dieser Studenten sind im Abschlussjahr auf Colleges mit Vierjahres-Curriculum? Hallo? *Alle* Studenten im Abschlussjahr sind auf Colleges mit Vierjahres-Curriculum.

Der letzte Teil von Annas Frage lautete, wie viele Studenten im Abschlussjahr graduieren und *einen Job bekommen*. Das könnte sich auf jene beziehen, die sogar noch vor ihrem Abschlussjahr ein solides Jobangebot auf dem Tisch haben. Eine großzügigere Interpretation könnte implizieren, dass man in relativ kurzer Zeit einen Job bekommt (was auch immer das auf dem Arbeitsmarkt von heute bedeuten mag). Sie sollten den Interviewer um die Details bitten.

Typische Antworten:

> »Ein Job, der am Tag der Zeugnisverleihung auf sie wartet«: 25 Prozent der Studenten im vierten Jahr, 750.000.
> »Bekommen innerhalb relativ kurzer Zeit einen Job«: 50 % aller Studenten im Abschlussjahr, 1,5 Millionen.

Sie werden bemerkt haben, dass 1,5 Millionen genau die Zahl ist, die Alyson genannt hat. Hier haben Sie die Schattenseite von »Sie müssen nicht die richtige Lösung liefern«. Sie können sogar dann scheitern, wenn Sie auf die »richtige Antwort« kommen. Es geht um den Weg, nicht um das Ziel.

Das »Interview Cheat Sheet«

Interviewer rechnen nicht damit, dass Kandidaten einen Haufen obskurer Statistiken parat haben. Das einzige Gebiet, bei dem es peinlich ist, wichtige Zahlen nicht zu kennen, ist das Unterneh-

men selbst, bei dem Sie sich bewerben. Ein paar äußerst grundlegende demografische Fakten und ein paar Statistiken hinsichtlich
der Firma müssen Sie einfach parat haben. Hier ein merkbares
»Cheat Sheet« runder Zahlen (ersetzen Sie die Google-Daten
durch die der Firma, bei der Sie sich vorstellen, bzw. tauschen Sie
die jeweiligen Landesdaten oder spezielle Angaben nach Ihren
Bedürfnissen aus):

Weltbevölkerung: 7 Milliarden
Bruttoinlandsprodukt der Welt: 60 Billionen Dollar
Bevölkerung der Vereinigten Staaten: 300 Millionen
   [Deutschland: 81 Millionen]
Bruttoinlandsprodukt der Vereinigten Staaten: 14 Billio-
   nen Dollar [Deutschland: 2,4 Billionen Dollar]
Mindestlohn: $ 7 (tatsächlich 7,25 Dollar)
Bevölkerungsdichte der Region San Francisco, darunter
   Silicon Valley: 8 Millionen
Börsenwert von Google: 100 Milliarden Dollar
Jahresumsatz von Google: 25 Milliarden Dollar
Jahresprofit von Google: 10 Milliarden Dollar
Preis einer Google-Aktie: 600 Dollar
Anzahl der Kugel, die in einen großen Kubus mit willkür-
   lichem Inhalt passen: das 1,2-fache dessen, was Sie für
   einen kubischen Käfig ansetzen würden (für deutliche-
   re Ausführungen zu dieser Frage, siehe S. 258).

Stegreif-Schätzungen

Hier noch ein paar Fermi-Fragen zum Üben. (Lösungen ab S. 256)

? Wie viele Rillen hat der Rand eines 25-Cent-Stücks?

? Wie viele Shampoo-Flaschen werden jährlich auf der Welt produziert?

? Wie viel Toilettenpapier würde man brauchen, um den ganzen Staat zu bedecken?

? Wie viel ist 2 hoch 64?

? Wie viele Golfbälle passen in einen Schulbus?

Das unzerbrechliche Ei

Fragen, die mit »Wie würden Sie …« beginnen

Der Schuldirektor der Carr Mill Junior School, Douglas Appleton, sorgte im Jahr 1970 für eine Mediensensation in Großbritannien – indem er eine simple Tatsache bewies, die eigentlich jeder Intuition und sogar dem sogenannten gesunden Menschenverstand widerspricht: Ein rohes Ei zerbricht üblicherweise *nicht*, wenn man es auf Gras fallen lässt, egal aus welcher Höhe. Appletons Schüler warfen Eier aus dem zweiten Stock der Schule. Die Eier, die auf Gras fielen, zerbrachen nicht. Ein gutmütiger Feuerwehrmann kletterte daraufhin auf eine 20 Meter hohe Leiter und ließ von dort zehn Eier auf den Rasen fallen. Sieben der zehn waren unversehrt. Ein Armeeoffizier ließ ein ähnliches Experiment folgen und warf 18 Eier aus einem Helikopter aus mehr als 40 Metern Höhe. Der *Daily Express* mietete ein kleines Flugzeug, um 60 Eier bei einer Geschwindigkeit von knapp 250 km/h per Bombardement auf einen Rasen niedergehen zu lassen. Etwa 60 Prozent kamen heil unten an.

Ich erwähne das, um zu beweisen, dass eine der Interview-Fragen von Google nicht völlig absurd ist.

>»Sie arbeiten in einem 100-stöckigen Gebäude und bekommen zwei identische Eier. Sie müssen das höchste Stockwerk finden, aus dem man ein Ei fallen lassen

kann, ohne dass es zerbricht. Sie dürfen dabei beide Eier
zerbrechen. Wie viele Würfe müssen Sie machen, um es
zu schaffen?«

Um Verwirrung zu vermeiden: Das Gebäude und die Eier sind
rein imaginär. Es handelt sich um eine Algorithmus-Frage. Damit
wird Ihre Fähigkeit überprüft, eine schlaue, praktische Methode
zu entwickeln, um etwas zu erreichen. Das ist wichtig beim Programmieren, beim Managen und auch überhaupt sonst.

Jeder Koch weiß, dass ein rohes Ei, das aus der Höhe einer Kü-
chenanrichte auf den Boden fällt, Geschichte ist. Aber wenn
das 100-stöckige Gebäude von Google von etwas Weicherem als
Beton umgeben ist, das jedoch härter ist als Gras, dann ist die
Antwort nicht offensichtlich. Um im gewünschten Geist zu antworten, sollten Sie annehmen, dass es möglich ist, dass jedes
Stockwerk das höchste, für Eier ungefährliche ist, von 1 bis ganz
hinauf zu 100. Tatsächlich sollten Sie auch die Möglichkeit bedenken, dass kein Stockwerk für Eier ungefährlich ist (und damit
der Weisheit der Köche Rechnung tragen).

Sie dürfen das starke Zufallselement beim Eierstürzen (das in
den britischen Experimenten zutage kam) ignorieren. Tun Sie so,
als wäre das Ergebnis beim Fallenlassen eines Eis aus einem bestimmten Stockwerk immer gleich. Entweder zerbricht es oder
nicht.

Der Interviewer erwartet nicht von Ihnen, dass Sie herausfinden, welches Stockwerk für Eier ungefährlich ist. Es gibt keine
Eier und kein 100-stöckiges Gebäude: Es ist eine fiktive Situation.
Alles, was man von Ihnen will, ist, dass Sie eine effiziente Methode zum Eruieren des Stockwerks ermitteln und dabei Ihren
Denkprozess erläutern. Die einzige Frage, deren Beantwortung
mit einer tatsächlichen Zahl man von Ihnen *erwartet*, ist, wie viele Eierwürfe man bräuchte. Beim Punkten ist es wie beim Golf: Je
weniger, desto besser.

Bits und Eier

Ein Ei fallen zu lassen, ist ein simples Experiment, das einem 1 Bit Information liefert. Um aus diesem Bit das meiste herauszuholen, sollten Sie in der Mitte des Gebäudes anfangen. Das wäre der 50. oder 51. Stock, da es bei einem Gebäude mit einer geraden Anzahl von Stockwerken keines gibt, das direkt in der Mitte liegt. Sagen wir, es zerbricht. Das würde bedeuten, dass das gewünschte für Eier ungefährliche Stockwerk unterhalb des 50. liegen muss. Teilen Sie die Differenz abermals, indem Sie das nächste Ei aus dem 25. Stock fallen lassen. Hoppla! Es zerbricht schon wieder. Jetzt haben Sie keine Eier mehr. Sie können also den Schluss ziehen, dass das höchste eier-ungefährliche Stockwerk unterhalb des 25. Stockwerks liegt. Sie können das Stockwerk nicht angeben, daher ist diese Methode gescheitert.

Es ist möglich, ein Ei so lange wiederzuverwenden, bis es zerbricht. Fangen Sie auf dem untersten Stockwerk an und lassen Sie das erste Ei fallen. Wenn es überlebt, gehen Sie in den zweiten Stock und versuchen Sie es von dort aus. Dann in den dritten, dann den vierten etc., bis das Ei zerbricht. Das wird Ihnen verraten, aus welchem höchsten Stockwerk man das Ei werfen kann, ohne dass es zerbricht. Und Sie haben es mit nur einem Ei festgestellt.

Nennen wir das den »langsamen Algorithmus«. Dieser geizt mit Eiern, ist aber ein Verschwender, wenn es ums Werfen geht. Man muss vielleicht jedes einzelne Stockwerk testen, aber es erfüllt seinen Zweck.

Die Herausforderung ist, eine Lösung zu finden, in der beide Eier sinnvoll verwendet werden. Stellen Sie sich vor, dass der optimale Algorithmus von Google für das Eiersturz-Experiment irgendwo in einem Buch steht. Das tut er auch: Er steht in diesem. Blättern Sie auf S. 141 (oh, da sind Sie ja schon) und sehen Sie nach, wie der Algorithmus anfängt:

1.   Gehen Sie in Stockwerk *N* und lassen Sie das erste Ei fallen. Woher ich weiß, dass der Algorithmus so beginnt? Nun, ein Algorithmus ist eine Liste idiotensicherer Anweisungen, die mit der ersten beginnt. Diese sagt Ihnen natürlich, Sie sollen ein Ei fallen lassen, denn das ist ja der Modus Operandi in diesem Fall. Außer Eierwerfen gibt es ja hier nichts zu tun. Der einzig interessante Part (Stockwerk *N*) liegt momentan unter einem algebraischen Schleier verborgen. Der *wirkliche* Algorithmus liefert ein ganz bestimmtes Stockwerk, beispielsweise 43 statt *N*.

Weitere Ableitung: Da das Experiment in Anweisung 1 zwei Ergebnisse hat, brauchen Sie Folgeanweisungen für beide Eventualitäten. Nennen wir Sie 2a (was zu tun ist im Fall, dass ein Ei zerbricht) und 2b (was zu tun ist im Fall, dass ein Ei überlebt).

Wenn Sie das erste Ei einmal zerbrochen haben, müssen Sie mit dem zweiten vorsichtig umgehen. Sie können nicht das Risiko eingehen, ein Stockwerk zu überspringen, um zu verhindern, dass Sie das zweite Ei zerbrechen und nicht länger in der Lage sind, auf das richtige Stockwerk zu kommen.

Anweisung 2a für den Google-Algorithmus muss dies wortreich formulieren:

> 2a. Gehen Sie hinunter in den ersten Stock. Führen Sie mit dem verbleibenden Ei den »langsamen« Algorithmus aus. Testen Sie das Ei von jedem Stockwerk aus, bis es zerbricht. Das höchste, noch eier-sichere Stockwerk ist das darunter.

Stellen Sie sich beispielsweise vor, Sie werfen das Ei aus dem 50. Stock und es zerbricht. Sie können nicht riskieren, das Ei aus dem 25. Stock zu werfen, weil es ebenfalls zerbrechen könnte. Stattdessen müssen Sie die Stockwerke 1, 2, 3… potenziell alle bis hinauf zu 49 testen. Und da wir mit dem 50. angefangen haben, könnte das insgesamt 50 Würfe bedeuten.

Es braucht noch nicht einmal die Intuition eines Programmierers, um zu sehen, dass ein Suchmodus, der 50 Tests braucht, um eine Sache unter 100 zu finden, *nicht* optimal ist. Er ist miserabel. Es ist besser, den ersten Wurf aus einem niedrigeren Stockwerk durchzuführen. Wenn wir im zehnten Stock anfangen und das Ei zerbricht, dann brauchen wir womöglich bis zu zehn Würfe. Das ist das zentrale Aha-Erlebnis in diesem Rätsel. Im Allgemeinen wird man insgesamt bis zu N Würfe brauchen, um das richtige Stockwerk zu finden, wenn man das Ei beim ersten Mal aus dem N-ten Stock wirft.

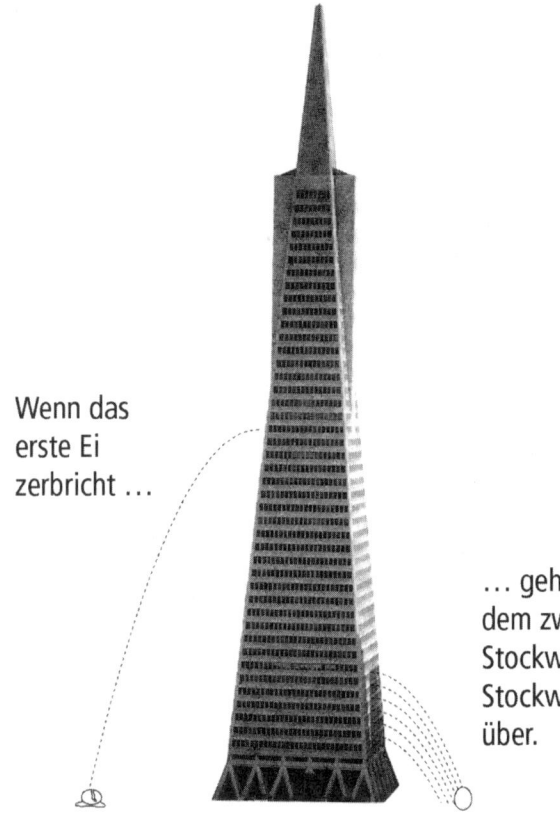

Wenn das erste Ei zerbricht …

… gehen Sie mit dem zweiten Ei zu Stockwerk-für-Stockwerk-Tests über.

Es ist ein wichtiger Hinweis, dass man den ersten Wurf aus einem Stockwerk vornehmen sollte, das wesentlich niedriger ist als das 50. Versuchen Sie es mit $N = 10$. Diese Wahl hat das ansprechende Merkmal, dass wir das erste Ei verwenden können, um die Zehnerzahl des eier-ungefährlichen Stockwerks zu ignorieren, und das zweite Ei, um die Einerzahl zu finden. Testen Sie das Ei zum Beispiel aus den Stockwerken 10, 20, 30, 40 und 50. Sagen wir, es zerbricht, wenn man es aus dem 60. Stock wirft. Das sagt uns, dass das maximal eier-sichere Stockwerk irgendwo im 50er-Bereich liegen muss. Gehen Sie hinunter ins 51. Stockwerk und arbeiten Sie sich mit dem anderen Ei Stockwerk für Stockwerk nach oben. Wenn das zweite Ei im 58. Stock zerbricht, dann bedeutet das, dass das eier-ungefährliche Stockwerk das 57. ist.

Wie effizient ist diese Methode? Das Worst-Case-Szenario würde so aussehen, dass man 10, 20, 30 etc. bis hinauf zum 100. ausprobiert, wo das Ei schließlich zerbricht. Dann gehen Sie auf 91 zurück und arbeiten sich nach oben. Es könnte darauf hinauslaufen, dass Sie insgesamt 19 Würfe brauchen, um festzustellen, dass das korrekte Stockwerk Nr. 19 ist.

Das ist kein schlechter Ansatz, aber keineswegs der beste.

Crashtest

Denken Sie daran, die Frage lautete: Wie viele Würfe brauchen Sie, um es zu schaffen? Das ist ein deutlicher Hinweis, dass man Sie umso besser beurteilt, je weniger Würfe Sie brauchen. Genauer gesagt sollen Sie die Anzahl der in einem Worst-Case-Szenario erforderlichen Würfe minimieren.

Da das erste Ei die Funktion eines Crashtest-Dummys erfüllt, sollten Sie es großen Risiken aussetzen; so erfahren Sie so viel wie möglich in möglichst geringer Zeit. Das zweite Ei ist die Reserve.

Das Crashtest-Dummy-Ei ist entscheidend für eine gute Lösung, denn nur mit diesem Ei können Sie mehrere Stockwerke auf einmal mit einem einzigen Wurf eliminieren. Die Frage ist nun: Wie viele? Die Antwort findet sich mit etwas mentaler Gymnastik (und viele kluge Leute geraten dabei ins Schwimmen). Ich fange mal mit einer Analogie an. Sie sind ein Profigolfer am 18. Loch und es geht um einen großen Preis. Um zu gewinnen, müssen Sie den Ball mit drei Schlägen ins Loch kriegen. Die Notwendigkeit diktiert Ihnen, welche Schläger Sie wählen müssen und ob Sie lieber riskieren, den Ball in den Sand zu schlagen, als auf Nummer sicher zu gehen. Das macht es erforderlich, dass Sie darauf hinarbeiten, das Loch mit dem dritten Schlag zu erwischen (statt sich damit zufriedenzugeben, es nur auf den Rasen zu bringen). Die Drei-Schläge-Grenze wirkt sich auf Ihre Gesamtstrategie aus.

Auch der perfekte Google-Algorithmus hat eine Grenze: die maximale Anzahl benötigter Würfe, um das korrekte Stockwerk festzulegen. Nennen wir diese Zahl D. Die D-Wurf Grenze bestimmt Ihre Strategie.

Um die Sache etwas konkreter zu machen, stellen Sie sich vor, dass die Grenze bei zehn Würfen liegt. Dann könnten Sie das erste Ei genauso gut aus dem zehnten Stock werfen. Sehen Sie, warum? Sie nehmen ein möglichst hohes Stockwerk, um so viele Stockwerke wie möglich auszuschließen. Der zehnte Stock ist aus folgendem Grund die höchste Option: Zerbricht das erste Ei, dann kann es sein, dass Sie alle zehn erlaubten Würfe brauchen, um das richtige Stockwerk zu finden.

(Der vorangehende Absatz ist der schwierigste, das ist ein Versprechen).

Alles andere folgt aus dieser Einsicht. Nach dem anfänglichen Wurf haben Sie noch neun übrig. Angenommen, das Ei überlebt, müssen Sie wieder so viele Stockwerke wie möglich hinauf, um den zweiten Wurf zu machen. Sie mögen jetzt denken, dass Sie vielleicht wieder zehn Stockwerke hinaufgehen sollten. Nicht ganz. Da Ihnen nur noch neun Würfe bleiben, können Sie höchstens neun Stockwerke nach oben gehen. Das liegt daran, dass das Ei beim zweiten Wurf zerbrechen könnte, was Sie zwingt, danach eine stockwerksweise Suche durchzuführen. Vielleicht müssen Sie jedes Stockwerk zwischen dem zehnten und dem, aus dem Sie gerade geworfen haben, dem 19., testen und dabei alle erlaubten Würfe verbrauchen. Wären Sie nur ein Stockwerk höher gegangen, dann hätte es sein können, dass Ihnen die Würfe ausgehen und Sie nicht länger in der Lage wären, das richtige Stockwerk zu bestimmen.

Oder sagen wir, das Ei überlebt die ersten beiden Würfe. Damit bleiben acht Würfe. Sie würden dann acht Stockwerke für den nächsten Wurf hinaufgehen.

Die von Ihnen getesteten Stockwerke bilden eine einfache Reihe, wobei man eine Serie nicht zerbrochener Eier annimmt.

10
$10 + 9 = 19$
$10 + 9 + 8 = 27$
$10 + 9 + 8 + 7 = 34$
etc.

Moment! Das höchste Stockwerk, das sich mit dieser Methode erreichen lässt, ist $10 + 9 + 8 + 7 + 6 + 5 + 4 + 3 + 2 + 1$. Das ergibt 55. Das Schema würde perfekt bei einem 55-stöckigen Gebäude funktionieren. Aber in der Frage geht es um ein 100-stöckiges Gebäude.

Das lässt sich leicht beheben. Denken Sie daran, die Beschränkung mit den zehn Würfen habe ich aus der Luft gegriffen. Ersetzen Sie 10 durch *D*, der geforderten Anzahl von Würfen im besten Algorithmus. Das höchste Stockwerk, das sich durch eine optimale Methode erreichen lässt, ist

$$D + (D - 1) + (D - 2) + (D - 3) + \ldots + 3 + 2 + 1$$

Diese Gleichung muss 100 oder mehr ergeben.

Von jetzt an ist es nur noch Algebra. Die oben stehende Summe ist D plus jede ganze Zahl, die kleiner ist als D. Dabei handelt es sich um eine *Dreieckszahl*. Stellen Sie sich einen Rahmen mit Billardkugeln vor. Er enthält 5 + 4 + 3 + 2 + 1 Kugeln. Sie mögen sich noch an Ihr Schulwissen erinnern, dass sich die Gesamtsumme auch durch die Multiplikation von 5 x 5 + 1 / 2 ergibt. Also bekommen Sie 5 x 6 / 2 = 15, was genau die Anzahl der Kugeln im Rahmen ist.

In diesem Fall ist die Summe von D und jeder Zahl kleiner D gleich D mal $(D + 1)$ / 2. Also:

$$D \times (D + 1)/2 \geq 100$$

Multiplizieren Sie beide Seiten mit 2 und Sie erhalten

$$D^2 + D \geq 200$$

Konzentrieren Sie sich auf D^2 und ignorieren Sie das erheblich kleinere D. Die Gleichung besagt, dass D^2 mindestens 200 beträgt. Die Quadratwurzel von 200 liegt nur knapp über 14. Versuchen Sie es damit für D.

$$14^2 + 14 = 196 + 14 = 210 \geq 200$$

Bingo. Das passt. Versuchen Sie es sicherheitshalber mal mit 13.

$$13^2 + 13 = 169 + 13 = 182$$

Nein, das ist nicht größer oder gleich 200. Es ist also 14. Sie werfen das erste Ei aus dem 14. Stock und finden die Antwort garantiert mit 14 Würfen oder weniger.

Rekapitulieren wir: Werfen Sie das erste Ei aus dem 14. Stock. Wenn es zerbricht, gehen Sie hinunter in den ersten Stock und arbeiten Sie sich Stockwerk um Stockwerk nach oben. Das liefert Ihnen die Antwort in nicht mehr als insgesamt 14 Würfen.

Sollte das Ei beim ersten Wurf nicht zerbrechen, gehen Sie hinauf in den 27. Stock (14 – 1 Stockwerke über dem 14.) und versuchen Sie es erneut. Wenn es diesmal zerbricht, dann heißt das: zurück in den 15. und von dort ab aufwärts. Das liefert ebenfalls die Antwort in 14 Würfen oder weniger.

Angenommen, wir haben eine Serie unzerbrochener Eier, dann müssten wir die Stockwerke 39, 50, 60, 69, 77, 84, 90, 95, 99 und 100 testen (eigentlich wäre es Stockwerk 102, wenn das Gebäude höher wäre). Das bedeutet, dass es zwölf Würfe und kein zerbrochenes Ei bräuchte, um herauszufinden, dass das Ei einen Sturz aus jedem Stockwerk des Gebäudes überleben kann. Sollte das Ei irgendwann in dem Prozess zerbrechen, würde Sie das in den langsamen Algorithmus zwingen und es könnte sein, dass Sie alle 14 erlaubten Würfe bräuchten.

Wie man Algorithmus-Fragen erkennt

Technologische Unternehmen stellen Algorithmus-Fragen, um die Fähigkeit eines Programmierers zu testen, in einem Jobgespräch das anzuwenden, was er gelernt hat. Statt ihm eine weitere Übung im Codieren vorzusetzen, hat man eine mehr oder weniger amüsante Textaufgabe erfunden. Diese Art von Frage hat sich auch in Interviews für nicht-technische Positionen ausgebreitet. Ein Sekretär oder ein Manager versucht stets herauszufinden, wie sich etwas am besten bewerkstelligen lässt und man dabei gleichzeitig Zeit, Geld oder Aufwand spart.

Hinweise, dass Sie es mit einer Algorithmus-Frage zu tun haben, sind

- eine blödsinnige Aufgabe, die nichts mit dem Job zu tun hat, für den Sie sich bewerben;
- eine seltsame Beschränkung bei dieser Aufgabe (beispielsweise die mit nur zwei Eiern);
- ein Ziel, explizit oder nicht, bei dem es darum geht, etwas möglichst sparsam zu gestalten (in diesem Fall die Anzahl der Eierstürze); und
- ein algebraisches N, eine große Runde Zahl wie 100 oder 1 Billion oder eine unendliche Quantität (ein Hinweis, dass der Interviewer eine anpassbare Antwort hören will).

Effizient ist ein Wort, das jedermann im Munde führt, doch es kann viele unterschiedliche Bedeutungen haben. Wenn die Frage nicht klarstellt, was die Beschränkungen sind, ist es angemessen, den Interviewer zu fragen. Ebenfalls oft hilfreich bei diesen Fragen ist es, einfach anzufangen. Wenn in der Frage eine große Zahl vorkommt (wie etwa 100 Stockwerke), dann denken Sie darüber nach, wie Sie die einfachsten Fälle handhaben würden (ein ein- oder zweistöckiges Gebäude etc.) Die Antwort ist normalerweise offensichtlich. Dann arbeiten Sie sich zu größeren Zahlen vor. Oft wird ein Muster hervorgehen, das Sie ausweiten können.

Für Algorithmus-Fragen gibt es üblicherweise mehr als einen Ansatz. Ihre erste gangbare Idee mag nicht die beste sein, also sollten Sie willens sein, andere Ansätze auszuprobieren (es sei denn, der Interviewer ist von Ihrer ersten Idee beglückt und geht zur nächsten Frage weiter).

Apropos alternative Ansätze, ein Leser des »Classic Puzzles Blog« lieferte folgende Antwort auf die Eier-Frage.

1. Werfen Sie das Ei aus dem zweiten Stock. Schauen Sie, wie es zerbricht. Fluchen Sie verhalten.
2. Gehen Sie hinunter in den ersten Stock, werfen Sie das zweite Ei. Sie werden schnell feststellen, dass selbst ein Fall aus dem ersten Stock zu viel für ein verdammtes Ei ist.

3. Beschimpfen Sie Ihren Interviewer und wetten Sie mit ihm, dass er kein Ei finden wird, das nicht bei zwei Würfen hintereinander aus egal welchem verdammten Stockwerk in dem ganzen verdammten Gebäude zerbricht.
4. Lassen Sie sich befördern.

»Wie würden Sie«-Fragen

Die folgenden Algorithmus-Fragen erfordern meist Spezialwissen. Die letzten zwei Fragen werden Softwareentwicklern bei Google gestellt und sind technischer als andere in diesem Buch (Antworten ab S. 261).

? Es regnet und Sie müssen Ihre Katze vom anderen Ende des Parkplatzes holen. Sind Sie besser dran, wenn Sie laufen, gesetzt, Ihr Ziel ist es, so trocken wie möglich zu bleiben? Wie ist es, wenn Sie einen Regenschirm haben?

? Sie haben einen Glasbehälter mit Murmeln und können jederzeit die Anzahl der Murmeln in dem Glasbehälter feststellen. Sie und ein Freund spielen folgendes Spiel: Jeder Spieler nimmt abwechselnd eine oder zwei Murmeln aus dem Behälter. Der Spieler, der die letzte Murmel herausnimmt, hat gewonnen. Können Sie vorhersagen, wer gewinnt?

? Sie haben eine Flotte von 50 Lastwagen, jeder davon ist vollgetankt und hat eine Reichweite von 100 Kilometern. Wie weit können Sie eine Ladung transportieren? Wie ist es, wenn Sie N Laster haben?

? Simulieren Sie einen siebenseitigen Würfel mit einem fünfseitigen Würfel. Wie würden Sie eine zufällige

Zahl zwischen 1 und 7 generieren, wenn Sie einen fünfseitigen Würfel benutzen?

? Sie haben ein leeres Zimmer und eine Gruppe von Leuten, die davor warten. Ein »Zug« besteht darin, jemanden entweder in das Zimmer hinein- oder jemanden hinauszulassen. Können Sie eine Serie von Zügen arrangieren, die sicherstellt, dass jede mögliche Kombination von Leuten genau einmal in dem Zimmer ist?

? Sie haben einen unendlichen Vorrat an Ziegeln. Sie wollen Sie aufstapeln, sodass jeder Ziegel einen leichten Überhang gegenüber dem aufweist, auf dem er liegt. Was ist der maximale Überhang, zu dem es auf diese Weise kommen kann?

? Sie müssen von Punkt A nach Punkt B gelangen. Sie wissen nicht, ob Sie dorthin kommen können. Was tun Sie?

? Wie finden Sie am Himmel das Paar Sterne, das am engsten zusammenliegt?

KAPITEL 10

Wie man seinen Kopf wiegt

Was zu tun ist, wenn man eine Niete zieht

Bei dem »Big Daddy Burger«-Wettessen, das 2006 im Plaza Hotel und Kasino in Las Vegas abgehalten wurde, sollten die Kandidaten einen Hamburger verdrücken, den man als »größer als der Kopf von David Hasselhoff« anpries. Irgendein Pressesprecher hatte dieses Detail erfunden, weil er dachte, dass irgendwas am Kopf von David Hasselhoff sehr komisch ist. Das Problem war nur, dass niemand genau wusste, wie viel Hasselhoffs Kopf wog. Wahrscheinlich wusste das nicht einmal Hasselhoff selbst. »Wenn wir nicht wissen, wie viel der Kopf von Mr Hasselhoff wiegt, dann ist es unverantwortlich, ihn als Standardgröße zur Bemessung von Burgern zu verwenden«, sagte Richard Shea, der Präsident der International Federation of Competitive Eating (IFCE) in einer schelmischen Pressemitteilung.

Die IFCE lud Hasselhoff ein, sich einem nicht-operativen Wiegen seines Kopfes zu unterziehen. Hasselhoffs Leute winkten ab, und so waren die Organisatoren des Wettbewerbs gezwungen, das Gewicht des Burgers willkürlich auf 9 Pfund festzulegen. Sonya »The Black Widow« Thomas gewann, indem sie einen davon in 27 Minuten hinunterschlang.

Diese höchst merkwürdige Nachrichtenmeldung mag der Hintergrund einer der diabolischsten Interviewfragen der heutigen Zeit sein: »Wie würden Sie Ihren Kopf wiegen?« Die Frage wurde lange in Interviews in Oxford und Cambridge verwendet, und amerikanische Technologie-Firmen haben in den letzten paar Jahren ebenfalls angefangen, sie zu stellen. Im Gegensatz zu den anderen Fragen in diesem Buch ist diese ungeheuer schwierig und es gibt keine wirklich befriedigende Antwort. Es geht dabei größtenteils darum, dem Bewerber die Pistole auf die Brust zu setzen und zu sehen, wie er auf eine unmögliche Forderung und nahezu sicheres Scheitern reagiert.

Bei Amazon findet man eine ähnliche Tradition, bei der ein Interviewer als »Bad Cop« auftritt und unglaublich schwierige Fragen stellt, die außerhalb des Fachgebiets des Kandidaten liegen. Amazon schätzt Generalisten, aber niemand ist ein Universalgenie. Die Kandidaten werden danach beurteilt, wie tapfer sie mit den nahezu unmöglich zu beantwortenden Fragen des »Bad Cop« ringen.

In diesen für Jobsucher verzweifelten Zeiten wurde das zu einer verbreiteten Strategie. Ein weiteres bemerkenswertes Beispiel für diese unmöglichen Fragen lautet:

? Schwimmt man schneller in Wasser oder in Sirup

Wie sich herausstellt, hat bereits Sir Isaac Newton vor über 300 Jahren über diese Frage nachgedacht. Seine Antwort war falsch. Glücklicherweise hat er nie versucht, einen Job in Silicon Valley zu bekommen.

Wie man ein gescheitertes Interview rettet

Ich habe viele Beispiele dafür geliefert, wie man die schwierigen Fragen aktueller Jobgespräche beantworten kann. Früher oder später werden Sie jedoch auf eine Frage stoßen, die Sie nicht beantworten können. Sie muss nicht einmal so schwierig sein wie die oben präsentierten. Wenn Sie mit Ihrem Latein am Ende sind, dann ist es eben so, und es ist kein Trost, dass andere die Fragen leicht finden mögen. Es gibt allerdings eine Möglichkeit, eine unglückliche Antwort zu retten.

Versuchen Sie, die Frage zu beantworten, bis Sie der Interviewer unterbricht. Er sollte wissen, dass man für Innovation Hartnäckigkeit, Intuition und Glück braucht. Sie können zumindest zeigen, dass es Ihnen nicht an Hartnäckigkeit mangelt.

Ihr Ziel sollte sein, betretenes Schweigen zu vermeiden. Schweigen ist für beide Seiten unangenehm und Sie werden in Versuchung geraten, Ihr Leiden zu verkürzen, indem Sie sagen, dass Ihnen nichts einfällt. In den Augen mancher Interviewer sehen Sie dann wie ein Drückeberger aus. Reden ist obendrein gut, weil das Gehirn manchmal dem Mund folgt. Wenn Sie über ein Problem plappern, kann Sie das zu einem Ansatz führen, der Ihnen vielleicht vorher nicht eingefallen wäre.

Die anspruchsvolle Aufgabe ist es zu wissen, was Sie sagen sollen, wenn Sie wirklich keine Antwort haben. Hier ein paar Vorschläge.

Formulieren Sie die Frage um. Stellen Sie die Frage mit Ihren eigenen Worten. Damit können Sie überprüfen, ob Sie die Details richtig verstanden haben. Manchmal wird dadurch klar, dass verdrehte Fragen auf der exakten Formulierung beruhen.

Verdeutlichen Sie. Egal, wie die Frage lautet, Sie können um eine Klärung der Details bitten. (»Wenn Sie sagen, ich schwimme in Sirup, meinen Sie damit eine bestimmte Art wie Ahornsirup oder jede Art von Flüssigkeit, die dicker ist als Wasser?«) So werden Sie Hinweise erhalten, mit welcher Art von Antwort der Interviewer rechnet. Bei interaktiven Fragen, bei denen es darum geht, sämtliche Details des Problems aus dem Interviewer herauszubringen, ist das Fragen nach weiteren Informationen sogar entscheidend.

Beschreiben Sie, warum die offensichtliche Antwort nicht klappt. Diese Fragen sind schwierig, wobei »schwierig« üblicherweise bedeutet, dass die erste Antwort, die einem in den Sinn kommt, nicht funktioniert. (»Ich schätze, mein erster Impuls ist zu sagen, dass ich in Sirup langsamer schwimme. Aber wenn Sirup dicker ist, habe ich auch mehr, wovon ich mich abstemmen kann …«)

Stellen Sie Analogien her. Analogien herzustellen – also mentale Abbildungen zu formen –, ist der Schlüssel zu kreativem Denken. Beschreiben Sie Möglichkeiten, das Problem mit etwas Bekanntem zu vergleichen – oder mit etwas völlig Obskurem. (»Der Unterschied zwischen Schwimmen in Sirup und Schwimmen im Wasser ist etwa so wie der Unterschied, ein Modellflugzeug auf der Erde und auf dem Mond fliegen zu lassen, wo es keine Luft gibt. Was würde auf dem Mond mit einem Modellflugzeug passieren?«) Keine Analogie ist perfekt, sodass Sie auch erwähnen sollten, wie sich Ihre Analogie von dem Problem unterscheidet.

Brainstormen Sie. Mit etwas Glück werden Ihre Analogien Sie auf andere, nicht so offensichtliche Ansätze bringen, mit denen Sie das Problem angehen können. Nicht alle werden »gute« Antworten sein, aber das ist in Ordnung. Es ist besser, viele halb gare Ideen zu liefern als gar keine. Außerdem ist das Brainstormen eine weitere Möglichkeit, nach Hinweisen zu fischen. Selbst die distanziertesten Interviewer helfen Ihnen vielleicht ein bisschen, wenn sie sehen, dass Sie es versuchen.

Kritik. Sie sollten das Problem anhand der Ideen analysieren, die Ihnen beim Brainstormen gekommen sind. Das gibt Ihnen normalerweise genug, worüber Sie reden können, selbst wenn Sie mit Ihrem Latein am Ende sind, und bringt Ihnen vielleicht mehr Hinweise. Idealerweise würden Sie damit zum Schluss kommen zu sagen, welcher Ansatz der vielversprechendste ist.

Wippen, Körper-Scans und Kadaver

Gehen wir eine mögliche Antwort zu dem »Wiegen Sie Ihren Kopf«-Rätsel durch. Eine Umformulierung der Frage könnte lauten: »Sie wollen, dass ich meinen Kopf wiege, dabei eine Waage irgendeiner Art verwende und mein Kopf dabei nicht von meinem Körper entfernt wird.« Das ist korrekt.

Es gibt ein paar Zweideutigkeiten, die sich beseitigen lassen, indem man dem Interviewer Fragen stellt. Die eine ist: »Was genau meinen Sie mit Kopf? Beinhaltet das den Hals oder nur den halben Hals oder hört er direkt unter dem Kiefer auf?«

Eine andere Frage ist, ob Sie Rechnungen oder Schätzungen verwenden dürfen. »Muss die Waage tatsächlich das korrekte Gewicht meines Kopfes registrieren oder kann ich mehrere Messungen vornehmen und das Gewicht auf dieser Grundlage ausrechnen?«

Die Interviewer mögen unterschiedliche Antworten auf die erste Frage geben. Die Pointe ist, dass eine ideale Antwort Sie die Grenze zwischen »Kopf« und »Körper« ziehen lassen würde, wo Sie wollen. Was die zweite Frage betrifft: Das ist keine Fermi-Frage. Sie schätzen nicht das Gewicht *eines* Kopfes ab, sondern versuchen, das tatsächliche Gewicht *Ihres* Kopfes festzustellen. Rechnen ist okay; schätzen nicht.

Die offensichtliche Antwort ist (1), man legt sich auf den Boden und den Kopf auf eine Personenwaage. Oder Sie legen sich auf eine Chaiselongue, sodass Ihr Kopf über den Rand hinausragt und in der Pfanne einer Waage zu liegen kommt, die in passender Höhe aufgestellt ist. Wenn Ihr Nacken völlig entspannt ist und der Körper von einer Stütze getragen wird, würde die Waage das Gewicht Ihres Kopfes, und zwar *nur* Ihres Kopfes registrieren.

Ihnen ist sicher schon klar geworden, dass es nicht so leicht ist (obwohl die IFCE David Hasselhoff etwas in dieser Art vorgeschlagen hat). Die nächste Stufe Ihrer Antwort könnte in einer Kritik dieser Theorie bestehen. Der »Kopf auf der Waage«-Ansatz würde funktionieren, wenn Ihr Hals ein schlaffes Bündel von vernachlässigbarer Schwere wäre, das Kopf und Hals verbindet. In der Realität hat der Hals ein Eigengewicht und kann nicht völlig erschlaffen (immerhin befindet sich darin die Wirbelsäule). Haltung und Nackenspannung könnten das Ergebnis verfälschen – oder auch nicht. Wer weiß?

Ich habe diese Methode in einem Experiment ausprobiert. Ich habe mich auf einen Teppichboden und meinen Kopf auf eine digitale Personenwaage gelegt, deren Oberfläche etwa 2,5 Zentimeter über dem Teppich lag. Das Ergebnis änderte sich stark mit meiner Haltung. Wenn ich auf der Seite lag, bekam ich Ergebnisse, die sich im Durchschnitt auf 9 Pfund beliefen. Auf dem Rücken (die bequemste Position), war das Durchschnittsergebnis 11 Pfund. Auf dem Bauch, mit zur Seite gedrehtem Kopf, war das Ergebnis ungefähr 17 Pfund. In dieser Haltung drückte mein Gesicht unangenehm auf die Waage und ich konnte spüren, dass meine Schultern Gewicht übertrugen.

Ich bin ziemlich sicher, dass das 11-Pfund-Ergebnis nicht weit danebenliegt. Ich bin mir außerdem ziemlich sicher, dass Sie niemals einem Interviewer begegnen werden, der diese Methode ausprobiert hat, deshalb sollten Sie sie nicht als endgültige Antwort präsentieren. Die werden nicht glauben, dass es funktioniert.

Spielen Sie per Brainstorming ein paar Alternativen durch. Hier die verbreitetsten:

(2) **Die Wippe**: Legen Sie sich auf eine Wippe, mit dem Hals genau über dem Drehpunkt und dem Körper auf der anderen Seite. Die Körperseite wird natürlich schwerer sein und den Boden berühren. Geben Sie so lange Gewichte auf die Kopfseite, bis sie die Körperseite genau ausbalanciert. Von da aus können Sie selbst weitermachen.

(3) **Das Karussell**: Damit ist eines der kleinen Rondelle auf Spielplätzen gemeint, das aus einer großen, rotierenden Scheibe

besteht und das die Kinder selbst antreiben. Steigen Sie auf eines und legen Sie Ihren Hals direkt ins Zentrum der Scheibe. Lassen Sie das Karussell von einem Freund antreiben und von ihm präzise Messungen der benötigten Kraft vornehmen. Errechnen Sie das Gewicht Ihres Kopfes aus dem Drehimpuls.

(4) **Der Körper-Scan:** Scannen Sie sich selbst mit Magnetresonanzbildgebung, die auch Massendichte erfasst. Oder benutzen Sie einen der neuen Scanner an Flughäfen, die schwache Röntgenstrahlung verwenden. Errechnen Sie anhand des Ergebnisses das prozentuale Gewicht Ihres Kopfes.

(5) **Der Leichen-Zwilling:** Gehen Sie an eine medizinische Fakultät und finden Sie Ihren Double-Kadaver, eine Leiche, die Ihnen in Größe, Gewicht, Körperbau etc. so ähnlich wie möglich ist. Überzeugen Sie die Anstaltsleitung davon, Sie den Leichnam wiegen zu lassen, den Kopf abzuschneiden und diesen ebenfalls zu wiegen. Das liefert Ihnen den Prozentanteil des Kopfs am Gesamtgewicht des Körpers. Multiplizieren Sie das mit Ihrem Gewicht im unbekleideten Zustand (d. h. angenommen, der Leichnam hat auch keine Kleidung getragen). Wenn Sie das zu schauerlich finden, um darüber nachzudenken, lesen Sie weiter, denn es gibt noch eine Abkürzung.

Sie können diese Antworten kritisieren, besonders da keine von ihnen besonders praktisch ist. Bei den Antworten mit der Wippe und dem Karussell ist die Distanz der Gewichte vom Drehpunkt genauso wichtig wie die Gewichte selbst. So kann ein dickes Kind mit einem dünnen Kind auf der Wippe im Gleichgewicht sein – es muss nur näher am Drehpunkt sitzen. Um das Gewicht Ihres Kopfes auszurechnen, müssten Sie die genaue Gewichtsverteilung in Ihrem Körper von Kopf bis Fuß kennen. Doch das tun Sie nicht.

Sowohl der Kernspin als auch die Flughafen-Scanner liefern Röntgenbilder (im Fall der Flughafen-Scanner gilt das wörtlich), was es dem Personal erlaubt, unter die Kleidung zu schauen und alles zu sehen, was dichter ist als Fleisch. Der Kernspin kann sogar die Dichte von Protonen messen. Das sind hauptsächlich die Wasserstoffatome im Wasser, denn der Körper besteht größtenteils aus Wasser. Es gibt auch Wasserstoffatome in Proteinen und Fetten. Unglücklicherweise sind Wasserstoffatome keine genauen Stellvertreter für Körpermasse. Zähne und Knochen enthalten wenig Wasserstoff, sind aber die dichtesten Materialien im Körper.

Der Körper-Scan-Ansatz klingt wahrscheinlich besser, als er ist. Wenn Sie kein NASA-Budget zur Verfügung haben, könnten Sie dann wirklich die Daten einsehen und das Gewicht herausbekommen? Wie viel Arbeit wäre das, was würde es kosten und wäre es unterm Strich wirklich genauer als die schnelleren, billigeren Lösungen?

Wenn man über gescheiterte Ideen nachdenkt, kommt dabei oft Informatives zustande. Sie werden immer wieder daran scheitern, dass Sie nicht wissen, wie schwer Ihr Kopf in prozentualer Hinsicht auf den ganzen Körper gesehen ist. Und weiter werden Sie auch nicht kommen, es sei denn, Sie haben einen »Heureka«-Moment.

Heureka! (oder nicht)

Die humanistisch Gebildeten unter Ihnen werden sich an die Geschichte erinnern, die den Ursprung des Ausdrucks »Heureka« erklärt. König Hiero II. von Syrakus gab eine goldene Krone für einen Tempel in Auftrag. Er hatte den Goldschmied in Verdacht, einen Teil des ihm zur Verfügung gestellten Goldes durch Silber ersetzt und ihn betrogen zu haben. Hiero bat Archimedes, seinen Hofberater, festzustellen, ob das billigere Metall beigemischt worden war. Das war lange vor der Begründung der chemischen Wissenschaften, aber dennoch wusste man, dass Gold dichter ist als Silber.

Die Krone war unregelmäßig geformt. Man konnte sie nicht mit dem gleichen Goldvolumen ausbalancieren, weil niemand wusste, was das gleiche Volumen war. Archimedes war ratlos und ging in ein öffentliches Bad. Er bemerkte, dass der Wasserspiegel anstieg, als er hineinstieg. Das lieferte ihm die Lösung. Archimedes sprang aus dem Bad, rannte nackt durch die Straßen und schrie: »Ich hab's gefunden!« (»Heureka!«) Archimedes maß das Volumen der Krone, indem er sie in Wasser tauchte. Dadurch konnte er ihre Dichte berechnen. Er bewies, dass die Dichte geringer war als die von purem Gold und überführte den Goldschmied als Betrüger.

Wie bei vielen dieser Geschichten aus der Antike mag es sich auch bei dieser um eine Erfindung handeln. Sie wurde von Vitruv überliefert, der mehrere Jahrhunderte nach Archimedes lebte. Die Begebenheit findet sich jedenfalls nicht in der Abhandlung *Über schwimmende Körper* von Archimedes oder seinen anderen Werken. Ob es nun stimmt oder nicht, die westliche Kultur hat diese Geschichte zum Paradigma dafür erklärt, wie lineares Denken sich in der verrückten Komplexität der Welt verstricken kann.

Sie können eine Analogie zwischen dem Trick von Archimedes und dem vorliegenden Problem herstellen. Bei beiden geht es um Waagen und das Wiegen von etwas mit einer komplexen Form. Versuchen Sie es damit: (6) Stellen Sie einen bis zum Rand mit Wasser gefüllten Kübel auf eine Ablage. Bücken Sie sich und stecken Sie Ihren Kopf in den Kübel. Tauchen Sie Ihren Kopf weit genug hinein, sodass die Wasserlinie an Ihrem Hals mit der imaginären Trennlinie zwischen Ihrem Kopf und Ihrem Körper zusammenfällt. Dadurch wird Wasser auf die Ablage verschüttet. Tauchen Sie wieder auf und messen Sie das Wasser auf der Unterlage. Damit haben Sie das Volumen Ihres Kopfes.

Derselbe Trick (mit einem größeren Behälter ausgeführt) erlaubt es Ihnen, das Volumen Ihres Körpers zu berechnen. Dann wiegen Sie sich auf einer Personenwaage. Teilen Sie Gewicht durch Volumen, um die allgemeine Dichte Ihres Körpers zu errechnen. Multiplizieren Sie das mit dem Volumen des Kopfes, um sein Gewicht festzustellen.

Diese Berechnung geht davon aus, dass die Dichte des Kopfes genauso groß ist wie die des Körpers. Sie könnten den Interviewer fragen, ob diese Annahme in Ordnung ist. Aber seien Sie nicht überrascht, wenn er Nein sagt. Die Dichte des Kopfes ist nicht gleich der Dichte des Körpers.

An diesem Punkt kann man sich leicht in die Irre führen lassen. Das Eintauchen misst das Volumen Ihres Kopfes. Man würde doch annehmen, dass es auch eine Methode gibt, auf seine Dichte zu kommen. Hilflose Kandidaten füllen die Tafeln mit Gleichungen und Diagrammen und ersinnen quälende und noch mehr quälende Auftriebsexperimente. Dabei wird oft umgekehrt gewogen, d. h. der Körper wird an den Füßen aufgehängt und der Kopf befindet sich unter Wasser.

Sparen Sie sich die Mühe. Es geht nicht. Die Auftriebskraft eines untergetauchten Objekts ist abhängig vom Gewicht des verdrängten Wassers. (Das ist ein Prinzip von Archimedes selbst, das er in seiner Abhandlung *Über schwimmende Körper* erwähnt). Das Gewicht des verdrängten Wassers ist wiederum gleich dem Volumen dessen, was das Wasser verdrängt (beispielsweise Ihr Kopf) mal der Dichte des Wassers. Es ist die Dichte des Wassers, nicht die Ihres Kopfes, die hier wichtig ist. Es macht überhaupt keinen Unterschied, ob Ihr Kopf mit Luft gefüllt ist oder mit etwas Dichterem.

Anders als die typischen Knobelaufgaben gibt es bei dieser Frage keine magische Antwort, mit der plötzlich alles ins Lot kommt. Die Beantwortung ist mehr wie die Lösung eines Problems in der realen Welt. Sie müssen intelligente Abwägungen anstellen und bei einem Ergebnis landen, das seinen Zweck erfüllt.

Es gibt Möglichkeiten, die Schätzungen zur Dichte Ihres Kopfes zu verfeinern. Der Körper besteht aus unterschiedlichen Substanzen mit bekannter Dichte. Das ist die Grundlage des Unterwasser-Wiegens, die man benutzt, um die Proportionen von Muskeln und Fett zu messen (was wiederum letztlich auf Archimedes basiert). Die Person sitzt auf einem Stuhl, der an einer Federwaage befestigt ist. Der Stuhl wird ins Wasser gesenkt und die Waage misst, um wie viel die Person im untergetauchten Zustand leichter ist. Standardformeln erlauben es, die relative Proportionalität von Muskeln und Fett zu berechnen.

Luft ist der Platzhalter beim Wiegen unter Wasser. Es ist viel Luft in den Lungen und im Verdauungstrakt. Fast die gesamte Luft liegt unterhalb des Halses. Üblicherweise wird der Betreffende angewiesen, tief auszuatmen, bevor er untergetaucht wird. Niemand kann sämtliche Luft in seinen Lungen ausatmen, und es befindet sich obendrein noch Luft im Magen und im Darm. Man schätzt und subtrahiert diese mittels Standardformeln.

Wenn man solche Formeln benutzt, kann man errechnen, dass die luftfreie Dichte des Körpers größer sein wird – und daher Ihren Kopf besser repräsentiert – als die, die sich bei einem einfachen Untertauchen des Körpers ergeben würde.

Tatsächlich könnten Sie auch gleich den Prozentanteil Ihres Muskel- und Fettgewebes ausrechnen und die Ergebnisse zur Feinabstimmung der Antwort verwenden. Eine ungewöhnliche Physiologie – Bodybuilder, Magersüchtige, Fettleibige – wird sich in der Körperdichte niederschlagen, sollte jedoch keine großen Auswirkungen auf die Dichte des Kopfes haben. (Jemand, der Gewichte stemmt, hat keinen großen Gewichtszuwachs am Kopf.) In solchen Fällen sollten Sie die Dichte an den Durchschnittswert anpassen und das Ergebnis als Dichte des Kopfes verwenden.

Sie sollten stets versuchen, Ihre Antwort zu einem Abschluss zu bringen. Eine gute Möglichkeit ist, die Frage zu stellen, welche der beschriebenen Methoden die genaueste ist. Wenn Sie sich alle Methoden, die ich beschrieben habe, anschauen, dann könnten Sie die Vorzüge der vielversprechendsten Ansätze vergleichen, d. h. Archimedes und den Leichen-Zwilling. In beiden Fällen beginnen Sie mit Ihrem Gewicht auf der Personenwaage (leicht und genau zu ermitteln) und multiplizieren es mit einer Verhältniszahl, die man aus zwei recht exotischen Messungen gewinnt. Bei der Archimedes-Antwort ist es das Volumen Ihres Kopfes in Verhältnis zum Körper, abgeleitet aus zweifachem Untertauchen; beim Leichen-Zwilling ist es das Gewicht Ihres Kopfes im Verhältnis zum Körper, das aus zweimaligem Wiegen gewonnen wird. Idealerweise würde man diese beiden Verhältnisse noch so anpassen, dass Luft und Körperbau (Archimedes) mitberücksichtigt sind oder auch Veränderungen in der Gewichtsverteilung, die durch Tod und Lagerung eintreten (Leichen-Zwilling). Bei beiden Anpassungen wird man raten müssen. Es lässt sich vernünftigerweise annehmen, dass die Methode mit dem Leichen-Zwilling die exaktere ist. Einen Körper zu wiegen, der sich nicht bewegt, sollte genauer sein als ein Tauchexperiment mit einem Körper, der sich bewegt und vielleicht auftauchen muss, um Luft zu holen, bevor das Wasser zur Ruhe gekommen ist.

Mancher von Ihnen wird sich an einen Satz aus dem Film *Jerry Maguire* erinnern, der fällt, als Ray Jerry fragt: »Wusstest du, dass ein menschlicher Kopf 8 Pfund wiegt?« Das beweist, dass man sein Faktenwissen nicht aus Filmen beziehen sollte. 8 Pfund wären leicht für einen Amerikaner von durchschnittlicher Statur. Danny Yee von der Abteilung für Anatomie und Histologie von der Universität Sydney fragte die die Abteilung für Sezierungen und bekam folgende Antwort: »Der Kopf eines ausgewachsenen menschlichen Leichnams, der am Rückenwirbel C3 abgetrennt wird, wiegt ohne Haare zwischen 4,5 und 5 Kilogramm und bildet somit etwa 8 Prozent der Gesamtkörpermasse.« Auch wenn niemand von Ihnen erwartet, diesen Prozentanteil zu kennen, können Sie dem Interviewer sagen, dass diese Tatsache der Medizin bekannt sein muss und sich durch Googeln finden lässt – was der Wahrheit entspricht. Wenn Sie 150 Pfund wiegen, wiegt Ihr Kopf etwa 8 Prozent davon, d. h. 12 Pfund.

Es gibt keine Regeln

Die Frage nach dem Gewicht des eigenen Kopfes grenzt an eine Selbstparodie. Denn der Zweck der umfassenden Jobinterviews der heutigen Zeit besteht ja praktisch darin, die Inhalte Ihres Kopfs zu wiegen. Das ist ein Spiel, bei dem sich der Interviewer und der Interviewte gleichermaßen machtlos fühlen und die Grenze zwischen Beurteilung und Ausbeutung verwischt.

Lassen Sie mich mit dem wichtigsten Rat im ganzen Buch zu Ende kommen. Sie können Ihre Leistung bei kniffligen Interviewfragen verbessern, wenn Sie sich das Prinzip von Versuch und Irrtum zu eigen machen.

Die meisten Leute schaffen das nicht. Sie stellen sich vor, dass es bei der Art von Fragen, wie ich sie in diesem Buch vorgestellt habe, nur um logische Ableitungen geht oder um das Wissen einiger obskurer Fakten, die zufällig gelten, oder dass man gar ein Genie voller Kreativität sein muss. Sie erwarten einen mehr oder weniger direkten Weg von der Frage zur Antwort. Wenn Sie in ihrer Gedankenkette stattdessen auf eine Sackgasse stoßen, sehen sie das als Scheitern an. Wegen dieser falschen Erwartungen können Sackgassen einen unproportional heftigen psychologischen Effekt haben, wie etwa seltsam platzierte Hindernisse auf einem Golfplatz. Der Bewerber verfällt in eine Schockstarre, von der er sich nicht mehr erholt.

Heutzutage wird angenommen, dass Kreativität Versuch und Irrtum beinhaltet. Die neueste Mode in der Kreativitätsforschung ist die ultimative Form des Kopfwiegens – der Kernspin-Gehirn-Scan. Scans scheinen die Unterscheidung von Kreativität und Intelligenz zu bestätigen. Die Gehirne von Menschen, die bei psychologischen Kreativitätstests ausnehmend gut abschneiden, funktionieren in manchen Situationen langsamer als die Gehirne von Leuten mit geringerer Kreativität. »Das Gehirn scheint eine effiziente Autobahn zu sein, die einen von Punkt A nach Punkt B bringt«, erklärt Rex Jung vom Mind Research Network in Albuquerque. »Aber in den Gehirnregionen, die mit Kreativität in Verbindung stehen, gibt es offenbar viele kleine verschlungene Seitenwege, die interessante Abstecher ermöglichen.« Jung vermutet, dass dieses langsamere Feuern der Nerven »es erlauben könnte, disparatere Ideen zu verknüpfen, was mehr Neuartigem und Kreativem Raum schafft«.

Unser Geist ist darauf ausgelegt, die offensichtlichen Lösungen für Probleme zu finden. Die offensichtlichen Lösungen sind im Normalfall auch richtig – nur eben dann nicht, wenn sie es nicht sind. Dann bezeichnet man das Problem als »schwierig«. Die Fragen in diesem Buch sind schwierig in dem Sinne, dass wir mit vernünftigen Ansätzen nicht immer weiterkommen. Sie beantworten sie, indem Sie nicht so offensichtliche Ansätze durchgehen und überprüfen, welcher am besten funktioniert. Kreativität kann harte Schufterei sein und manch einer findet das langweilig. Die sogenannten Kreativen sind jene, denen nicht langweilig wird oder die zumindest motiviert genug sind weiterzumachen. Es gibt keinen magischen Algorithmus zum Lösen eines unbekannten Problems. »Verdammt, hier gibt es keine Regeln«, wie Thomas Edison es formuliert hat. »Wir versuchen hier, etwas zu erreichen.«

In der aktuellen Interviewkultur ist ein ähnlicher Skeptizismus verwurzelt hinsichtlich etablierter Jobbeschreibungen, Organisationstabellen, Industrien, ja selbst in Hinsicht auf menschliche Beziehungen. Unsere ständig im Wachsen begriffenen Kommunikationsnetzwerke sind Maschinen kreativer Zerstörung, mit der Macht, Geschäftspläne zu erschaffen und zu vernichten. Es ist ein Axiom, dass in fünf Jahren alles komplett anders sein wird. Es wird neue Regeln geben, neue Möglichkeiten, Geld zu verdienen, neue Lebensarten. Dieses fieberhafte Ethos hat aufseiten der Arbeitgeber zu einer Ablehnung fester Fertigkeiten und Qualifikationen und stattdessen zu einer Wertschätzung des verführerischen Konzepts von geistiger Flexibilität geführt. Manchmal muss man sich allerdings fragen: Flexibilität *wozu*? Wie anders kann die Welt in fünf Jahren denn sein?

Das ist ein Rätsel, an dem wir noch immer knobeln. In der Zwischenzeit sind die Leute, die bei den mentalen Spielchen in den heutigen Interviews erfolgreich sind, jene, die es verstehen, Fehltritte wegzustecken – sich zu entspannen und eine Möglichkeit zu finden, das Erkunden neuer Ideen zu genießen. Vielleicht geht es bei Erfolg nicht so sehr darum, klüger zu sein, sondern darum, weniger Ansprüche zu stellen. Und Durchhaltevermögen ist ein großer Teil von Kreativität. Das ist die unausgesprochene These der heutigen Interviewqualen. Um es mit den Worten eines früheren Interviewers von Google zu sagen: »Das Ziel ist es herauszufinden, wo den Kandidaten die Ideen ausgehen.«

Lösungen

Bei einem normalen Logikrätsel gibt es eine einzige richtige Antwort. Bei vielen der interessantesten Interviewfragen von heute ist es nicht so einfach. In diesem Lösungsteil weise ich auf gute und weniger gute Antwortmöglichkeiten hin und erkläre den Unterschied. Oft gibt es auch andere gute Antworten, die hier nicht genannt werden. Wenn Sie eine bessere haben, dann nur zu.

Kapitel 1

- Sie werden auf die Größe eines 5-Cent-Stücks geschrumpft und in einen Mixer geworfen. In 60 Sekunden fangen die Klingen an zu schwirren. Was tun Sie?

Diejenigen von Ihnen, die in der Physikstunde aufgepasst haben, werden sich an die Formel für die Energie eines Projektils erinnern: $E = mgh$. E ist die Energie (sagen wir von einer Feuerwerksrakete), m ist die Masse, g ist die Beschleunigung der Schwerkraft und h ist die Höhe, die die Rakete erreicht. Die Höhe nimmt direkt proportional mit der Energie zu (solange die Masse gleich bleibt).

Stellen Sie sich vor, Sie kleben zwei Raketen zusammen und zünden sie gleichzeitig an. Fliegt diese Doppelrakete höher? Nein. Sie hat zwar die doppelte Brennstoffenergie, aber auch die doppelte Masse, die der Schwerkraft entgegengehoben werden muss. Das lässt die Höhe h unverändert. Dasselbe Prinzip gilt für geschrumpfte Menschen, die springen. Solange Muskelenergie und Masse proportional schrumpfen, sollte die Sprunghöhe gleich bleiben.

? Dauert ein Hin- und Rückflug mit dem Flugzeug bei Wind länger, weniger lang oder genauso lang?

Die normale Reaktion aus dem Bauch heraus ist, dass sich die Windeffekte ausgleichen. Gegenwind verlangsamt einen auf dem Hinflug und wird auf dem Rückflug zu Rückenwind, was es Ihnen ermöglicht, die Zeit aufzuholen. Das ist so weit korrekt. Die Frage ist: Ist die Zeit für den Hin- und Rückflug *genau* gleich?

Nehmen wir an, Sie machen eine Flugreise von San Francisco nach Washington und zurück, mit einer Geschwindigkeit von 965 km/h. Und zufällig hat irgendein Effekt der globalen Erwärmung einen konstanten, 965 km/h schnellen Jetstream, der von San Francisco nach Washington weht, erzeugt. Das ist toll für die Reise nach Osten. Der Hyper-Hurrikan-Rückenwind verdoppelt die Grundgeschwindigkeit und ermöglicht es dem Flugzeug, in der halben Zeit, die man sonst benötigen würde, in Washington anzukommen.

Aber der Rückflug ist der Killer. Das Flugzeug hat einen 965 km/h starken Gegenwind. Egal, wie sehr der Pilot aufs Gas drückt, dagegen kommt das Flugzeug nicht an. Selbst wenn das Flugzeug abhebt, ist seine Grundgeschwindigkeit null. (»Nun, hier muss man nämlich so schnell rennen, wie man kann, um auf der Stelle zu bleiben«, sagte die rote Königin zu Alice in *Alice hinter den Spiegeln*). Das Flugzeug kommt nie zurück nach San Francisco. Der »Rückflug« dauert unendlich lang, somit also auch der ganze Hin- und Rückflug.

In diesem extremen Fall ist die Zwickmühle leicht zu verstehen. Bei einem fünfstündigen Flug können Sie dank Rückenwind höchstens fünf Stunden sparen. Ein Gegenwind kann Sie eine Ewigkeit kosten. Dieses grundlegende Prinzip gilt, egal, wie schnell oder langsam der Wind ist. Ein 480 km/h-Wind würde einen fünfstündigen Flug um 1,67 Stunden verkürzen, aber den Rückflug um fünf Stunden verlängern. Ein konstanter Wind verlängert stets die Zeit bei einem Hin- und Rückflug.

Sie könnten auch noch über Seitenwind reden. Stellen Sie sich vor, der Wind weht aus Norden, im Winkel von 90 Grad zu Ihrer Flugroute von San Francisco nach Washington. Würden Sie diesen Wind ignorieren und den üblichen Kurs fliegen, würde er das Flugzeug während des gesamten Fluges nach Süden drücken und es würde irgendwo südlich von Washington herauskommen. Um den Seitenwind zu korrigieren, müssen Sie einen Kurs, der leicht nördlich von Washington verläuft, setzen, in den Wind hinein. Das bedeutet, dass ein Teil der Geschwindigkeit des Flugzeugs gegen den Wind ankämpft, und reduziert somit ein wenig die Komponente für den Flug nach Osten. Der Trip dauert etwas länger. Beim Rückflug haben Sie denselben Seitenwind und müssen daher genauso korrigieren. Beide Flüge dauern länger.

Im Allgemeinen würden Sie wohl weder erwarten, dass der Wind genau in die Richtung Ihres Fluges bläst, noch genau im Winkel von 90 Grad zu Ihrem Kurs. Die Richtung sollte irgendwo dazwischenliegen. Sie können die Windgeschwindigkeit auf die Gegenwind-Rückenwind-Seitenwind-Komponenten herunterbrechen. Es geht darum, dass beide Komponenten die Zeit für den Hin- und Rückflug verlängern. Der beste Wind für Reisende auf einem Hin- und Rückflug ist gar kein Wind.

? Was kommt in der folgenden Serie als Nächstes?

GGG, GBB, B, GB

Das sind die Buchstaben des Alphabets in einem bescheuerten Code. A, als Großbuchstabe, besteht aus drei geraden Linien. Im

Code also GGG. Das große B ist eine gerade Linie und zwei Bögen, also GBB. Das C ist nur ein Bogen, also nur B.

D ist eine gerade Linie und ein Bogen. Das bringt uns zum nächsten Term, der den Buchstaben E repräsentieren muss. Das sind vier gerade Linien, also GGGG.

Die Frage ist mittlerweile recht beliebt bei Amazon, aber wahrscheinlich zu inspirationsabhängig, um einen guten Test darzustellen. Viele kluge Menschen denken an Binärcode und andere Konzepte, die allesamt Sackgassen darstellen.

> **?** Sie und Ihr Nachbar veranstalten am selben Tag einen Straßenflohmarkt. Sie beide planen, den exakt gleichen Gegenstand zu verkaufen. Sie möchten ihn für 100 Dollar verkaufen. Ihr Nachbar hat Sie informiert, dass er seinen für 40 Dollar anbieten wird. Die Gegenstände sind in gleich gutem Zustand. Was tun Sie, angenommen, Sie und Ihr Nachbar sind besonders gut aufeinander zu sprechen?

Der Satz, der Ihnen sagt, dass Sie nicht unbedingt im besten Einvernehmen mit Ihrem Nachbarn leben, sollte Ihnen klarmachen, dass man eine strategische Antwort von Ihnen erwartet – genauso wie die Tatsache, dass diese Frage regelmäßig von den aggressiveren Häusern an der Wall Street gestellt wird.

Gehen Sie davon aus, dass Ihre Zeit kostbar ist. Sie haben am Wochenende Besseres zu tun, als ständig Flohmärkte abzuhalten. Deshalb versuchen Sie, die Preise für Ihre Sachen so festzulegen, dass eine hohe Wahrscheinlichkeit besteht, sie zu verkaufen. Am Ende des Tages wollen Sie so ziemlich alles los sein.

Wenn man davon ausgeht, dass dasselbe Prinzip für Ihren Nachbarn gilt, dann herrschen offenbar wirklich unterschiedliche Meinungen bei Ihnen beiden darüber, wie viel der fragliche Gegenstand wert ist. Gesetzt, dass zumindest eine Person willens ist, 40 Dollar dafür zu zahlen, kann sich der Nachbar darauf verlassen, ihn zu verkaufen, was Ihre Chancen senkt, Ihren loszu-werden. Ihre Sorge ist, dass es nur eine Person gibt, der das Geld so locker sitzt, dass sie 100 Dollar ausgeben würde, doch diese Person wird von Ihrem Nachbarn kaufen, nicht von Ihnen.

Die freundliche Lösung sieht so aus, dass Sie Ihren Nachbarn zur Seite nehmen und sagen: »Jetzt denk mal nach, ein tadelloser Wookie in der Originalverpackung ist 100 Dollar wert. Schau dir das mal auf eBay an. Du verzichtest auf deinen Gewinn, wenn du ihn für 40 Dollar verkaufst.« Das mag Ihren Nachbarn überzeu-gen, den Preis auf 100 Dollar anzuheben. Aber dieser Plan gilt nicht als besonders gute Antwort. Stellen Sie sich vor, der Typ, dem das Geld locker sitzt, findet zwei identische Gegenstände für 100 Dollar im Angebot. Die Wahrscheinlichkeit, welchen von beiden er nimmt, liegt immer noch nur bei 50 : 50.

Ironischerweise kann es sein, dass Sie besser dran sind, wenn Ihr Nachbar den Preis noch weiter senkt. Wenn der Nachbar den Gegenstand an die erste Person, die vorbeikommt, loswerden will, dann müssten Sie sich darüber keine Gedanken mehr ma-chen. Sie wollen ihn einfach nur vom Markt kriegen, egal wie.

Sie könnten dem Nachbarn anbieten, ihm etwas dafür zu zah-len, dass er seinen Gegenstand nicht anbietet. Es ist schwer zu sagen, ob er sich darauf einlassen würde. Vielleicht würde er sich von dem Angebot beleidigt fühlen und versuchen, einen irratio-nal hohen Preis aus Ihnen herauszupressen. Eine bessere Lösung ist: Kaufen Sie einfach den Gegenstand des Nachbarn.

Warum? Zunächst einmal wird es ihn freuen, seinen Gegen-stand sofort verkaufen zu können. Er wird sich höchstwahr-scheinlich nicht beleidigt fühlen oder versuchen, den Preis anzu-heben. Sie können feilschen, so wie jeder andere Käufer, und bekommen ihn vielleicht für weniger als 40 Dollar.

Warum würden Sie das Ding haben wollen? Wenn Sie etwas für 100 Dollar anbieten, dann erhoffen Sie sich einen anständigen Profit davon, der Sie für die Zeit, die Sie für den Verkauf aufge-wendet haben, und die so entstandene Möglichkeit, dass er sich gar nicht verkauft, entschädigt. Alles, was die Chance vermindert, dass Sie den Gegenstand verkaufen, kostet Sie im Endeffekt einen deutlichen Anteil dieser 100 Dollar. Die Zahlen in diesem Rätsel sind so gewählt, dass der Preis des Nachbarn dem ökonomischen Schaden vergleichbar wird, den er bei Ihnen anrichtet. Indem Sie den Gegenstand kaufen, erwerben Sie sich das Recht, ihn vom Markt zu nehmen, so dies Ihre Zwecke fördert, und das Recht, ihn zu jedem Preis zu verkaufen, bei dem der Markt mitspielt. Alles, was Sie am Verkauf des zweiten Gegenstands verdienen, ist reiner Überschuss.

Der beste Plan ist, den zweiten Gegenstand zu verstecken, bis der erste verkauft ist. Dann bieten Sie den zweiten zu einem reduzierten Preis an, je nachdem, wie spät es bis dahin geworden ist.

? Sie stellen ein Glas Wasser auf die Drehscheibe eines Plattenspielers und fangen an, langsam die Geschwindigkeit zu erhöhen. Was passiert zuerst: Gleitet das Glas herunter, kippt es um oder schwappt das Wasser über?

Diese Frage wird bei Apple gestellt. Die meisten Leute kapieren, dass es dabei um die Fliehkraft geht. Ebenso wichtig ist die Reibungskraft. Es ist die Reibung zwischen dem Glas und dem Plattenteller, die das Glas in Bewegung versetzt.

Stellen Sie sich eine Welt ohne Reibung vor, um diesen Punkt zu verstehen: Alles ist glitschiger als Teflon, unendlich glitschig. Dann hätte das Experiment in der Frage keine Auswirkungen auf das Glas. Der Plattenteller würde mühelos unter dem Glas durchgleiten und das Glas würde sich nicht bewegen. Das entspricht dem ersten Newton'schen Gesetz: Unbewegte Objekte verharren auf der Stelle, wenn keine Kraft auf sie wirkt. Ohne die Reibungskraft wird sich das Glas nicht bewegen.

Nun stellen Sie sich vor, was passiert, wenn man das Glas mit Superhaftkleber am Plattenteller befestigt, was effektiv unendliche Reibung zwischen den beiden Oberflächen erzeugt. So müssten Glas und Plattenteller als Einheit rotieren. Wenn man die Geschwindigkeit erhöht, bewegt sich auch das Glas schneller. Das erzeugt Zentrifugalkraft. Das Einzige, was auf die Kraft reagieren kann, ist das Wasser, weil es nicht festgeklebt ist. Sobald sich das Glas schnell genug dreht, schwappt das Wasser auf der Außenseite über, weg vom Rotationszentrum.

Die Frage ist so gestellt, dass der Fall zwischen den beiden Extremen liegt. Zuerst wird die Reibung noch ausreichen, um das Glas auf der Stelle zu halten. Es wird gemeinsam mit dem Plattenteller rotieren und eine leichte Zentrifugalkraft erzeugen. Wenn der Plattenteller schneller rotiert, nimmt diese zu. Die Reibung, die das Glas auf der Stelle hält, bleibt annähernd gleich. Daher muss schließlich der Punkt kommen, an dem die Zentrifugalkraft die Reibungskraft überwindet.

Jene, die Physik studiert oder viel Zeit auf Spielplatzrutschen verbracht haben, werden sich erinnern, dass ein Objekt, das zu rutschen beginnt, weniger Reibung erfährt als im Stillstand. Oben auf der Rutsche »kleben« Sie noch ein bisschen, und plötzlich rutschen Sie davon. Dasselbe gilt für den Plattenspieler. Statt allmählich zu beschleunigen, wird das Glas erst »kleben« und dann rutschen.

Was passiert dann? Die Antwort lautet: Das hängt von der Form des Glases ab sowie davon, wie voll es ist. Das ist nun kein billiger Versuch, der Frage auszuweichen. Sämtliche folgenden Resultate sind realistisch:

1. Füllen Sie das Glas bis zum Rand. Schon die kleinste Zentrifugalkraft wird den Wasserspiegel an der Außenseite des Glases anheben und dafür sorgen, dass etwas herausschwappt. Das passiert noch, während das Glas »klebt«, also bevor es ins Rutschen gerät.

2. Benutzen Sie ein äußerst kurzes »Glas«, eine Petrischale mit einem Tropfen Wasser darin. Das Glas wird weder umkippen noch wird es sich so schnell bewegen, dass der eine Wasser-

tropfen nach oben steigt und herausschwappt. Vielmehr wird die Petrischale einfach vom Plattenteller hinabgleiten, sobald dieser sich schnell genug bewegt.

3. Benutzen Sie ein ausnehmend hohes Glas wie etwa ein Reagenzglas mit flachem Boden. Die Zentrifugalkraft wirkt effektiv auf den Schwerpunkt. Da dieser so hoch liegt und die gesamte Reibung ganz unten wirkt, wird das Reagenzglas eher umfallen als vom Plattenteller gleiten.

Die Oberfläche des Plattentellers macht ebenfalls einen Unterschied. Ein Plattenteller aus Gummi erhöht die Reibung, womit Überschwapp- und Kippszenarios bevorzugt werden, wenn alles andere gleich bleibt. Ein glatter, harter Plastik-Plattenteller begünstigt Wegrutschen.

Kapitel 2

? Es ist schwierig, sich an das zu erinnern, was man gelesen hat, besonders nach vielen Jahren. Wie würden Sie dieses Problem angehen?

In ein paar Jahren wird praktisch alles, was man lesen kann, auf irgendwelchen digitalen Schirmen stehen. Es ist möglich, sich einen persönlichen Leseassistenten vorzustellen, der alles, was man gelesen hat, festhält, und zwar auf jedem Gerät – von E-Mails und Tweets bis hin zu E-Books und Magazinen. Dieser Assistent oder seine Daten würden von Hardwaregerät zu Hardwaregerät wandern und Ihnen Ihr ganzes Leben hindurch folgen.

- Der Assistent würde sämtliche Texte indizieren, sodass Sie eine Stichwortsuche durchführen könnten.
- Der Assistent würde es Ihnen ermöglichen, die Dinge mit Anmerkungen zu versehen, egal, wo Sie sie lesen (wie etwa

bei E-Book-Lesegeräten). Die einfachste Anmerkung wäre eine Hervorhebung, die im Wesentlichen bedeuten würde: »Daran will ich mich später erinnern!« Die hervorgehobenen Passagen sollten bei Suchen besonderes Gewicht erhalten. Man sollte außerdem in der Lage sein, die Texte der Anmerkungen zu durchsuchen.

- Der Assistent könnte eine Standardfunktion der Google-Suche oder ihren zukünftigen Gegenstücken werden. Wenn sich Google an den Zeitungsartikel »erinnert«, den Sie im letzten Oktober gelesen haben, und (durch Google Books) dann auch noch an alles in vielerlei Büchern, kann die Fülle der Treffer bei einer Suche überwältigend werden. Wenn Google (dank dieses Assistenten) zurückverfolgen kann, was Sie gelesen haben, könnten Sie die Suche durch »Gelesenes« filtern.

- Sie können nach etwas suchen, von dem Sie wissen, dass Sie es vergessen haben, aber nicht nach etwas, das Sie total vergessen haben oder an das Sie nicht denken. Vielleicht haben Sie während Ihrer Universitätszeit sämtliche Kurzgeschichten von Nikolai Gogol gelesen und fanden sie großartig, erinnern sich jedoch kaum noch an die Charaktere, die Handlung oder seine Ausdrucksweise. Der Assistent könnte dieser Tatsache Rechnung tragen, indem er Sie regelmäßig an die markierten Passagen erinnert, sprich an jene, die Sie damals für erinnerungswürdig gehalten haben. Vielleicht hätte der Assistent sogar ein Konto bei Twitter und würde manchmal willkürliche Schnipsel von Material posten, an das Sie sich gern erinnern würden, auf das zurückzukommen Sie jedoch keine Zeit haben.

- Der Assistent würde sich zudem an »Podcasts« erinnern, an Filme und Fernsehshows – vorausgesetzt, es existieren Transkripte oder Untertitel (oder man könnte diese irgendwie generieren).

? An einem Flussufer befinden sich drei Männer und drei Löwen. Sie müssen alle auf die andere Seite tragen, haben aber nur ein einzelnes Boot, das bloß zwei Wesen (Mensch oder Löwe) gleichzeitig befördern kann. Sie dürfen nicht zulassen, dass die Löwen auf einer Seite des Flusses zahlenmäßige Überlegenheit haben, weil sie sonst die Männer fressen. Wie bekommen Sie alle hinüber?

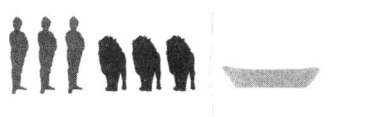

Es gibt verschiedene denkbare Passagierlisten für den ersten Trip, nämlich: ein Mann; ein Löwe; zwei Mann; zwei Löwen.

Löwen können nicht rudern oder Segel setzen. (Sie wären überrascht, wie vielen Leuten das entgeht.) Das Boot ohne einen Menschen an Bord käme gar nicht erst los. Das verbietet also die Optionen ein Löwe und zwei Löwen.

Ein Mann und zwei Mann gehen ebenfalls nicht: Damit wäre der dritte Mann am diesseitigen Ufer in der Unterzahl.

Damit ist nur noch ein gangbarer Weg für den ersten Trip möglich, nämlich ein Mann und ein Löwe. Die beiden fahren ans andere Ufer.

Was nun? Bis das Boot nicht wieder am anderen Ufer ist, passiert gar nichts und selbst hinüberfahren wird es sich nicht. Der Löwe kann es ebenfalls nicht fahren. Das bedeutet, dass der Mann allein zurückmuss.

Schauen Sie sich jetzt die Optionen für den nächsten Trip an. Sie können nicht zwei Männer hinüberschicken, weil damit der eine in der Unterzahl wäre. Die einzigen ungefährlichen Möglichkeiten sind Mann und Löwe oder Mann allein. Aber einen Mann allein rüberzuschicken, wäre sinnlos, er müsste einfach wieder umdrehen und zurückkommen. Also schicken Sie einen Mann und einen Löwen hinüber. Der Mann schubst den Löwen aus dem Boot und kehrt sofort zurück, weil er sonst allein an einem Ufer mit zwei Löwen wäre.

Damit haben wir zwei Löwen auf dem jenseitigen Ufer. Sobald der Mann zurück ist, sind alle drei Männer auf dem diesseitigen Ufer, zusammen mit einem Löwen.

Bisher war jede Handlung notwendig. Der nächste Trip stellt uns vor eine echte Entscheidung. Wir können entweder zwei Mann oder einen Mann und einen Löwen schicken.

Im letzteren Fall würde der Mann wieder den Löwen loswerden und sofort zurückfahren. Das würde zu einer toxischen Löwen-

überzahl führen. Mit drei Löwen am anderen Ufer gäbe es keine
Möglichkeit mehr, dort noch jemals einen oder zwei Männer landen zu lassen. Vergessen Sie das.

Schicken Sie stattdessen zwei Mann ans jenseitige Ufer. Da diese den Löwen nicht zahlenmäßg unterlegen sind, können sie aus
dem Boot steigen und sich die Beine vertreten.

Die Rückfahrt muss entweder von zwei Mann (was die letzte
Fahrt sinnlos machen würde) oder einem Mann und einem Löwen angetreten werden. Es kann nicht nur ein Mann sein, weil
damit der andere wieder in der Unterzahl wäre. Also kehren ein
Mann und ein Löwe zurück ans andere Ufer.

Bei der Fahrt danach wollen wir nicht Wasser treten und den
Mann und den Löwen zurückschicken. Also ist der einzig sichere
Weg, zwei Mann hinüberzuschicken:

Schicken Sie jetzt einen einzelnen Mann zurück, um einen Löwen zu holen. Er kann nicht aussteigen, weil er dann zwei zu eins

in der Unterzahl wäre, aber er kann sich einen Löwen schnappen oder ihn ins Boot locken, möglicherweise mit einem Stück Fleisch.

Sobald der Löwe im Boot ist, bringt ihn der Mann ans jenseitige Ufer.

Dann kehrt der Mann zurück und holt den letzten Löwen. Dieses Mal kann er, wenn er will, an Land gehen.

Schließlich fahren der Mann und der Löwe ans jenseitige Ufer. Damit sind alle fünf Säugetiere am anderen Ufer, und das mit fünfeinhalb Hin- und Rückfahrten.

Dieses Rätsel ist die politisch korrekte Variante eines Rätsels, das bei frühen Forschungen in Sachen künstlicher Intelligenz eine Rolle spielte. 1957 enthüllten Allen Newell und J. Clifford Shaw von der RAND Corporation und Herbert Simon vom Carnegie Institute of Technology im Rahmen der Forschung über künstliche Intelligenz den »General Problem Solver«, eine Software, mit der eine allgemeine Problemlösungsmethode gefunden werden sollte. Die Schöpfer hatten Leute gebeten, Logikrätsel zu lösen und dabei ihren Denkprozess zu erläutern. Die Computerwissenschaftler brachen diese Techniken herunter und codierten sie in Form des »General Problem Solvers«. Eines der Testprobleme beinhaltete die Situation, in der drei Kannibalen und drei Missionare einen Fluss überqueren. Von der Besetzung abgesehen, ist es identisch mit der Interviewfrage.

Im weitesten Sinne sind diese Rätsel viel älter als das hier präsentierte. Alkuin von York verfasste im 8. Jahrhundert eine berühmte Rätselsammlung namens Propositiones ad acuendos iuvenes (Probleme zur geistigen Schärfung der Jünglinge), darunter eines, bei dem ein Mann einen Fluss mit einem Wolf, einer Ziege und einem Korb Kohlköpfe überqueren muss. Wahrscheinlich war das Rätsel damals schon alt.

? Messen Sie genau 9 Minuten, lediglich unter Verwendung einer 4-Minuten- und einer 7-Minuten-Sanduhr.

Mit einer 4-Minuten-Sanduhr lassen sich leicht 4 Minuten, 8 Minuten, 12 Minuten und so weiter messen. Die 7-Minuten-Sanduhr liefert jedes Vielfache von 7. Weitere Zeiten können Sie natürlich einfach messen, indem Sie die beiden Sanduhren »addieren« – Sie kippen die eine genau dann, wenn die andere fertig ist. Lassen Sie die 4-Minuten-Sanduhr auslaufen, dann starten Sie die 7-Minuten-Sanduhr. Das liefert Ihnen 11 Minuten insgesamt. Ähnliche Strategien messen 15 Minuten (4 + 4+ 7), 18 Minuten (4 + 7 + 7) und so weiter.

Diese Methode bringt Ihnen nicht die gewünschten 9 Minuten. Aber es gibt noch einen Trick, die »Subtraktion«. Kippen Sie beide Sanduhren gleichzeitig. Sobald die 4er-Uhr durchgelaufen ist, legen Sie die 7er-Uhr auf die Seite, um den Sand zu stoppen. Dann haben Sie noch Sand für 3 Minuten in der einen Kugel. Das klingt vielversprechend. 9 ist 3 x 3. Aber denken Sie daran: Wenn Sie die 3 Minuten Sand »aufgebraucht« haben, dann ist der Sand weg. Sie haben wieder die ganzen 7 Minuten Sand in einer Kugel. Sie können natürlich den ganzen Prozess zweimal wiederholen, aber das erlaubt es Ihnen nicht, 9 Minuten am Stück zu messen.

Abhilfe schaffen lässt sich mit einem Trick, den man als »Klonen« bezeichnen könnte. Starten Sie beide Uhren bei 0 Minuten. Wenn das 4-Minuten-Glas durchgelaufen ist, drehen Sie es um. Wenn die 7er-Uhr abgelaufen ist, drehen Sie beide Uhren um. Die 4er-Uhr, die noch 1 Minute zu laufen hatte, hat nun nach dem Umdrehen noch 3 Minuten. Wenn diese 3 Minuten um sind, drehen Sie wiederum das 7er-Glas um. Es hat dann noch Sand für 3 Minuten (Sie haben die 3 Minuten, die noch in der kleineren Uhr waren, »geklont«.) Das liefert Ihnen 9 Minuten am Stück.

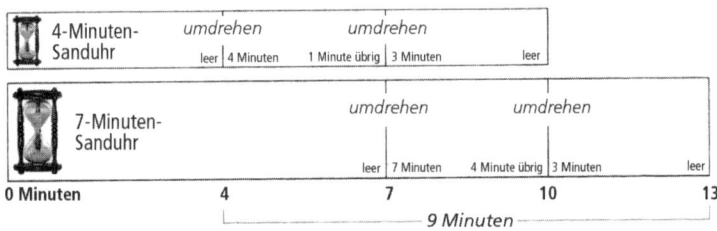

Diese Antwort ist gut, aber nicht die beste. Sie macht eine 4-minütige Vorbereitungszeit erforderlich (um Sand für 3 Minuten in die eine Kugel der 7er-Uhr zu bekommen). Das Schema erfordert also 13 Minuten, um 9 Minuten zu messen. Würden Sie eine Eieruhr kaufen, die 4 Minuten zum Aufwärmen braucht?

Es gibt eine Lösung, die es erlaubt, sofort mit dem Timen zu beginnen. Starten Sie beide Sanduhren bei 0 Minuten. Dann spulen Sie vor zum Zeitpunkt 7 Minuten später. Das 7er-Glas ist gerade ausgelaufen, und die 4er-Uhr ist bereits einmal ausgelaufen und (vermutlich) wieder umgedreht worden. Es sollte noch Sand für genau 1 Minute im oberen Glas sein.

Alles, was Sie tun müssen, ist, diese 1 Minute zu klonen. Drehen Sie nach 7 Minuten die 7er-Uhr um. Lassen Sie sie 1 Minute laufen (das messen Sie durch den verbleibenden Sand in der 4er-Uhr). Damit haben wir 8 Minuten. Das 7-Minuten-Glas hat dann noch Sand für 1 Minute in der unteren Kugel. Drehen Sie die 7er-Uhr um und lassen Sie den Sand zurücklaufen. Wenn das letzte Körnchen gefallen ist, sind es genau 9 Minuten.

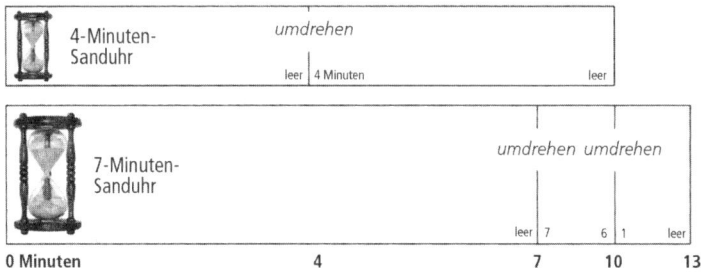

? Finden Sie die minimale Anzahl von Münzen zum Herausgeben egal welchen Wechselgeldbetrags.

Diese Frage lässt sich auf zwei Arten interpretieren. Die Interpretationen bringen unterschiedliche Antworten mit sich, also sollten Sie den Interviewer fragen, welche gemeint ist (und darauf vorbereitet sein, beide Antworten geben zu können). Die eine Interpretation lautet: Finden Sie das kleinste Sortiment von Münzen, das einen genauen Wechselgeldbetrag jeder beliebigen Menge von 1 bis 99 Cent ermöglicht. Nennen wir das das allgemeine Wechselgeld-Lieferset. Wie viele Münzen sind in diesem Set?

Nehmen wir an, Sie sind ein pingeliger Ladenbesitzer, der seinen Tag gern mit gerade genug Münzen in der Kasse anfängt, um beim ersten Geschäft des Tages genau herausgeben zu können, egal, was kommt. Was ist die kleinste Menge von Münzen, die das leistet?

Die Antwort ist einfach, weil die Stückelungen des amerikanischen Münzsystems so vorgenommen wurde, dass es das Herausgeben erleichtert. Jede Stückelung hat mindestens den doppelten Wert der nächstkleineren Stückelung. Das bedeutet, dass Sie folgenden Algorithmus verwenden können, um x Cent Wechselgeld zu produzieren:

> Wenn die benötigte Menge x 50 Cent oder mehr ist, legen Sie ein 50-Cent-Stück zu Seite und subtrahieren Sie es von x.
> Wenn x nun 25 Cent oder mehr beträgt, dann legen Sie einen Vierteldollar zur Seite und subtrahieren ihn von x.
> Teilen Sie x durch zehn, nehmen Sie den Betrag vor dem Komma. Nehmen Sie sich so viele 10-Cent-Stücke und subtrahieren Sie.
> Wenn noch 5 Cent oder mehr übrig sind, dann legen Sie einen Nickel zur Seite und subtrahieren Sie.
> Teilen Sie den Rest durch 1 Cent und legen Sie entsprechend viele 1-Cent-Münzen zur Seite.

Diese Regel funktioniert nicht nur, Sie liefert auch Wechselgeld mit den wenigsten Münzen. Sie könnten zum Beispiel auch die erste Anweisung überspringen und zwei Vierteldollar-Stücke statt der 50-Cent-Münze nehmen, aber das würde bedeuten, eine Münze extra zu verwenden.

Jemand, der jeden Wechselgeldbetrag herausgeben können will, und zwar mit so wenig Münzen wie möglich, braucht ein 50-Cent-Stück, einen Vierteldollar, ein 10-Cent-Stück und niemals mehr als eine von diesen Münzen. Vielleicht braucht es zwei 10-Cent-Stücke (sagen wir, um 20 Cent zu bekommen) und bis zu vier 1-Cent-Münzen (um 4 Cent zu erzeugen). Das bedeutet, dass es neun Münzen im Gesamtwert von 1,04 Dollar im universalen Wechselgeld-Lieferset gibt. Sie werden natürlich niemals alle verwenden, um auf 1 Dollar herauszugeben.

Eine alternative Interpretation der Frage lautet: Welches ist die kleinste Zahl x, sodass Sie nie mehr als x Münzen brauchen, um herauszugeben? Das verlangt im Wesentlichen, dass Sie darüber nachdenken, welcher Wechselgeldbetrag die meisten Münzen braucht. Sie würden vermutlich raten, dass Sie für 99 Cent am meisten Münzen benötigen, und hätten recht. Dafür braucht man acht Münzen, nämlich ein 50-Cent-Stück, einen Vierteldollar, zwei 10-Cent-Münzen und vier Pennys. 94 Cent in Münzen herauszugeben, macht ebenfalls acht Münzen erforderlich (ersetzen Sie eines der 10-Cent-Stücke durch ein 5-Cent-Stück).

Diese Frage gilt als schwierig genug, um in psychologischen Kreativitätstests aufzutauchen.

? Sie bekommen in einem dunklen Raum ein Karten-deck ausgehändigt, wobei N Karten mit der Vordersei-te nach oben liegen, der Rest mit der Vorderseite nach unten. Sie können die Karten nicht sehen. Wie würden Sie die Karten in zwei Stöße aufteilen, sodass in jedem Stoß dieselbe Anzahl von Karten mit der Vorderseite nach oben ist?

Diese Knobelfrage ist beliebt bei JP Morgan Chase. Heutzutage kann man vernünftigerweise antworten, dass man sein Handy herausziehen würde, um den Bildschirm als Taschenlampe zu be-nutzen. Doch das Rätsel reicht bis vor das Handyzeitalter zurück und lässt sich lösen, ohne dass man die Karten sieht. Sie würden wahrscheinlich mit folgenden Beobachtungen beginnen:

- Das Deck willkürlich in zwei gleiche Stöße aufzuteilen, wird nicht funktionieren (es sei denn, Sie haben wirklich großes Glück). Es könnte sein, dass alle Karten, die mit dem Gesicht nach oben liegen, in einem Stoß sind.

- Die Frage sagt nichts darüber aus, dass die beiden Stöße gleich hoch sein müssen – nur dass sie dieselbe Anzahl von Karten mit der Vorderseite nach oben enthalten müssen.
- Sie können die Karten umdrehen. Sie wissen nicht, ob die, die Sie umdrehen, mit der Vorderseite nach oben oder unten liegen.

Die gewünschte Antwort lautet, dass Sie N Karten des Kartendecks von oben abzählen und umdrehen. Das ist ein Stoß. Der Rest des Decks ist Ihr zweiter Stoß.

Hier der Grund, warum das funktioniert: Die N Karten, die Sie abgezählt haben, könnten jede mögliche Anzahl von Karten mit Vorderseite nach oben enthalten, von null bis hin zu sämtlichen N. Sagen wir, es waren (vor dem Umdrehen) f Karten mit Gesicht nach oben. Umdrehen macht jede Karte mit Vorderseite nach oben zu einer mit Gesicht nach unten und umgekehrt. So haben Sie nun statt f Karten mit dem Vorderseite nach oben $N - f$ Karten mit Vorderseite nach oben in diesem Stoß.

Der andere Stoß, der Rest des Decks, hat N Karten mit dem Vorderseite nach oben, abzüglich der f, die Sie abgezählt haben. Das ist dieselbe Anzahl wie in dem umgedrehten Stoß.

? Sie bekommen einen Käsewürfel und ein Messer. Wie viele gerade Schnitte mit dem Messer sind vonnöten, um den Käse in 27 kleine Würfel zu zerschneiden?

Um 27 kleine Würfel zu erzeugen, müssen Sie den ursprünglichen Würfel in drei Stücke in drei Richtungen zerschneiden. Es braucht zwei Schnitte, um drei Stücke zu erzeugen. Die offensichtliche Antwort ist, zwei Stück parallel zu den drei Achsen zu machen, also sechs Stück insgesamt.

Bei dieser Art von Frage ist die Antwort, die Ihnen zuerst in den Sinn kommt, üblicherweise nicht die beste. Denken Sie noch einmal nach. Sie dürfen die Stücke nach jedem Schnitt neu positionieren (wie Köche das ja gern tun, wenn sie Zwiebeln würfeln). Das erhöht die Anzahl der Möglichkeiten immens, und vielleicht müssen Sie feststellen, dass Ihre räumliche Intuition nicht mitkommt.

Aber es gibt tatsächlich keine Möglichkeit, das mit weniger als sechs Schnitten hinzukriegen. Das sollten Sie dem Interviewer am besten beweisen. So geht's: Stellen Sie sich das innerste Würfelchen vor, nachdem Sie den Würfel in 3 x 3 x 3 = 27 Stück geschnitten haben. Dieses Würfelchen hat keine Außenseiten-Oberfläche.

Daher müssen Sie sämtliche seiner sechs Oberflächen mit einem Messerschnitt erzeugen. Sechs gerade Schnitte sind das absolute Minimum, um das zu bewerkstelligen. Das ist eine umgekehrte Trickfrage und viele scheitern bei dem Versuch, eine nicht-offensichtliche zu finden.

Martin Gardner hat den Autor dieses Rätsels als Frank Hawthorne identifiziert, einen Kontrolleur in der New Yorker Erziehungsbehörde, der es 1950 veröffentlichte. Der Gedanke, die geschnittenen Stücke zu rearrangieren, ist nicht verrückt. Sie können einen Würfel mit sechs Schnitten in 4 x 4 x 4 Würfelchen zerschneiden (statt der neun, die man braucht, wenn man einfach feinwürflig schneidet).

1958 veröffentlichten Eugene Putzer und R. W. Lowen eine allgemeine Lösung für das optimale Zerschneiden eines Würfels in *N* x *N* x *N* kleinere Würfel. Sie versicherten ihren praktisch orientierten Lesern, ihre Methode könnte »wichtige Anwendungsbereiche in der Käse- und Zuckerindustrie haben«.

Diese Frage erinnert an eine Interview-Frage, die bei einigen Finanzfirmen gestellt wird: Wie viele Würfel befinden sich im Zentrum eines Rubikwürfels? Da der Standardwürfel 3 x 3 x 3 aufgebaut ist, ist die erste intuitive Antwort: »einer«. Jeder, der jemals einen Rubikwürfel auseinandergenommen hat, weiß jedoch, dass die richtige Antwort »null« lauten muss. In der Mitte befindet sich ein sphärisches Verbindungsstück, kein Würfel.

? Sie bekommen drei Schachteln. In einer ist ein wertvoller Preis, die anderen beiden sind leer. Sie dürfen sich eine Schachtel aussuchen, aber Sie bekommen nicht gesagt, ob darin der Preis liegt. Stattdessen wird eine der anderen Schachteln, die Sie nicht gewählt haben, geöffnet, und sie stellt sich als leer heraus. Sie dürfen nun die Schachtel behalten, die Sie sich ursprünglich ausgesucht haben, oder sie gegen die andere, ungeöffnete Schachtel austauschen. Was würden Sie eher tun, behalten oder tauschen?

Diese Interviewfrage ist eine Version des Monty-Hall–Dilemmas, das 1975 von dem Biostatistiker Steve Selvin präsentiert wurde. Monty Hall war der Showmaster der Gameshow »Let's Make a Deal«. Selvins Rätsel basiert auf der letzten Runde der Show, in der die Bewerber Preise hinter Türen wählen. In einem Brief an die Zeitschrift *American Statistician* argumentierte Selvin, dass man die Schachteln tauschen sollte, eine Lösung, die so kontrovers war, dass er sie in einem Folgebrief verteidigen musste. Monty Hall selbst schrieb Selvin und stimmte seiner Analyse zu.

Seitdem ist das Dilemma Gegenstand endloser Debatten geworden. Es wurde der allgemeinen Öffentlichkeit bekannt, nachdem es 1990 in einem Brief an die Kolumnistin des Magazins *Parade*, Marilyn vos Savant, auftauchte. Im folgenden Jahr berichtete John Tierney von der *New York Times*, dass »man über dieses in den Hallen der CIA diskutiert und in den Baracken der Kampfflugzeugpiloten am Persischen Golf. Mathematiker vom MIT haben es analysiert, genauso wie die Programmierer im Los Alamos National Laboratory.« Das Dilemma kam in der NPR-Sendung »Car Talk« und der Fernsehserie *NUMB3RS* vor. Es wird in Interviews bei der Bank of America und bei anderen Finanzunternehmen verwendet. Zyniker mögen darin eine Parallele zum Risikomanagement der Finanzindustrie erblicken, bei dem die Wahrscheinlichkeiten unsichtbar verschoben werden und am Ende jemand anderes mit einer leeren Schachtel in der Hand dasteht.

Das Interessanteste an Selvins Dilemma ist, wie schwierig es ist. Eine Studie hat festgestellt, dass nur 12 Prozent der Befragten die richtige Antwort gaben. Das ist erstaunlich, wenn man bedenkt, dass jemand, der überhaupt keine Ahnung hat, eine 50-prozentige Chance hätte, die richtige Lösung zu finden! Das ist einer der Fälle, bei dem einen die Intuition in die falsche Richtung lenkt.

Die Mehrheitsmeinung lautet, dass es keinen Unterschied macht, ob man die ursprüngliche Kiste behält oder tauscht. Die Gewiefteren mögen hinzufügen, dass jeder, der glaubt, er könne seine Chancen verbessern, indem er tauscht, so danebenliegt wie die Verlierer an den einarmigen Banditen, die insistieren, es sei »überfällig«, dass sie den Jackpot knacken.

Wie bei jeder Frage in Sachen Wahrscheinlichkeit ist es wichtig zu wissen, welche Teile der Geschichte durch Zufall geschehen und welche mit Absicht. Sagen wir, ein Freund von Ihnen wirft zehnmal eine Münze und sie zeigt jedes Mal beim Aufkommen »Kopf«. Wie stehen die Chancen, dass auch beim nächsten Wurf »Kopf« kommt? Das können Sie nicht wissen, bis Sie herausgefunden haben, ob diese Serie das Ergebnis eines abartigen Zufalls ist oder einer Trickmünze.

Als Selvin das Rätsel vorlegte, wurde die ursprüngliche »Let's make a deal«–Show noch ausgestrahlt und war integraler Bestandteil der Popkultur. Meine Großmutter, die ebenfalls eine begeisterte Zuschauerin war, hielt Monty für einen besseren Betrüger. Ihre Gedankenführung – die sie neben dem Fernseher laut zum Besten gab – sah so aus, dass »er wissen muss, dass die Tür, wenn er sie dir schon anbietet, weniger wertvoll sein muss als das, was du schon hast«.

Sie lag nicht weit daneben. Hall sagte in Interviews, dass er, wenn er wusste, dass ein Kandidat den teuersten Preis gewählt hatte, versuchte, ihn mit Geldanreizen zum Tauschen zu bringen.

Es war einfach die bessere Show, wenn man sah, wie irgendein Trottel einen großen Preis für Müll aus der Hand gab.

Nennen wir die drei Schachteln die Erwählte, die Enthüllte und die Verführerin. Anfangs liegt die Chance, dass der Preis sich in der Erwählten befindet, bei einem Drittel.

Nun wird eine der anderen beiden Schachteln geöffnet und stellt sich als leer heraus. Um festzustellen, wie das die Wahrscheinlichkeiten beeinflusst, müssen Sie wissen, wer diese zweite Schachtel aussucht und mit welchen Motiven. Es gibt zwei Fälle, die wahrscheinlich sind:

1. Die Enthüllte wird zufällig aus den beiden Schachteln, die Sie nicht gewählt haben, ausgesucht – sagen wir, durch das Werfen einer Münze. Das bedeutet, die Enthüllte hätte den Preis enthalten können, doch wie sich herausstellt, ist es eben nicht so.
2. Die Schachtel wird von jemandem ausgesucht, der weiß, was sich in den Schachteln befindet, und der von Anfang an geplant hat, eine leere Schachtel zu enthüllen – was er in jedem Fall tun kann.

Bei Selvins ursprünglichem Dilemma ist glasklar, dass der zweite Fall die gemeinte Interpretation ist. (»Bestimmt weiß Monty Hall, in welcher Schachtel der Preis steckt, und würde deshalb nicht die mit dem Autoschlüssel für den Hauptpreis aufmachen.«)

Diese alles entscheidende Klärung wird bei der Wiedergabe des Rätsels oft ausgelassen. Deshalb ist die Interviewfrage zweideutig. Es wird kein trickreicher Showmaster erwähnt und es gibt keinen Hinweis darauf, wie die enthüllte Schachtel ausgewählt wird. Sie sollten den Interviewer nach den Details fragen und darauf hinweisen, dass die Frage mehrere Antworten zulässt, je nachdem, wie die zweite Schachtel ausgewählt wird.

Im ersten Fall verrät Ihnen das Öffnen der Enthüllten etwas. Es wird klar, dass sich der Preis nicht in der Schachtel befindet, obwohl es so hätte sein können. Das erhöht die Chance, dass die Erwählte den Preis enthält, von einem Drittel auf die Hälfte. Für die Verführerin gilt dasselbe. Da bei beiden nun eine 50-prozentige Chance besteht, dass sie den Preis enthalten, macht es keinen Sinn zu tauschen.

Im zweiten Fall verrät Ihnen die Enthüllung einer Schachtel nichts Sinnvolles. Monty (oder wer auch immer) weiß, was in den Schachteln ist, und kann stets eine leere aus dem Hut zaubern, die er Ihnen zeigt. Seine vom Drehbuch vorgegebene Enthüllung ändert nichts an der ursprünglichen Wahrscheinlichkeit, dass in Ihrer Schachtel der Preis steckt. Die lag anfangs bei einem Drittel und tut es jetzt auch noch.

Wenn man die enthüllte Schachtel öffnet, verändert sich die Zwei-Drittel-Wahrscheinlichkeit, dass eine der anderen beiden Schachteln den Preis enthält, ebenfalls nicht. Aber da sich bereits herausgestellt hat, dass eine dieser Schachteln leer ist, muss die Wahrscheinlichkeit von zwei Dritteln nun ganz auf die Verführerin fallen. Indem Sie auf das Tauschangebot eingehen, verdoppeln Sie Ihre Gewinnchance.

Wenn Sie sich immer noch schwertun zu erkennen, weshalb Selvins Antwort stimmt, stellen Sie sich vor, es ginge um 100 Schachteln. Sie wählen Nr. 79. Monty öffnet 98 der 99 anderen Schachteln. Alle sind leer. Damit bleibt, neben Ihrer Schachtel noch, sagen wir Nr. 18. Monty fragt, ob Sie Nr. 79 gegen Nr. 18 tauschen wollen. Eine schwierige Entscheidung, meinen Sie?

Sie haben mit einer 99-zu-1-Wahrscheinlichkeit angefangen, dass sich die Autoschlüssel für den Gewinn in Ihrer Schachtel befinden. Montys Vorgehen ist nur Budenzauber. Er hat nicht vor, Ihnen etwas anderes als leere Kisten zu zeigen, und kann das auch. Die Chance, dass der Preis in Ihrer Schachtel ist, bleibt fest bei 1/100, während die Chance, dass sie in Nr. 18 ist, auf 99/100 steigt. Bei 100 Schachteln würden Sie Ihre Chancen durch einen Tausch um das 99-Fache steigern.

Als die Psychologen Donald Granberg und Thad A. Brown Leute, denen man dieses Dilemma vorgelegt hatte, interviewten, hörten Sie immer wieder Erklärungen dieser Art:

> »Ich würde nicht die andere Tür nehmen wollen, denn wenn ich falsch läge, würde ich mich mehr ärgern, als wenn ich bei der zweiten Tür geblieben wäre und verloren hätte.«
>
> »Das war meine erste, instinktive Entscheidung und wenn ich verlieren würde, dann, na gut. Aber wenn ich tauschen würde und danebenläge, wäre es viel schlimmer.«
>
> »Ich würde es wirklich bereuen, wenn ich tauschen und verlieren würde. Es ist besser, bei der ersten Entscheidung zu bleiben.«

Das drückt Verlustangst aus. Es liegt in der menschlichen Natur, vor einer Entscheidung zurückzuschrecken, nach der man schlechter dasteht als zuvor, selbst wenn die Chancen einen begünstigen. »Lieber auf Nummer sicher gehen.« Jeder, der neue Produkte entwickelt, tut gut daran, sich dieser Tatsache zu erinnern. Der Kunde, der darüber nachdenkt, die Schachteln oder die Marke zu wechseln, mag von Gründen motiviert sein, die nichts mit Logik zu tun haben.

Mathegenies leiden genauso unter Verlustangst wie jedermann sonst. Man sagt, dass der berühmte Mathematiker Paul Erdös dieses Rätsel, als er es das erste Mal hörte, falsch verstand. »Selbst Nobelpreisträger der Physik geben systematisch die falsche Antwort«, sagt der Psychologe Massimo Piattelli-Palmarini, »und […] bestehen darauf, sind sogar willens, in Veröffentlichungen jene zu beschimpfen, die die richtige Antwort vertreten.«

? Sie sind in einem Auto, an dessen Boden ein Helium-Ballon befestigt ist. Die Fenster sind geschlossen.

Wenn Sie aufs Gaspedal treten, was passiert dann mit dem Ballon – bewegt er sich nach vorn, nach hinten oder bleibt er auf der Stelle?

Die Intuition suggeriert Ihnen, dass der Ballon sich nach hinten neigt, wenn Sie beschleunigen. Nun, die Intuition liegt falsch. Es ist Ihre Aufgabe zu deduzieren, wie sich der Ballon bewegt, und es dem Interviewer zu erklären.

Eine gute Antwort besteht darin, einen Vergleich mit einer Wasserwaage herzustellen. Für die weniger praktisch Veranlagten unter Ihnen: Das ist ein so ein kleines Ding, das Zimmerleute verwenden, um sicherzustellen, dass eine Oberfläche waagrecht ist. Eine Wasserwaage enthält eine enge Glasröhre mit einer farbigen Flüssigkeit, in der sich eine Blase befindet. Immer wenn die Wasserwaage auf einer völlig horizontalen Oberfläche liegt, schwebt die Blase genau in der Mitte der Röhre. Wenn die Oberfläche nicht so eben ist, wandert die Blase auf einer Seite der Röhre nach oben. Das Ergebnis dieser Überlegung ist, dass die Blase einfach nur ein »Loch« in der Flüssigkeit ist. Wenn die Oberfläche nicht eben ist, zieht die Schwerkraft die Flüssigkeit zum niedrigeren Ende. Das schiebt die Blase dorthin, wo die Flüssigkeit nicht ist – ans entgegengesetzte Ende.

Binden Sie den Ballon los und lassen Sie ihn zum Schiebedach schweben. So wird er zur Wasserwaage. Der Ballon ist die »Blase« aus Helium mit niedrigerer Dichte in dichterer Luft, und all das befindet sich abgeschlossen in einem Behälter (dem Auto). Die Schwerkraft zieht die schwere Luft nach unten und zwingt den leichteren Ballon hin zum Schiebedach.

Wenn das Auto beschleunigt, wird die Luft nach hinten geschoben, genau wie Ihr Körper. Das schickt den Ballon, der ja leichter ist als Luft, nach vorn. Wenn das Auto bremst, häuft sich die Luft vor der Windschutzscheibe auf. Das schickt den Ballon nach hinten. Die Zentrifugalkraft schiebt die Luft weg von den Kurven und schiebt den Ballon in ihr Zentrum. Natürlich gilt dasselbe, wenn der Ballon irgendwo festgebunden ist, er kann sich nur nicht so frei bewegen. Die kurze Antwort auf diese Frage ist, dass der Ballon in die Richtung jeglicher Beschleunigung wippt.

Das glauben Sie nicht? Gehen Sie in den Supermarkt, kaufen Sie sich einen Heliumballon und binden Sie ihn an die Gangschaltung oder die Handbremse. Fahren Sie nach Hause. Sie werden überrascht sein. Der Ballon tut genau das Gegenteil von dem, was Sie erwarten würden. Wenn Sie aufs Gas gehen, wippt er nach vorn, als ob er versuchte, das Auto voranzutreiben. Steigen Sie hart auf die Bremse, zieht es den Ballon nach hinten. Wenn Sie mit hoher Geschwindigkeit in die Kurve gehen, sodass sich Ihr Körper nach außen neigt, dreht sich der verrückte Ballon nach innen. Das ist so freakig, dass es Clips davon auf Youtube gibt.

Warum treffen unsere Intuitionen für Wasserwaagen zu, aber nicht für Heliumballons? Bei einer Wasserwaage hat die schwere Flüssigkeit den Farbton eines fluoreszierenden Sportgetränks und die Blase ist die gespenstische Leere. Wir assoziieren Farbe mit Dichte und Transparenz mit dem Nichts. Dieser Instinkt ist bei dem Ballon völlig falsch. Luft ist unsichtbar, und wir ignorieren sie zu 99 Prozent oder mehr. Der Ballon dagegen ist mit hübschen Farben oder Mylar aufgepeppt und schreit: »Schau mich an!« Wir vergessen, dass er hinsichtlich seiner Masse bezüglich der ihn umgebenden Luft ein Teilvakuum darstellt. Ein Heliumballon tut das Gegenteil einer Masse, weil er einen Massenmangel darstellt. Die echte Masse – die Luft – ist unsichtbar.

Interviewer, die diese Frage stellen, erwarten nicht, dass Sie viel Physik draufhaben. Aber es gibt eine Alternativantwort, die sich der Relativitätstheorie bedient. Im Ernst.

Sie bezieht sich auf Albert Einsteins berühmtes Gedankenexperiment mit dem Aufzug. Stellen Sie sich vor, Sie sind im Aufzug Ihres Steuerberaters und ein Außerirdischer findet es lustig, Sie mit dem Aufzug in den Weltraum zu teleportieren. Der Aufzug ist versiegelt, es ist also genug Luft drin, um Sie lang genug am

Leben zu halten, dass sich der Außerirdische ein paar Minuten amüsieren kann. Es gibt keine Fenster, Sie können also nicht sehen, wo Sie sind. Der Außerirdische zieht den Aufzug mit einem Traktorstrahl und verleiht ihm dadurch eine konstante Beschleunigung, die genau dem Effekt der Schwerkraft auf der Erde entspricht. Gibt es etwas, das Sie in dem versiegelten Aufzug tun könnten, um festzustellen, ob die normale Schwerkraft der Erde auf Sie wirkt oder eine »falsche« Schwerkraft, die Ihnen von der Beschleunigung vorgegaukelt wird?

Einsteins Antwort war »Nein«. Wenn Sie Ihre Schlüssel aus der Tasche nähmen und fallen ließen, würden sie genauso Richtung Aufzugsboden beschleunigen wie auf der Erde. Wenn Sie die Schnur eines Heliumballons losließen, würde er nach oben schweben, genau wie auf der Erde. Die Dinge würden völlig normal aussehen.

Das Einstein'sche Äquivalenzprinzip besagt, dass es kein (einfaches) physikalisches Experiment gibt, das zwischen Schwerkraft und Beschleunigung unterscheiden kann. Diese Annahme ist die Grundlage der Einstein'schen Gravitationstheorie, bekannt als allgemeine Relativitätstheorie. Die Physiker versuchen nun seit mittlerweile 100 Jahren, das Äquivalenzprinzip außer Kraft zu setzen, und schaffen es nicht. Man kann davon ausgehen, dass Einsteins Prämisse stimmt, zumindest bei allen Experimenten, die Sie in einem Auto mit einem Ballon für 1 Euro veranstalten können.

Hier nun also das Physik-Experiment. Binden Sie die Schnur eines Lots (mit dem bei Zimmerleuten verwendeten Standardgewicht) an Ihren rechten Zeigefinger. Binden Sie einen Heliumballon am selben Finger fest. Achten Sie auf den Winkel zwischen beiden Schnüren.

In einem Aufzug, einem geparkten Auto oder einem kreuzenden Düsenflugzeug ist das Ergebnis jeweils gleich. Das Lot zeigt direkt nach unten. Der Ballon zeigt direkt nach oben. Die beiden Schnüre, die an Ihrem Finger zusammenkommen, bilden eine gerade Linie. Dieses Ergebnis tritt ein, wann auch immer Sie der Schwerkraft ausgesetzt sind.

Nun das Bild, das sich präsentiert, wenn Sie losfahren. Wenn Sie beschleunigen, sinkt Ihr Körper zurück in den Sitz. Ihre fehlbare Intuition mag Ihnen sagen, dass das Lot und der Ballon sich beide jeweils ein Stück von Ihrem Finger zurückneigen werden. Während der Beschleunigungsphase wird sich ein Winkel zwischen den beiden Schnüren ergeben (wenn die Intuition stimmt). Das würde eine Möglichkeit liefern, zwischen Schwerkraft und Beschleunigung zu unterscheiden. Wenn das Auto nur der Schwerkraft unterworfen wäre, würden die beiden Schnüre eine gerade Linie bilden. Aber wenn es der Zentrifugalkraft oder anderen Formen der Beschleunigung unterworfen ist, bilden die Schnüre einen Winkel, wobei Ihr Finger der Scheitelpunkt ist. Das ist alles, was es braucht, um zu beweisen, dass die allgemeine Relativitätstheorie falsch ist. Vergessen Sie den Job bei Google – das würde Ihnen einen Nobelpreis einbringen.

Aber da man das Äquivalenzprinzip rigoros getestet und als wahr erwiesen hat, wird das nicht passieren und Sie können das Experiment benutzen, um diese Frage zu beantworten. Die Physik muss in einem beschleunigten Auto dieselbe sein wie in einem Auto, das nur der Schwerkraft unterworfen ist. In beiden Fällen formen der Ballon, das Lot und Ihr Finger eine gerade Linie. Was die Antwort auf die Frage betrifft: Der Ballon macht genau das Gegenteil von dem, was man von einem Objekt mit Masse erwarten würde. Es bewegt sich vor statt zurück … nach links statt nach rechts … und natürlich nach oben statt nach unten.

Kapitel 3

? Einer Untersuchung zufolge mögen 70 Prozent der Leute Kaffee und 80 Prozent Tee. Was ist die untere und die obere Grenze von Leuten, die sowohl Kaffee als auch Tee mögen?

Nicht alle Teetrinker mögen auch Kaffee, nicht alle Katzenfreunde mögen auch Hunde und nicht alle Bayern-Fans sind auch Dortmund-Fans. Machen Sie ein Venn-Diagramm auf einer Tafel oder im Kopf. Dabei repräsentiert ein Rechteck die Gesamtheit der Umfrageteilnehmer. Lassen Sie den Großteil des Rechtecks die 70 Prozent der Öffentlichkeit repräsentieren, die Kaffee mag, und machen Sie einen kleinen Kreis, um die 30 Prozent der Öffentlichkeit abzugrenzen, die offensichtlich keinen Kaffee mag. (Die Regionen müssen insgesamt 100 Prozent ergeben, auch wenn die Bereiche nicht notwendig proportional sein müssen.)

80 Prozent der Öffentlichkeit mag Tee. Wenn man diesen Prozentsatz als Kreis anträgt, müsste er sowohl die Kaffeetrinker als auch die Kaffeehasser-Regionen überlappen. (Es gibt einfach nicht genug Kaffeetrinker, um sämtliche Teetrinker abzudecken.) Um

eine Obergrenze für Leute festzulegen, die beide Getränke mögen, gehen Sie davon aus, dass jeder Kaffeetrinker Tee mag. Der Kreis, der die 80 Prozent Teetrinker repräsentiert, wäre somit auf jene verteilt, die Tee und Kaffee mögen (70 Prozent), und jene, die nur Tee mögen (10 Prozent). Die 70 Prozent sind die Obergrenze.

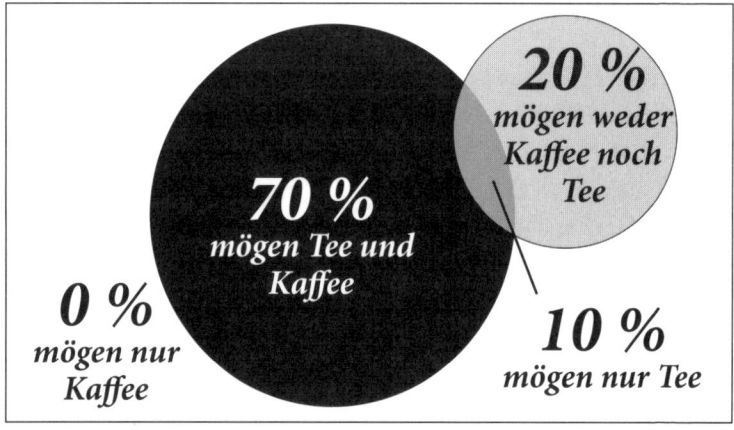

Um die untere Grenze festzulegen, verschieben Sie den Teetrinker-Kreis, sodass er den Kaffeehasser-Kreis umfasst. Somit mag jeder, der Kaffee hasst (30 Prozent), Tee. Damit bleiben 80 − 30 = 50 Prozent, die sowohl Tee als auch Kaffee mögen. Das ist die untere Grenze.

? Welcher Winkel ist um 3.15 Uhr zwischen dem Minuten- und dem Stundenzeiger auf einer analogen Uhr gegeben?

Auf jeden Fall nicht null. Um 3.15 Uhr zeigt der Minutenzeiger genau nach Osten, also auf die 3. Der Stundenzeiger wird bereits ein Viertel des Weges von der 3 zur 4 zurückgelegt haben. Die Spanne zwischen 3 und 4 ist ein Zwölftel des gesamten 360-Grad-Umlaufs, also 30 Grad. Teilen Sie das durch 4 und Sie haben die Antwort: 7,5 Grad.

? Wie viele ganze Zahlen zwischen 1 und 1000 enthalten eine 3?

Manche Zahlen (wie etwa 333) enthalten mehr als eine 3. Die sollten Sie nicht zweimal (oder gar dreimal) zählen. Die Frage lautet genau formuliert: Wie viele unterschiedliche Zahlen enthalten mindestens eine 3?

Jede Zahl von 300 bis 399 enthält mindestens eine 3. Damit hat man schon mal 100 Zahlen. Dann gibt es noch 100 Zahlen mit der 3 an der Zehnerstelle – 30 bis 39, 130 bis 139 bis hin zu 930 bis 939. Wir haben bereits zehn davon gezählt, nämlich die Zahlen 330 bis 339. Das sind zehn Zahlen, die man wieder aus dem Zensus entfernen muss. Damit bleiben 100 + 90 = 190 Zahlen, die wir bis jetzt haben.

Schließlich sind da noch 100 Zahlen, die auf 3 enden, von 3 bis 993. Streichen Sie die zehn, die mit 3 anfangen (303, 313, 323,…, 393). Damit bleiben 90. Ein Zehntel dieser 90 hat eine 3 an der Zehnerstelle (33, 133, 233, …, 933). Streichen Sie auch diese neun, damit bleiben 81.

Die Gesamtsumme ist 100 + 90 + 81 = 271.

? Ein Buch hat *N* Seiten und ist normal nummeriert, von
1 bis *N*. Die Gesamtsumme der Ziffern auf den Seitenzahlen beläuft sich auf 1095. Wie viele Seiten hat das Buch?

Jede Seitenzahl hat eine Ziffer an der Einerstelle. Bei *N* Seiten
sind das *N* Ziffern.

Alle bis auf die ersten 9 Seiten haben eine Ziffer an der Zehnerstelle. Das sind *N* – 9 Zahlen mehr.

Alle bis auf die ersten 99 Seiten haben eine Ziffer in der Hun-
derterspalte (Was uns *N* – 99 Ziffern mehr gibt).

Ich könnte weitermachen, aber nicht viele Bücher haben mehr
als 999 Seiten. Ein Buch mit 1095 Ziffern in den Seitenzahlen sowieso nicht. Das bedeutet 1095 muss gleich

$$N + (N - 9) + (N - 99)$$

sein.

Das lässt sich auf

$$1095 = 3N - 108$$

herunterbrechen.

Das bedeutet: $3N = 1203$ oder $N = 401$. Das ist die Antwort, 401
Seiten.

? Wie viele Nullen stehen am Ende von 100 Fakultät?
[Das heißt 100 multipliziert mit jeder ganzen Zahl, die
kleiner ist als sie selbst, bis hinunter zu 1.]

100 Fakultät – geschrieben »100!« – ist 100 multipliziert mit jeder
natürlichen Zahl, die kleiner ist als 100. Das sieht so aus:

$$100 \times 99 \times 98 \times 97 \times \ldots \times 4 \times 3 \times 2 \times 1$$

Bei dieser Frage geht es nicht darum, dass Sie 100! ausmultiplizieren. Man erwartet von Ihnen, dass Sie deduzieren können, wie viele Nullen am Ende des Produkts stehen, ohne dass Sie das Produkt kennen.

Um das fertigzubringen, müssen Sie einige Regeln formulieren. Eine davon kennen Sie bereits. Sehen Sie sich diese Gleichung an:

$$387.000 \times 12.900 = 5.027.131.727$$

Fällt Ihnen etwas auf? Wenn Sie die beiden runden Zahlen mit Nullen am Ende ausmultiplizieren, dann können Sie unmöglich eine Zahl als Ergebnis bekommen, die nicht rund ist, also keine Nullen am Ende aufweist. Das stellt eine Verletzung des Gesetzes der Endnullen dar (das Gesetz habe ich gerade erfunden, aber es ist wirksam.) Ein Produkt erbt stets die Endnullen seiner Faktoren. Hier ein paar korrekte Beispiele für dafür:

$$10 \times 10 = 100$$
$$7 \times 20 = 140$$
$$30 \times 400 = 12.000$$

Von den Faktoren von 100! enden zehn auf 0. Das sind 10, 20, 30, 40, 50, 60, 70, 80, 90 und 100 (die zwei Nullen am Ende aufweist). Das ergibt elf Endnullen in den Faktoren, die 100! notwendig erbt.

Warnung: Das hat schon manchen unglücklichen Interviewten verleitet, elf zur Antwort zu geben. Falsch. Manchmal können Sie zwei Zahlen ohne Null multiplizieren und bekommen trotzdem ein Produkt mit Nullen. Beispiele sind:

$$2 \times 5 = 10$$
$$5 \times 8 = 40$$
$$6 \times 15 = 90$$
$$8 \times 125 = 1000$$

Sämtliche dieser Paare bis auf das letzte kommen in 100! vor. Es liegt also noch etwas Arbeit vor uns. Das bringt uns zum Gesetz der Hotdogs und Hotdog–Semmeln. Bei einer Grillparty bringen manche Leute Hotdogs mit (in Zehnerpackungen) und manche Semmeln (in Achterpackungen). Es gibt nur eine Möglichkeit, herauszufinden, wie viele vollständige Sandwiches man servieren kann. Zählen Sie die Hotdogs, zählen Sie die Semmeln und nehmen Sie die kleinere Zahl.

Mit demselben Gesetz lässt sich diese Interviewfrage beantworten, sobald Sie »Hotdogs« und »Semmeln« durch »Vielfache von Zwei« und »Vielfache von Fünf« ersetzen.

Bei jeder der Gleichungen, die ich gerade angeführt habe, wird eine Zahl, die sich durch 2 teilen lässt, mit einer Zahl multipliziert, die sich durch 5 teilen lässt. Diese Zweier- und Fünferfaktoren »tun sich zusammen«, um eine perfekte 10 zu ergeben, die dem Produkt eine Null hinzufügt. Sehen Sie sich das letzte Beispiel an, wo plötzlich drei Nullen aus dem Nichts auftauchen:

$$8 \times 125 = (2 \times 2 \times 2) \times (5 \times 5 \times 5)$$
$$= (2 \times 5) \times (2 \times 5) \times (2 \times 5)$$
$$= 10 \times 10 \times 10$$
$$= 1000$$

Dabei geht es nur um das Kombinieren von Zweien und Fünfen. Nehmen wir eine Zahl wie 692.978.456.718.000.000. Am Ende befinden sich sechs Nullen. Das bedeutet, man kann die Zahl so ausschreiben:

$$692.978.456.718 \times 10 \times 10 \times 10 \times 10 \times 10 \times 10$$

oder so

$$692.978.456.718 \times (2 \times 5) \times (2 \times 5) \times (2 \times 5) \times (2 \times 5) \times (2 \times 5) \times (2 \times 5)$$

Der erste Term, 692.978.456.718, lässt sich nicht durch 10 teilen. Wenn dem so wäre, würde er auf Null enden und wir hätten die weiteren 10 bereits ausgeklammert. Wie die Dinge stehen, gibt es sechs Zehnerfaktoren (oder 2 x 5), die den sechs Nullen am Ende von 692.978.456.718.000.000 entsprechen. Klingt vernünftig?

Das liefert ein idiotensicheres System, um festzulegen, wie viele Nullen sich am Ende einer jeden großen Zahl befinden. Faktorisieren Sie die Zahl nach Zweien und Fünfen. Ordnen Sie diese Faktoren paarweise zu (2 x 5) x (2 x 5) x (2 x 5) x … an. Die Anzahl passender Zweier- und Fünfer-Paare ist gleich der Anzahl der Nullen am Ende. Ignorieren Sie die Überbleibsel.

Im Allgemeinen werden Ihnen ein paar Zweien oder Fünfen übrig bleiben. Normalerweise eher Zweien. Tatsächlich sind es immer Zweien, wenn Sie es mit Fakultät zu tun haben. (Die Fakultät enthält mehr gerade Faktoren als solche, die durch fünf teilbar sind). Daher ist die 5 der Flaschenhals. Die Frage ist also, wie oft sich 100! glatt durch 5 teilen lässt.

Das lässt sich leicht im Kopf schätzen. Von 1 bis 100 gibt es 20 Zahlen, die sich durch 5 teilen lassen: 5, 10, 15… 95, 100. Achten Sie darauf, dass die Zahl 25 zwei Fünfer-Faktoren zum Produkt beisteuert (25 = 5 x 5), genauso wie die drei Vielfachen von 25, 50, 75 und 100. Das liefert weitere vier Fünfer, also insgesamt 24. Die 24 Fünfer-Faktoren werden mit einer entsprechenden Anzahl Zweien gepaart, was 24 Zehner-Faktoren ergibt (und viele übrige Zweien liefert). Daher gibt es 24 Nullen am Ende von 100!

Nur für den Fall, dass Sie neugierig sind, der exakte Wert von 100! ist

93326215443944152681699238856266700490715968264
38162146859296389521759999322 99156089414639761
56518286253697920827223758251185210916864000000
00000000000000000.

Kapitel 4

? »Erklären Sie die Bedeutung des Ausdrucks ›DEAD BEEF‹.«

»DEAD BEEF« ist Hexspeak. Bei Defektlokalisierungen müssen die Inhalte des Speichers eines Computers auf einem Bildschirm angezeigt werden (oder auf Papier, in der alten Zeit). Diese ließen sich als völlig unlesbares Meer von Nullen und Einsen darstellen. Ein briefmarkengroßes Beispiel könnte so aussehen:

```
00000001
10000101
10010101
00100010
```

Stattdessen hat sich die Konvention entwickelt, den Inhalt des Speichers in hexadezimaler Notation darzustellen, d. h. mit 16 als Basis, wobei die Standardzahlen von 0 bis 9 verwendet werden, plus die Buchstaben A, B, C, D, E und F (die für jene Zahlen stehen, die Normalsterbliche als 10, 11, 12, 13, 14 und 15 bezeichnen). Das Resultat ist prägnanter, auch wenn man ihm nach wie vor nur schwer Sinn abgewinnen kann.

```
B290023F
72C70014
993DE110
8A01D329
```

Programmierer haben sich stets verzweifelt bemüht, in diesem alphanumerischen Morast erkennbare Landmarken zu schaffen. Sie stellten fest, dass bestimmte hexadezimale Zahlen wie englische Wörter in schreiender Großschrift aussehen. Es ist möglich, jedes Wort oder jeder Formulierung, die nur die ersten sechs

Buchstaben des Alphabets verwendet, zu »schreiben« (wobei manchmal noch 0 für den Buchstaben O und 1 für I oder das kleine l verwendet wird). Beispiele: FEEDFACE, ABADBABE, DEADBABE, und, Sie haben's erraten, DEAD BEEF.

```
0993FF10
7229B236
22C74290
DEADBEEF
```

Manche IBM- und Apple-Mac-Systeme schrieben regelmäßig DEADBEEF auf den Speicher. Das machte es leicht zu sagen, ob der Speicher von einem fehlerhaften Code verdorben worden war. Wenn man nicht die erwarteten Werte für DEADBEEF sah, wusste man, dass irgendetwas wirklich nicht stimmte.

DEADBEEF ist kein universeller Code und es gibt noch viele andere Worte in Hexspeak, die zu diesem und anderen Zwecken verwendet werden. Die Frage testet im Grunde genommen, ob der Kandidat die Computerkultur gut genug kennt, um davon gehört zu haben.

? In Südafrika herrscht ein Latenzproblem. Diagnostizieren Sie es.

»Latenzproblem in Südafrika« ist ein Insiderwitz bei Google. Die Frage beinhaltet bewusst gewählte mehrdeutige Technikausdrücke, wie etwa auch bestimmte Zeilen in der Science-Fiction-Literatur (»Wir verlieren Potenz in unseren Antimaterie-Kapseln!«). Der Kandidat sollte jedoch in der Lage sein zu entschlüsseln, was die Formulierung heißen könnte, und etwas Vernünftiges zur Antwort geben.

»Latenz« bedeutet eine Verzögerung. Das könnte sich auf so ziemlich alles beziehen, vom Ausstellen einer Heiratsurkunde bis hin zur Benutzung öffentlicher Verkehrsmittel. Man kann rationalerweise davon ausgehen, dass der Interviewer bei Google ans Internet denkt. Der Interviewer könnte die folgenden beiden Möglichkeiten im Auge haben.

- Das Internet in Südafrika ist langsam.
- (Nur) Google-Suchen sind langsam.

Die Ping-Diagnose misst die Latenz im Internet. Ein Ping ist eine Dummy-Nachricht, die von A nach B und zurück geschickt wird. Das Zeitintervall ist ein Maß für die Geschwindigkeit des Informationsflusses. Indem Sie von zahlreichen Computerstationen in Südafrika aus pingen, können Sie erkennen, ob die Internetinfrastruktur dort langsam ist. Wenn nicht, kann es sein, dass das Problem bei Google liegt. Gibt es genug Server, um den Datenverkehr in Südafrika abzudecken? Versuchen Sie es mit einem Set von Suchanfragen, die Sie bei mehreren Punkten in Südafrika eingeben, und schauen Sie, ob nur einige von ihnen langsam laufen oder alle. Das würde es Ihnen erlauben, das (imaginäre) Problem zu lokalisieren, was den Interviewer üblicherweise zufriedenstellt.

? Entwickeln Sie einen Evakuierungsplan für San Francisco.

Die Emergency Evacuation Report Card für das Jahr 2006 der American Highway Users Alliance gab Kansas City eine Eins. New Orleans, das von Katrina herumgewirbelt wurde, bekam eine Vier. San Francisco? Eine Sechs. Auch New York, Chicago und San Francisco fielen bei dieser Überprüfung durch.

Die Gründe für diese schlechten Noten liegen an der Größe der Städte, ihrer eingeklemmten geografischen Lage und ihrer Abhängigkeit von öffentlichen Verkehrsmitteln. Bei einem so umweltbewussten Arbeitgeber wie Google preisen einige Kandidaten instinktiv das öffentliche Verkehrsnetz von San Francisco an.

Aber der Großteil des öffentlichen Nahverkehrs spielt sich im Stadtgebiet ab. In näherer Zukunft wird es so etwas wie eine grüne Evakuierung nicht geben. Das kurzfristige Leeren einer Stadt bedeutet den Einsatz interner Verbrennungsmotoren auf öffentlichen Autobahnen.

Hier ein paar Punkte, die Sie in Ihren Plan integrieren können.

- Machen Sie sich die Tatsache zunutze, dass alle so schnell wie möglich aus der Stadt wollen. Erlauben Sie eine große Anzahl von Transportoptionen. Die größte Schwierigkeit bei der Katrina-Evakuierung war, dass die Behörden von New Orleans keine rechtzeitigen Fahranweisungen ausgeben konnten, schlicht und einfach, weil sie nicht wussten, welche Straßen blockiert waren. Katrina schlug im Jahr vor Twitter und ein paar Jahre vor dem Siegeszug der allgegenwärtigen Smartphones zu. Ihr Plan sollte die Leute dazu anhalten, auf Plattformen wie Twitter oder per SMS über die Verkehrslage zu schreiben (freilich nicht beim Fahren!) und eine Methode zu erarbeiten, wie sich diese Informationen schnell in Sozialnetzwerke, Kartendienst, Rundfunk, Medien und so weiter einarbeiten lassen.
- Benutzen Sie Schulbusse. Die Schulbusse der Vereinigten Staaten haben eine größere Kapazität als alle anderen »Massenbeförderungsmittel« zusammen. Organisieren Sie kostenlose Schulbus-Shuttledienste für Leute ohne Auto.
- Verteilen Sie Benzin an die Tankstellen der Region. Bei der Katrina-Evakuierung kam es zu Benzinengpässen.
- Bei einem richtigen Notfall schaffen es die meisten Leute nicht, rechtzeitig aufzubrechen. Sie müssen sich über drei Arten von Nachzüglern Gedanken machen: diejenigen, die sich zu gehen weigern, diejenigen, die nicht ohne Hilfe evakuiert werden können (Behinderte oder Leute in Krankenhäusern), und solche, die nicht vom System erfasst sind und nicht mitbekommen, dass evakuiert wird (höchstwahrscheinlich sind

viele von ihnen obdachlos oder alt). Rechtlich und praktisch gesehen lässt sich nicht viel machen, wenn sich ein Anwohner entscheidet zurückzubleiben. Die Ressourcen sind besser auf das Abklappern der Viertel nach Leuten verwendet, die fliehen wollen, aber Hilfe brauchen. Setzen Sie sämtliche zur Verfügung stehenden Anruftransporter und Krankenwägen ein, da diese speziell auf die Bedürfnisse gebrechlicher und behinderter Menschen ausgelegt sind.

- Sorgen Sie dafür, dass einige der Busse und Züge Koffer und Haustiere aufnehmen können. Einer der Gründe, die Leute zum Zurückbleiben bewegen, ist die Sorge um ihre Haustiere und ihre Wertsachen.

- Designieren Sie sämtliche Hauptverkehrsadern als stadtauswärts führend. Das erlaubt es, doppelt so viel Verkehr aus der Stadt herauszuleiten und hält die Ahnungslosen davon ab, in die Stadt zu kommen. Bekannt als »Contraflow« ist ein Konzept für die Pendler der Buchtregion von San Francisco. Die Golden Gate Bridge hat seit 1963 umkehrbare Spuren. Morgens führen vier der sechs Spuren nach San Francisco hinein. Die restliche Zeit über führen drei Spuren in jede Richtung, d. h. in die Stadt und in die Vorstädte in Marin County.

? Stellen Sie sich ein Land vor, in dem alle Eltern sich einen Jungen wünschen. Jede Familie bekommt Kinder, bis ein Junge geboren wird, dann hören sie auf. Wie sieht das Verhältnis von Jungen und Mädchen in diesem Land aus?

Ignorieren Sie Mehrfachgeburten, unfruchtbare Paare und Paare, die sterben, bevor sie einen Jungen bekommen. Das Erste, was Sie sich klarmachen müssen, ist, dass jede Familie genau einen Jungen hat oder haben wird, wenn sie mit der Fortpflanzung aufhört. Warum? Weil jedes Paar Kinder bekommt, bis es einen Jungen hat, und dann nicht mehr schwanger wird. Da Mehrfachgeburten ausgeschlossen sind, bedeutet »ein Junge« genau einen Jungen. Es gibt ebenso viele Jungen wie vollständige Familien.

Eine Familie kann jedoch eine beliebige Anzahl von Mädchen haben. Eine gute Vorgehensweise ist, mit einer imaginären Volkszählung der weiblichen Kinder zu beginnen. Holen Sie alle Mütter des Landes in einem großen Raum zusammen und fragen Sie über Lautsprecher: »Würde bitte jede der Damen, deren erstes Kind ein Mädchen war, die Hand heben?«

Natürlich wird die Hälfte der Frauen die Hand heben. Bei N Müttern würden $N/2$ die Hand heben, was ebenso viele erstgeborene Mädchen repräsentiert. Tragen Sie das in einem imaginären Gesamtverzeichnis ein: $N/2$.

Dann fragen Sie: »Würde bitte jede der Anwesenden, deren zweites Kind ein Mädchen war, die Hand heben oder sie erhoben halten?«

Die Hälfte der Hände wird sich senken und es werden keine neuen Hände nach oben gehen. (Die Mütter, deren Hände schon bei der ersten Frage unten geblieben sind, weil ihr erstes Kind ein Junge war, haben kein weiteres Kind mehr bekommen). Damit bleiben $N/4$ Hände oben, was bedeutet, dass es $N/4$ zweitgeborene Mädchen gibt. Schreiben Sie das ins Gesamtverzeichnis.

»Würde nun bitte jede der Anwesenden, deren drittes Kind ein Mädchen war, die Hand heben oder erhoben halten?« Das Muster wird klar. Machen Sie so weiter, bis keine Hände mehr in der Luft sind. Die Anzahl der Hände wird sich mit jeder Frage halbieren. Das erzeugt die bekannte Serie

$$(1/2 + 1/4 + 1/8 + 1/16 + 1/32 + \ldots) \times N$$

Diese unendliche Serie summiert sich auf zu 1 (x N). Die Anzahl der Mädchen ist gleich der Anzahl der Familien (N) ist gleich der Anzahl der Jungen (oder ziemlich nah dran). Das geforderte Verhältnis von Jungen zu Mädchen ist daher 1 zu 1. Schlussendlich ist es eine Gleichverteilung.

? Die Wahrscheinlichkeit, auf einem verlassenen Highway innerhalb einer 30-minütigen Frist ein Auto zu
beobachten, beträgt 95 Prozent. Wie hoch ist die
Chance innerhalb einer Frist von zehn Minuten?

Die Frage ist nur deshalb eine Herausforderung, weil die Informationen, die sie Ihnen gibt, nicht die sind, die Sie wollen. So ist
das Leben.

Sie wollen eine Wahrscheinlichkeit für 10 Minuten aus einer
für 30 Minuten ableiten. Sie können nicht einfach 95 Prozent
durch drei teilen (nicht dass es nicht manch einer damit versucht
hätte). Es hilft nicht viel zu wissen, wie groß die Chance ist, dass
in 30 Minuten ein Auto vorbeifährt, weil das auf vielerlei Art passieren könnte. Es könnte ein Auto im ersten Zehn-Minuten-Seg-
ment vorbeifahren oder im zweiten oder im dritten. Es könnten
zwei Autos vorbeifahren oder fünf oder 1000, und das würde immer noch als »ein Auto«, das vorbeifährt, zählen.

Was Sie eigentlich wissen wollen, ist die Wahrscheinlichkeit,
dass kein Auto innerhalb einer Zeitspanne von 30 Minuten vorbeifährt. Das ist einfach. Da es eine 95-prozentige Wahrscheinlichkeit gibt, dass zumindest ein Auto in 30 Minuten vorbeifährt,
muss es eine 5-prozentige Chance geben, dass in diesem Zeitfens-
ter kein Auto vorbeikommt.

Um 30 autofreie Minuten zu haben, müssen drei Dinge eintreten (oder eher: nicht eintreten). Zuerst müssen zehn Minuten
vergehen, ohne dass ein Auto vorbeifährt. Dann müssen weitere
zehn Minuten, noch immer ohne Auto, vergehen. Schließlich
müssen ein drittes Mal 10 Minuten autofrei sein. Die Frage lautet,
welche Chance besteht, dass während einer zehnminütigen Frist
ein Auto vorbeikommt. Nennen wir diese Chance X. Die Chance,
dass in 10 Minuten kein Auto vorbeikommt ist 1 – X. Multiplizieren Sie das dreimal mit sich selbst, und es sollten 5 Prozent herauskommen.

$$(1 - X)^3 = 0,05$$

Nehmen Sie nun die Kubikwurzel beider Seiten:

$$1 - X = \text{Kubikwurzel aus } 0,005$$

Lösen Sie die Gleichung für X:

$$X = 1 - \text{Kubikwurzel aus } 0,005$$

Niemand erwartet von Ihnen, dass Sie eine Kubikwurzel im Kopf ziehen können. Ein Laptop wird Ihnen sagen, dass sich die Wahrscheinlichkeit etwa auf 63 Prozent beläuft. Das macht Sinn. Die Chance, dass innerhalb von 10 Minuten ein Auto vorbeikommt, sollte kleiner sein als die 95-prozentige, dass eines in 30 Minuten vorbeikommt.

> **?** Sie haben die Wahl zwischen zwei Wetten: Die eine lautet, dass Sie einen Basketball bekommen und eine Chance, ihn für 1000 Dollar zu versenken. Die zweite lautet, dass sie zwei von drei Würfen versenken müssen, wofür Sie ebenfalls 1000 Dollar bekommen. Für welche entscheiden Sie sich?

Nennen wir die Wahrscheinlichkeit, einen Ball zu versenken, p. Bei der ersten Wette haben Sie die Wahrscheinlichkeit p, 1000 Dollar zu gewinnen. Sonst bekommen Sie nichts. Im Durchschnitt können Sie erwarten, 1000 Dollar x *p* zu gewinnen.

Bei der zweiten Wette werfen Sie dreimal und müssen zweimal treffen, um das Geld zu bekommen. Die Chance, bei jedem dieser Würfe den Ball zu versenken, ist immer noch *p*. Ihre Chance, bei jedem Wurf danebenzuwerfen, ist 1 – *p*.

Es gibt 2^3 oder 8 Szenarios für die zweite Wette. Listen wir sie auf (das können Sie im Interview an der Tafel machen). Ein Häk-

chen bedeutet, dass Sie getroffen haben. Eine Leerstelle bedeutet,
dass Sie danebenwerfen.

1. Wurf	2. Wurf	3. Wurf	Wahrscheinlichkeit	Gewinnt $ 1000?
			$(1-p)^3$	nein
		√	$p(1-p)^2$	nein
	√		$p(1-p)^2$	nein
	√	√	$p^2(1-p)$	ja
√			$p(1-p)^2$	nein
√		√	$p^2(1-p)$	ja
√	√		$p^2(1-p)$	ja
√	√	√	p^3	ja

Das erste Szenario ist das, bei dem Sie wirklich nicht auf Zack sind.
Sie werfen dreimal daneben. Die Chance für diesen Fall ist $1 - p$,
dreimal mit sich selbst multipliziert. Sie bekommen kein Geld.

Bei vier der acht Szenarios gewinnen Sie das Geld. In drei davon werfen Sie einmal daneben. Diese Szenarios haben die Wahrscheinlichkeit $p^2 (1 - p)$. In dem Fall, in dem Sie drei Treffer landen, ist die Wahrscheinlichkeit p^3. Zählen Sie all diese Fälle
zusammen. Dreimal $p^2 (1 - p)$ ergibt $3p^2 - 3p^3$. Addieren Sie dazu
p^3, und Sie erhalten $3p^2 - 2p^3$. Die Erwartung ist also $ 1000 x (3p^2
- 2p^3)$.

Welche Wette ist also die beste?

Erwartung der ersten Wetter: 1000 Dollar x p
Erwartung der zweiten Wette: 1000 Dollar $(3p^2 - 2p^3)$

Sie mögen ein völliger Versager sein (*p* geht gegen 0) oder ein
NBA-Spieler (*p* geht gegen 1). Nur fürs Protokoll: Ich habe das
getan, was Sie während des Interviews nicht machen können –
die Formeln in ein Tabellenblatt eingetragen und eine Tabelle er-
stellt. Die Tabelle zeigt, wie sich die Gewinnerwartungen mit *p*
verändern.

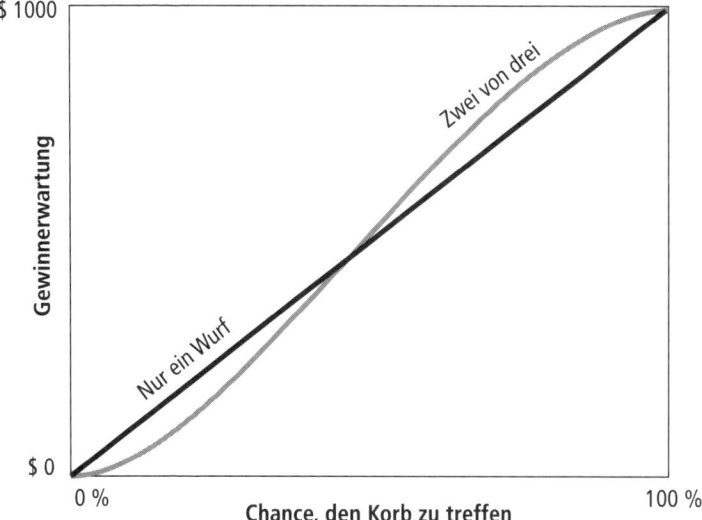

Die gerade diagonale Linie repräsentiert die erste Wette und die eher S-förmige Kurve ist die zweite. Die erste Wette ist besser, wenn Ihre Trefferchance bei weniger als 50 Prozent liegt. Sonst sind Sie besser dran, wenn Sie die zweite Wette nehmen.

Das ergibt Sinn. Ein schlechter Spieler kann nicht erwarten, eine der beiden Wetten zu gewinnen. Er muss seine Hoffnungen auf einen Zufallstreffer setzen, und die Wahrscheinlichkeit, einen solchen zu erwischen, ist bei einem Wurf natürlich größer als bei zwei Würfen (»der Blitz schlägt nie zweimal an derselben Stelle ein«). Ein schlechter Spieler ist also mit der ersten Wette besser dran.

Ein ausnehmend guter Spieler sollte jede der beiden Wetten gewinnen, obwohl es eine kleine Chance gibt, dass er einen Wurf, bei dem es um Geld geht, versaut. Bei zwei von drei kann er sein Talent besser einsetzen, und genau das will er. Es ist wie die Maxime bei der Rechtsprechung: Wenn Sie schuldig sind, wollen Sie ein Geschworenengericht (weil da alles passieren kann); wenn Sie unschuldig sind, wollen Sie einen Richter.

Angenommen, Sie kommen so weit, dann lautet die Folgefrage des Interviewers »Welchen Wert muss p annehmen, damit Sie die Wetten tauschen?« Um diese Frage zu beantworten, machen Sie die Wahrscheinlichkeit, die beiden Wetten zu gewinnen, gleich groß. Das repräsentiert das Niveau in Sachen Basketball, bei dem Sie mit einem Münzwurf entscheiden können, welche Wette Sie nehmen.

$$p = 3p^2 - 2p^3$$

Teilen Sie das durch p:

$$1 = 3p - 2p^2$$

und Sie erhalten

$$2p^2 - 3p + 1 = 0$$

Nun können Sie eine quadratische Formel benutzen und das Herz Ihres Algebra-Lehrers aus dem Gymnasium erwärmen. Der Interviewer wird genauso Ausschau nach Schwung halten wie nach Schulwissen. Sie wissen, dass p, eine Wahrscheinlichkeit, zwischen 0 und 1 liegen muss. Der bessere Stil ist es, einen vernünftig klingenden Wert einzusetzen. »Okay, ich brauch eine Zahl zwischen 0 und 1. Versuchen wir's mit 0,5.« Funktioniert wie ein Zaubertrick.

? Benutzen Sie eine Programmiersprache, um ein Huhn zu beschreiben.

1968 veröffentlichte der französische Schriftsteller und Scherzkeks Noël Arnaud einen dünnen Gedichtband, verfasst in der Programmiersprache ALGOL (mittlerweile obsolet, einer der Vorläufer von C). Arnaud beschränkte sich auf das kurze Repertoire der 24 in ALGOL prädefinierten Worte. Die Gedichte waren kein valider Code. In ALGOL oder C++ ein Huhn zu beschreiben, wäre eine Übung im selben quixotischen Geist.

Die Interviewer haben üblicherweise im Sinn, dass Sie ein *individuelles* Huhn beschreiben, das man von seinen anderen Artgenossen unterscheiden kann. Tun Sie so, als würden Sie ein Sozialnetzwerk für Geflügel einrichten. «Das Huhn namens Blinky ist weiblich, freundlich und tot.» Irgendwas in der Art will Ihr Gesprächspartner, sei es in richtigem Code oder Pseudocode.

Hier ein Beispiel, das die meisten Interviewer zufriedenstellen würde:

```
class Chicken
{
public:
bool isfemale, isfriendly, isfryer, isconceptualart,
isdead;
};
int main ( )
{
Chicken Blinky;
Blinky.isfemale = true;
Blinky.isfriendly = true;
Blinky.isfryer = true;
Blinky.isconceptualart = true;
Blinky.isdead = true;
}
```

? Sie stehen vor einer Treppe und dürfen entweder einen oder zwei Schritte auf einmal machen. Wie viele Möglichkeiten gibt es, die n-te Stufe zu erreichen?

Fangen Sie mit einer einfachen Überlegung an. Sie stehen auf dem Flur und wollen die erste Stufe, #1 erreichen. Es gibt nur eine Möglichkeit – machen Sie einen Schritt nach oben.

Nun sei $N = 2$. Entweder machen Sie zwei einzelne Schritte nacheinander oder Sie machen einen Doppelschritt.

Das ist praktisch alles, was Sie brauchen, um das Problem zu lösen. Um zu erkennen, warum, stellen Sie sich vor, Ihr Ziel sei Stufe #3. Das erste Mal können Sie nicht mit einem einzigen Satz dort hinkommen. Es muss eine Kombination von Schritten sein. Doch es gibt nur zwei Möglichkeiten, bei Stufe #3 anzukommen – indem man von Stufe #2 aus einen einzigen Schritt oder von Stufe #1 aus einen Doppelschritt macht. Wir wissen, dass es vom Erdboden aus nur eine Möglichkeit gibt, zu Stufe #1 zu kommen. Wir wissen auch, dass es nur zwei Möglichkeiten gibt, vom Boden aus zu Stufe #2 zu kommen. Addieren Sie diese (1 + 2 = 3), um die Anzahl der Möglichkeiten zu erhalten, auf Stufe #3 anzukommen.

Dieselbe Logik gilt für jeden Schritt weiter hinauf. Es gibt zwei Möglichkeiten, auf Stufe #4 zu gelangen, und zwar von Stufe #2 und von #3. Addieren Sie die Anzahl der Möglichkeiten, auf Stufe #2 zu kommen (2) zu der Anzahl der Möglichkeiten auf Stufe #3 zu kommen (3). Das ergibt als Anzahl der Möglichkeiten, auf Stufe #4 zu kommen, 5.

Es ist leicht, die Serie fortzusetzen. Die Anzahl der Aufstiegsmöglichkeiten ähnelt einem Schneeballsystem und sieht so aus:

Stufe: 1 2 3 4 5 6 7

Möglichkeiten: 1 2 3 5 8 13 21

Die untere Reihenfolge wird jedem mit mathematischem Hintergrund bekannt vorkommen. Es ist die Fibonacci-Folge (dazu gleich mehr.) Der Interviewer will eine Antwort für den allgemeinen Fall von n Stufen. Es ist einfach die n-te Fibonacci-Zahl.

Leonardo Fibonacci, auch bekannt unter dem Namen Leonardo Pisano, war der einflussreichste italienische Mathematiker des Hochmittelalters. Es war Fibonacci, der die ungeheure Überlegenheit des arabisch-indischen Zahlensystems mit seinem Stellenwertsystem gegenüber den römischen Numeralen erkannte, die im mittelalterlichen Europa nach wie vor verwendet wurden. Mit dem arabisch-indischen System ließen sich Multiplikation und Division auf einen Algorithmus (ebenfalls ein arabisches Wort) reduzieren. Bei den römischen Zahlen waren diese Operationen überaus unpraktisch. Kaufleute mussten sich teure Experten suchen, die die Rechnungen auf einem Abakus durchführten. 1202 schrieb Fibonacci ein Handbuch zum Abakus, das *Liber Abaci*, in dem er die arabischen Zahlen einem Publikum anpries, das recht skeptisch gewesen sein muss. In dem Buch beschrieb er auch, was wir heute als Fibonacci-Folge kennen. Sie ist keine Erfindung Fibonaccis; die Folge war bereits indischen Gelehrten im 6. Jahrhundert bekannt.

Fangen Sie damit an, eine 1 zu schreiben, gefolgt von einer weiteren 1. Addieren Sie sie, um die Summe (2) zu erhalten, und hängen Sie diese Summe an die Reihe an.

1 1 2

Um die jeweils neue Zahl zu erzeugen, addieren Sie einfach die letzten beiden Zahlen in der Reihe. Die Reihe nimmt folgende Gestalt an:

1 1 2 3 5 8 13 21 34 55 89 144 …

Verschwörungstheoretikern wird auffallen, dass die Fibonacci-Folge an allerhand unerwarteten Orten auftaucht. Sie wollen zwischen Meilen und Kilometern umrechnen? Benutzen Sie benachbarte Fibonacci-Zahlen (55 Meilen pro Stunde sind 89 km/h). Wenn Sie das nächste Mal zu viel Zeit haben, dann zählen Sie die kleinen Früchtchen, die eine Ananas bilden. Sie werden feststellen, dass zwei davon sich überschneidende Spiralgruppen bilden, die in entgegengesetzte Richtung verlaufen.

Die eine Gruppe hat acht Spiralen, die andere 13. Beides Fibonacci-Zahlen. Es gibt ähnliche Muster auf Tannenzapfen, bei Sonnenblumen und Artischocken. Zufall? Wahrscheinlich nicht, genauso wenig wie die Tatsache, dass die Fibonacci-Folge im berühmten Buch »Da Vinci Code« auftaucht (als Kombination für einen Safe) – und in dieser Interviewfrage bei einem Informationsunternehmen, das es auf die Weltherrschaft abgesehen hat.

? Sie haben *N* Firmen und wollen sie zu einer großen Firma verschmelzen. Wie viele Möglichkeiten gibt es, das zu tun?

Ganz nach der Wortbedeutung von »verschmelzen« geben zwei Firmen ihre Identität auf und werden zu einer brandneuen Entität. Die Pharmazie-Giganten Glaxo Wellcome und SmithKline Beecham fusionierten im Jahr 2000 zum Pharma-Koloss Glaxo SmithKline (Sie haben es erraten – beide Vorgängerfirmen waren selbst Produkte von Fusionierungen).

Echte Fusionierungen sind recht ungewöhnlich, denn dafür ist eine mehr oder minder exakte gleiche Verhandlungsstärke vonnöten. Häufiger spielen jedoch die Egos der CEOs eine Rolle. Das Management der einen Firma hat das bessere Blatt und scheut sich nicht, die Bosse der schwächeren Firma daran zu erinnern. Das Geschäft ist höchstwahrscheinlich eine Übernahme, bei der Firma A Firma B schluckt, wobei B aufhört, als eigenständige Entität zu existieren (wenn B auch als Markenname weiterleben mag). Ein Beispiel ist die 2006 erfolgte Übernahme von Youtube durch Google.

Fusionierungen sind symmetrisch. Es gibt nur eine Möglichkeit für zwei Firmen, als Gleichgestellte zu fusionieren. Übernahmen sind asymmetrisch. Es gibt zwei Möglichkeiten für Firmen, zu übernehmen oder übernommen zu werden – Google kauft Youtube ist etwas anderes als Youtube kauft Google.

Die meisten Leute, die keine Investmentbanker sind, gehen über die Unterscheidung von Fusionierung und Übernahme einfach hinweg. Jedes Zusammenschließen von Firmen wird einfach als »Fusion« bezeichnet. Der Punkt, um den es geht, ist, dass Sie den Interviewer fragen müssen, was er mit »Verschmelzen« meint. Glücklicherweise gilt ein Großteil der Gedankenführung, egal, wie der Interviewer antwortet.

Fangen Sie mit Übernahmen an, denn diese sind verbreiteter (und etwas leichter zu handhaben). Sie können sich Firmen als Spielsteine bei einer Damepartie vorstellen und Übernahmen als Spielzüge. Fangen Sie mit N Steinen an. Ein Zug besteht darin, einen Spielstein auf einen anderen zu legen, um zu symbolisieren, dass der ober Stein den unteren »übernimmt«. Nach einer Übernahme manipulieren Sie die beteiligten Steine so, als wären sie zusammengeklebt (wie die »Dame« im normalen Spiel).

Jeder Zug verringert die Anzahl der Spielsteine (oder Spielstein-Stöße) um einen. Schließlich werden Sie Stapel von Steinen auf andere setzen, um so noch größere Stapel zu erzeugen. Es braucht genau $N - 1$ Züge, um das Spielziel zu erreichen, einen einzigen hohen Stoß, bestehend aus sämtlichen N Steinen, kombiniert zu einem. Wie viele unterschiedliche Szenarios können zu diesem Ergebnis führen?

Im einfachsten Fall sind zwei Firmen involviert. Firma A kann Firma B schlucken oder umgekehrt. Das sind zwei mögliche Szenarios.

Bei drei Firmen müssen wir entscheiden, welche Firma als erste welche Firma übernimmt. Es gibt sechs Möglichkeiten für diese erste Übernahme, entsprechend den sechs möglichen geordneten Paaren von drei Gegenständen (AB, AC, BA, BC, CA und CB). Nach der anfänglichen Übernahme haben Sie noch zwei Firmen. Dann sieht die Situation genauso aus wie im Absatz zuvor. Die Anzahl möglicher Übernahmeverläufe für drei Firmen ist daher 6 x 2 = 12.

Bei vier Firmen gibt es zwölf Möglichkeiten für die erste Übernahme: AB, AC, AD, BA, BC, BD, CA, CB, CD, DA, DB und DC.

Sobald das entschieden ist, haben Sie drei Firmen und, wie Sie bereits wissen, zwölf Möglichkeiten. Es muss also 12 x 6 x 2 oder 144 Übernahmemöglichkeiten für vier Firmen geben.

Verallgemeinern wir. Bei N Firmen ist die Anzahl möglicher anfänglicher Übernahmen

$$N (N - 1).$$

Das bedeutet schlicht, dass jede der N Firmen die erste sein kann, die eine andere übernimmt, und jede der verbleibenden $N - 1$ Firmen die erste sein kann, die übernommen wird. Nach der ersten Übernahme bleiben $N - 1$ unterschiedliche Firmen und $(N - 1) (N - 2)$ Möglichkeiten für die zweite Übernahme. Danach gibt es noch $N - 2$ Firmen und $(N - 2) (N - 3)$ mögliche Übernahmen. Wir multiplizieren die ständig abnehmenden Zahlen möglicher Übernahmen, bis es nur noch 2 x 1 Möglichkeiten für die letzte Übernahme gibt. Man sieht leicht, dass sich das Produkt bei Benutzung von Fakultätsnotation auf $N!$ x $(N - 1)!$ Übernahmemöglichkeiten beläuft.

Was, wenn man echte Fusionierungen statt Übernahmen will? Die obige Analyse zählt jeden Schritt zweimal – für jede der »$N - 1$-Fusionierungen«. Das bedeutet, dass die Anzahl der Möglichkeiten für Fusionen im eigentlichen Sinne $N!$ x $(N - 1)!$ geteilt durch »2 hoch $N - 1$« ist.

Schließlich und endlich, wenn »verschmelzen« Fusion wie Übernahme bedeuten kann, addieren Sie einfach die beiden Antworten.

? Was ist die schönste Gleichung, die Sie je gesehen haben? Erklären Sie Ihre Antwort.

Diese Frage wird Softwareentwicklern bei Google gestellt und verlangt von ihnen eine Analyse des Faktums, dass eine Gleichung »schön« sein kann, um dann ein passendes Beispiel zu liefern. Das Einzige, was in Sachen Schönheit gewiss ist, ist ihre Subjektivität. Doch selbst unter dieser Voraussetzung sind die meisten Leute der Meinung, dass eine schöne Gleichung prägnant und von universeller Bedeutung ist. Machen Sie sich jedoch klar, dass Sie nicht nur versuchen, sich an eine schöne Gleichung zu erinnern; Sie versuchen auch, den Interviewer durch einen originellen Einfall zu beeindrucken. Es hilft, wenn man dem Interviewer eine Gleichung nennt, die er nicht jeden Tag hört.

Die meisten Leute würden wohl zustimmen, dass

$$E = mc^2$$

eine lahme Antwort ist. Das ist so, als würde ein Politiker sagen, sein Lieblingsfilm sei *Titanic*.

Sie wollen Einstein? Eine bessere Antwort ist

$$\mathbf{G} = 8\,\pi\,\mathbf{T}$$

Damit ist die allgemeine Relativitätstheorie in fünf Symbole gepackt. **G** ist der Einstein-Tensor, der die Beugung der Raumzeit repräsentiert. **T** ist der Spannungs-Energie-Tensor, der die Dichte von Masse und Energie misst. Die Gleichung besagt, dass Masse-Energie Raum und Zeit beugt (diese Beugung erleben wir als Schwerkraft).

Weitere fünf Schriftzeichen bringen einen Großteil der Quantenphysik zum Ausdruck.

$$\hat{H}\,\Psi = E\,\Psi$$

Das ist die Schrödinger-Gleichung, gelesen als »der Hamiltonoperator der Wellenfunktion ist gleich ihrer Energie«.

Die kanonische Google-Antwort ist die Euler'sche Gleichung. In dieser werden fünf für die Mathematik zentrale Zahlen verbunden: *e*, Pi, die imaginäre Zahl i und natürlich 0 und 1, die ja beide im Informationsgeschäft recht bedeutsam sind.

$$e^{\pi i} + 1 = 0$$

Die Euler'sche Gleichung wird oft als die »wunderschönste Gleichung« oder ähnlich bezeichnet. Sie machte den ersten Platz (durch ein Unentschieden zusammen mit allen vier Maxwell'schen Gleichungen!) in einer Abstimmung der Zeitschrift *Physics World* aus dem Jahr 2004 für die »großartigste Gleichung aller Zeiten«. Um es mit den Worten eines Lesers zu sagen: »Was könnte mystischer sein als eine imaginäre Zahl, die im Zusammenspiel mit realen Zahlen das Nichts hervorbringt?«

»So wie ein Shakespeare-Sonett die Uressenz der Liebe einfängt oder ein Gemälde, das die Schönheit der menschlichen Gestalt einfängt, viel tiefer geht als nur bis zur Haut, so reicht auch die Euler'sche Gleichung hinab bis in die Tiefen der Existenz«, schrieb der Stanford-Mathematiker Keith Devlin. Der wahrscheinlich bekannteste Kommentar von allen stammt von Carl Friedrich Gauß, der sagte, dass ein Student, dem diese Formel nicht unmittelbar einsichtig sei, niemals ein erstklassiger Mathematiker werden könnte.

Sie bekommen jedoch keine Punkte für Originalität, wenn Sie mit der Euler'schen Gleichung antworten. Das ist so, als würden Sie sagen, Ihr Lieblingsfilm sei *Citizen Kane*. Das Gauß'sche Fehlerintegral hat einen ähnlichen mystischen Reiz, verbindet es doch *e*, Pi und Unendlichkeit. Ein Punkt, der für diese Gleichung spricht: Gauß selbst fand sie nicht unmittelbar einsichtig.

$$\int_{-\infty}^{\infty} e^{-x^2}\, dx = \sqrt{\pi}$$

Das Gauß'sche Integral hat außerdem etwas, woran es der Euler-Gleichung mangelt – Bedeutung für unser unmittelbares Alltagsleben. Das »e hoch minus x quadrat« ist die Gauß'sche Funktion.

Ein Graph davon ist die bekannte glockenförmige Kurve einer Normalverteilung. Das ist die »Kurve«, nach der Lehrer benoten – jene, die angeblich Höhen, IQ-Ergebnisse und den zufälligen Verlauf der Aktienpreise regiert (oder eben doch nicht). Der Gauß'sche Weichzeichnungsfilter in Photoshop benutzt dieselbe Funktion, um Ihre Exfreundin aus dem Bild zu retuschieren.

In der Gleichung berechnet das Integral den Bereich unterhalb der glockenförmigen Kurve und stellt fest, dass er gleich der Quadratwurzel von Pi, also etwa 1,77 ist. Die Gleichung kann man als Symbol der Rolle des Zufalls in unserer Welt deuten. Viele der Dinge, denen wir den höchsten Wert beimessen – Schönheit, Talent, Geld – sind Resultat von zufälligen Faktoren, von Genen bis hin zu schlichtem Glück. Wenn die Faktoren, die eine Quantität festlegen, tatsächlich zufällig und additiv sind, folgt die Quantität einer Normalverteilung. Die meisten Leute liegen in der Mitte der Kurve. Ein paar Ausreißer werden viel mehr oder viel weniger haben als die Mitte. 1886 sagte Francis Galton über diese Verteilung:

»Ich kenne kaum etwas, das so geeignet ist, die Vorstellungskraft zu beeinflussen, wie die wunderbare Form der kosmischen Ordnung, die mit dem »Gesetz des Fehlers« formuliert ist. Ein Wilder, gesetzt, er könnte es verstehen, würde es als Gott verehren ... Man nehme einen großen Haufen chaotischer Elemente und ordne sie entsprechend ihrer Größe an und plötzlich, egal, wie wild und unregelmäßig sie zuerst erschienen, stellt sich heraus, dass eine unerwartete und wunderschöne gleichmäßige Form von Anfang an zugegen war.«

Für den Kult der schönen Gleichung in all seiner trunkenen Glorie brauchen Sie nicht weiter zu gehen als bis zu dem britischen Physiker Paul A. M. Dirac. »Es ist wichtiger, dass Gleichungen schön sind, als dass sie zu Experimenten passen«, schrieb er einmal. Dirac war ein notorischer Exzentriker und ein sozial auffälliger Charakter, vermutlich ein Resultat von Autismus. Als theoretischer Physiker sah er die Welt als Rätsel, dessen Schlüssel schöne Gleichungen waren. Die momentane Wissenschaft (und die Jobinterviews von heute) haben sich Diracs Ansichten zu einem bemerkenswerten Grad zu eigen gemacht.

Zu einer amüsanten Widerlegung diese Position kam Richard Feynman im zweiten Band der »Feynman Lectures on Physics«, wo er die erstaunliche Behauptung aufstellte, sämtliche Physik ließe sich auf eine einzige Gleichung reduzieren. Die Gleichung lautet

$$U = 0$$

Das ist es! Damit ist alles über das Universum gesagt!

Feynman meinte es halb ernst. Nehmen Sie eine Gleichung wie $E = mc^2$. Diese Gleichung soll *tief* sein. Ihre sogenannte Schönheit beruht auf der Tatsache, dass sie so viel mit lediglich ein paar Zeichen auf Papier erklärt, ein paar schwarzer Flecken auf Weiß. Diese Wahrnehmung von Einfachheit beruht auf schwer errungenen, unordentlichen Konzepten, so Feynman. Was ist Energie? Was ist Masse? Was ist Lichtgeschwindigkeit? Für Leonardo da Vinci oder al-Khwarizmi gab es diese Konzepte nicht. Energie und Masse hatten erst zu Newtons Zeiten begonnen, schriftliche Form anzunehmen. »Lichtgeschwindigkeit« war bis ins 19. Jahrhundert kaum eine wissenschaftliche Angelegenheit. Worum es Feynman ging, war, dass $E = mc^2$ eine *Abkürzung* ist. Sie können sie bewundern, aber fallen Sie nicht darauf herein, wie »einfach« sie ist. Sie ist überhaupt nicht einfach.

Machen Sie sich klar, dass Sie Einsteins Gleichung in

$$E - mc^2 = 0$$

verwandeln können.

Alles, was ich getan habe, war, von beiden Seiten mc^2 abzuziehen. Sie waren vorher gleich und müssen auch jetzt gleich sein. Quadrieren Sie nun beide Seiten der Gleichung. Das ergibt

$$(E - mc^2)^2 = 0$$

Der Sinn dieser Operation wird gleich klar werden. Sie ist Teil des Feynman'schen Rezepts für die ultimativ schönste Gleichung. Mixen Sie noch ein paar mehr Gleichungen hinein. Ach zum Teufel, wir nehmen einfach die Schrödinger- und die Euler'sche Gleichung. Lassen Sie die Euler'sche, wie sie ist, und spielen Sie ein bisschen mit der Schrödinger'schen herum.

$$e^{\pi i} + 1 = 0$$
$$\hat{H}\,\Psi - E\,\Psi = 0$$

Dann quadrieren Sie beide Seiten jeder Gleichung und addieren sie zu der neu-aufgelegten Einstein-Gleichung.

$$(E - mc^2)^2 + (\hat{H}\,\Psi - E\,\Psi)^2 + (e^{\pi i} + 1)^2 = 0$$

Alle drei Terme auf der linken Seite müssen 0 ergeben (sagen Einstein, Schrödinger und Euler). Die Gleichung muss korrekt sein, gesetzt, ihre drei Komponenten sind es. Außerdem kann die Gleichung nur korrekt sein, wenn alle ihre Terme gleich 0 sind. (Das ist die Pointe des Quadrierens. Es garantiert, dass keiner der Terme negativ sein kann. Die einzige Möglichkeit, wie drei nicht-negative Terme in summa 0 ergeben können, ist, dass sie alle gleich 0 sind).

Lassen Sie es jedoch nicht dabei bewenden. Gehen Sie aufs Ganze, sagt Feynman. Man kann alle Gleichungen, großartige wie triviale, in diese Form bringen und an der linken Seite der Meistergleichung anreihen. Feynman nannte die Quantitäten auf der linken Seite »U (n)«, wobei das Spektrum von N bei 1 anfangen und so weit gehen kann, wie Sie nur wollen. Addieren Sie das alles, und es bleibt U, was für *Unworldliness* steht. Das ist ein Maß für alles und jedes, was nicht in das Schema der Physik passt. Die Meistergleichung besagt, dass die Unweltlichkeit 0 ist. Sie können sämtliche Physik daraus entwickeln.

$U = 0$ ist einfacher (»schöner«) als jede andere Gleichung. Sie besagt alles, was auch die anderen besagen, und ist so einfach, wie eine Gleichung nur sein kann. Eine Gleichung besagt, dass Sie ein Gleichheitszeichen haben, wobei eine Sache links davon steht und die andere Sache rechts. Drei Symbole sind das absolute Minimum und $U = 0$ liefert dieses schöne (magersüchtige?) Minimum.

Worum es Feynman wirklich ging war, dass $U = 0$ ein alberner Taschenspielertrick ist, mit dem sich alles über das Universum so gedrängt wie möglich ausdrücken lässt! Feynman fragte: »Seid ihr sicher, dass ihr das mit ›schön‹ meint?« Die Sache ist es wert, über sie nachzudenken. Eine gute Antwort auf diese Frage könnte mit Feynmans $U = 0$ beginnen. Wenn Sie glauben, besser verstanden zu haben, was »Schönheit« ist, beschreiben Sie sie und finden Sie eine passende Gleichung dafür.

Kapitel 5

? Sie wollen feststellen, ob Bob Ihre Telefonnummer hat. Sie können ihn nicht direkt fragen. Stattdessen müssen Sie ihm eine Nachricht auf eine Karte schreiben und diese Eve geben, die als Botin fungieren wird. Eve wird die Karte Bob geben und er wird seine Nachricht Eve überreichen, die Ihre Nummer nicht erfahren soll. Welche Anweisung geben Sie Bob?

Selbst wenn Sie die kurze, einfache Antwort geben (siehe S. 87), kann es sein, dass man von Ihnen verlangt, auch die RSA-Antwort zu liefern. Das ist nicht kompliziert, solange Bob nur einen Computer hat und Ihre Anweisungen befolgen kann. Sie können den Interviewer nach Bobs Fähigkeiten als Mathematiker und Informatiker befragen.

Bei RSA erzeugt jede Person zwei Schlüssel, einen öffentlichen und einen privaten. Ein öffentlicher Schlüssel ist wie eine E-Mail-

Adresse. Er ermöglicht es allen, Ihnen Nachrichten zu schicken. Ein privater Schlüssel ist wie Ihr E-Mail-Passwort. Sie brauchen es, um an Ihre E-Mails zu kommen, und Sie müssen es geheim halten – sonst könnte jeder Ihre Mails lesen.

Sie können Bob keine Geheimbotschaft schicken, weil er seine Schlüssel noch nicht festgelegt hat. Vielleicht weiß er gar nicht, was RSA ist, bis Sie es ihm sagen! Sie müssen ihm jedoch keine Geheimbotschaft schicken. Sie wollen, dass Bob *Ihnen* eine Geheimbotschaft schickt, und zwar Ihre Telefonnummer. Das heißt, Sie brauchen einen Schlüssel für sich selbst, nicht für Bob. Die Skizze einer Lösung sieht so aus:

»Hey, Bob! Wir werden RSA-Kryptografie verwenden. Du weißt vielleicht nicht, was das ist, aber ich erkläre dir genau, was du zu tun hast. Hier ist mein öffentlicher Schlüssel. Nimm den und meine Telefonnummer und erstelle damit eine verschlüsselte Nummer. Befolge dazu folgende Anweisungen … Schick mir dann die verschlüsselte Nummer über Eve zurück.«

Der Trick dabei ist, die Anweisungen so auszuarbeiten, dass sie fast jeder umsetzen kann. Sie müssen außerdem prägnant sein.

Heute hat es den Anschein, dass RSA-Kryptografie das erste Mal im Jahr 1973 beschrieben wurde. Der ursprüngliche Erfinder war der Mathematiker Clifford Cocks, der für den Geheimdienst Ihrer Majestät arbeitete. Sein Konzept wurde für unpraktisch gehalten: Dafür war zu allem Überfluss ein Computer vonnöten. An einen solchen kam man nicht unbedingt leicht heran –, zu einer Zeit, da sich die Spione üblicherweise mit Kameras begnügen mussten, die in Handschellen versteckt waren. Bis 1997 blieb Cocks' Idee unter Geheimhaltung. In der Zwischenzeit, bereits 1978, hatten drei Wissenschaftler vom MIT unabhängig von Cocks dieselbe Idee entwickelt. Die Initialen der Nachnamen dieser MIT-Gruppe – Ronald Rivest, Adi Shamir und Leonard Adelman – lieferten das Akronym.

Im RSA-System muss jemand, der Nachrichten empfangen will, zwei willkürliche Primzahlen wählen, p und q. Die Zahlen müssen hoch und mindestens so groß (hinsichtlich der Ziffern) sein wie die Zahlen oder Nachrichten, die übertragen werden. Für eine Telefonnummer mit zehn Dezimalstellen müssen p und q zumindest aus zehn Zahlen bestehen.

Eine Art, p und q auszuwählen, ist, eine Website zu googeln, die Listen großer Primzahlen führt. Die Prime Pages, geleitet von Chris Caldwell von der University of Tennessee at Martin, funktioniert gut. Wählen Sie willkürlich zwei zehnstellige Primzahlen. Hier sind zwei:

$$1.500.450.271 \text{ und } 3.367.900.313$$

Nennen Sie diese p und q. Nun müssen Sie die beiden multiplizieren und das exakte Ergebnis feststellen. Das ist ein wenig schwierig. Sie können es nicht mit Excel oder Google Calculator oder einer anderen Benutzersoftware machen, weil diese nur eine begrenzte Anzahl von Stellen anzeigen. Eine Option ist, von Hand zu multiplizieren. Leichter ist es, wenn man Wolfram Alpha benutzt (www.wolframalpha.com): Geben Sie einfach ein

$$1500450271 * 3367900313$$

und die Software liefert das exakte Ergebnis, nämlich:

$$5053366937341834823$$

Nennen Sie dieses Produkt N. Es ist eine Komponente Ihres öffentlichen Schlüssels. Die andere Komponente ist eine Zahl genannt e, eine willkürlich gewählte Zahl, idealerweise von gleicher Länge wie N, die sich nicht restfrei durch $(p - 1)$ $(q - 1)$ teilen lässt. Vielleicht konnten Sie mir bei diesem letzten Teil nicht folgen, aber das macht nichts. Bei vielen Anwendungen nehmen die

Programmierer einfach 3 für *e*. Das erfüllt meistens seinen Zweck und ermöglicht schnelles Verschlüsseln.

Sobald Sie *N* und *e* festgelegt haben, kann es losgehen. Sie müssen nur noch diese beiden Zahlen an Bob schicken, zusammen mit der idiotensicheren Einführung in RSA-Kryptografie. Bob muss

$$x^e \bmod N$$

berechnen, wobei x die Telefonnummer ist. Da wir für *e* 3 gewählt haben, ist der Teil links x^3. Das ist also eine 30-stellige Zahl. Das »mod« besagt eine Modulo-Division, was bedeutet, dass Sie x^3 durch *N* teilen und nur den Rest nehmen. Dieser Rest muss im Spektrum von *N* – 1 liegen. Also wird es sich vermutlich um eine 20-stellige Zahl handeln. Diese 20-stellige Zahl ist die verschlüsselte Nachricht, die Bob an Sie zurückschickt.

Bob muss also in der Lage sein, eine Zahl hoch drei zu nehmen und eine lange Division durchzuführen. Der entscheidende Teil der Anweisungen könnte lauten.

> »Bob, du musst folgende Anweisungen sorgfältig befolgen, ohne sie infrage zu stellen. Nimm an, dass meine Telefonnummer eine reguläre zehnstellige Zahl ist. Zuerst musst du diese Zahl kubieren (multipliziere die Zahl mit sich selbst und dann das Ergebnis noch mal mit der ursprünglichen Zahl). Die Antwort, eine 30-stellige Zahl, muss exakt sein. Wenn es sein muss, mach die Rechnung von Hand und überprüfe das Ergebnis. Dann musst du die längste Division deines Lebens durchführen. Teile das Ergebnis durch folgende Zahl: 5.053.366.937.341.834.823. Auch die Division muss exakt sein. Schick mir nur den Rest des Divisionsergebnisses. Es ist wichtig, dass du nicht den gesamten Teil des Quotienten schickst – nur den Rest.«

Angenommen, Bob hat Internetzugang (davon kann man wohl ausgehen, oder?), dann könnte die Botschaft auch lauten:

>>Bob, geh auf folgende Website: www.wolframalpha.com. Du wirst dort ein langes, rechteckiges, orange umrandetes Kästchen sehen. Gib meine zehnstellige Telefonnummer in dieses Kästchen ein, ohne Schrägstrich, Punkte oder Einschübe – nur die zehn Zahlen. Gib unmittelbar nach der Telefonnummer Folgendes ein:

$$\wedge 3 \bmod 5053366937341834823$$

Dann klicke auf das kleine Gleichheitszeichen rechts von dem Kästchen. Die Antwort ist höchstwahrscheinlich eine 20-stellige Zahl, die in einem Kästchen mit der Bezeichnung »Result« auftaucht. Gib die Antwort Eve.

Natürlich liest Eve diese Anweisungen und auch die Antwort von Bob. Sie kann damit aber nichts anfangen. Sie hat eine 20-stellige Zahl, von der sie weiß, dass sie der Rest ist, wenn die dritte Potenz der Telefonnummer durch 5.053.366.937.341.834.823 geteilt wird. Bisher hat noch niemand einen effektiven Weg gefunden, die Telefonnummer wiederzugewinnen.

Was hilft Ihnen das? Einiges, denn Sie haben den *geheimen Dekodierungsschlüssel*. Dabei handelt es sich um d, die Umkehrung von $e \bmod (p - 1)\,(q - 1)$. Es gibt einen effizienten Algorithmus, um das zu errechnen – das heißt natürlich unter der Voraussetzung, dass Sie die beiden Primzahlen p und q kennen, die benutzt wurden, um N zu generieren. (Und Sie kennen sie, weil Sie sie ausgesucht haben.)

Nennen wir die verschlüsselte Zahl/Nachricht, die Bob zurückschickt, Y. Seine ursprüngliche Nachricht ist

$$»Y^{d}« \bmod N$$

Um das in Zahlen umzusetzen, geben Sie es einfach bei Wolfram Alpha ein (und ersetzen Sie Y, d und N durch die eigentlichen Zahlen).

Eve kennt N, da diese Zahl ja auf der Karte stand, die sie Bob gebracht hat. Sie kennt y, denn das war ja Bobs Antwort an Sie. Aber d kennt sie nicht, und sie hat keine Möglichkeit, d in Erfahrung zu bringen. Eve hat also Algorithmus-Schwierigkeiten. Es ist leicht, zwei Zahlen zu multiplizieren – verdammt, das lernt jedes Schulkind. Aber es ist schwierig, eine große Zahl zu faktorisieren.

? Wenn Sie einen Stapel von Pennystücken in Höhe des Empire State Buildings hätten, könnten Sie sie alle in einem Zimmer unterbringen?

Die Formulierung mag Sie zu der Annahme verleiten, dass es sich um eine der Interviewfragen handelt, bei denen Sie irgendwelche absurden Mengen abschätzen sollen. Moment – die Frage lautet nicht »Wie viele Pennystücke?« sondern »Passt der Stapel in einen Raum?« Der Interviewer will eine Ja/Nein-Antwort (gefolgt von einer Erklärung natürlich).

Das sollte Ihnen einen Hinweis liefern: genau die Tatsache, dass die Frage nicht angibt, wie groß der Raum ist. Räume gibt es in allen möglichen Größen. Die Intuition würde einem vielleicht suggerieren, dass der Stapel zwar nicht in eine Telefonzelle, aber relativ leicht in den Spiegelsaal von Versailles passt.

Die Antwort sieht ungefähr so aus. »Das Empire State Building hat etwa 100 Stockwerke [es sind genau 102]. Das ist mindestens 100-mal höher als ein normaler Raum, von innen gemessen. Ich müsste also den wolkenkratzerhohen Stapel von Pennys in etwa 100 Säulen vom Boden bis zur Decke errichten. Die Frage ist damit, ob ich 100 Penny-Säulen vom Boden bis zur Decke in einen Raum kriege. Mit Sicherheit! Das ist eine Zehn-auf-zehn-Anordnung der Penny-Säulen. Solange genug Platz ist, 100 Pennystücke auf den Boden zu legen, ist genug Platz. Die kleinste New Yorker Wohnung und eine alte Telefonzelle haben jeweils ausreichend Platz.«

Wenn man dabei etwas auf den Putz haut, zählt es. Es geht nicht nur darum, die richtige Antwort zu finden, sondern auch darum, es ganz einfach aussehen zu lassen. Große Sportler machen das von Natur aus. Seit Neuestem erwartet man von Jobsuchern dasselbe.

? Sie haben 10.000 Apache-Server und einen Tag, um 1 Million Dollar zu machen. Was tun Sie?

Die Microsoft-Antwort: Ergreifen Sie die Gelegenheit, um dem Interviewer Ihre lang gehegte Lieblingsgeschäftsidee aufzutischen. Sie dürfen damit rechnen, dass der Interviewer höflich zuhört und dann fragt: »Ja, aber sind Sie sicher, dass Sie die Million *am ersten Tag* verdienen können?«

Notabene: Google ist ein serverintensives Unternehmen, bei dem es etwa fünf Jahre dauerte, bis es Profit abwarf. Youtube wirft *vielleicht* die ersten Profite zu dem Zeitpunkt ab, da Sie dies lesen.

Ein relativ glaubwürdiger Geschäftsplan wäre Wertpapierhandel mit Hochgeschwindigkeit. Es heißt, dass schlaue Betreiber jeden Tag Millionen durch den An- und Verkauf von Wertpapieren verdienen, die sich durchschnittlich jeweils ein paar Sekunden in ihrem Besitz befinden. Normalerweise liquidieren sie alle ihre Anteile, kurz bevor der Markt schließt, sodass sie am Ende des Tages ihren Profit haben. Für einen solchen Plan braucht man Software (die in der Lage ist, alle anderen Handelsmaschinen, die es derzeit gibt, in den Arbitragegeschäften zu schlagen) und schnelle Hardware, jedoch nichts in der Größenordnung von 10.000 Servern.

Die Google-Antwort: Verkaufen Sie die Server für 100 Dollar das Stück. Damit »machen« Sie 1 Million Dollar oder eher

10 Millionen Dollar. Wenn Sie eine tolle Geschäftsidee haben, benutzen Sie das als Startgeld. Das hält Sie lang genug über Wasser, bis Sie einen Risikokapitalgeber interessieren können (der schlau genug ist, um zu erkennen, dass große Ideen nicht gleich am ersten Tag 1 Million einbringen).

? Wir haben zwei Hasen, Speedy und Sluggo. Wenn die beiden ein Wettrennen über 100 Meter machen, läuft Speedy schon über die Ziellinie, als Sluggo bei der 90-Meter-Marke angekommen ist (beide Hasen laufen mit konstanter Geschwindigkeit). Jetzt lassen wir die beiden bei einem Rennen antreten, bei dem wir Speedy ein bisschen benachteiligen. Speedy muss 10 Meter hinter der Startlinie loslaufen (und 110 Meter laufen), während Sluggo beim gewohnten Start anfängt und 100 Meter läuft. Wer gewinnt?

Der Microsoft-Ansatz: Angenommen, Speedys Geschwindigkeit ist x und Sluggos Geschwindigkeit 0,9 x …

Der Google-Ansatz: Speedy schafft 100 Meter in der Zeit, in der Sluggo 90 Meter schafft. Bei dem Rennen, bei dem wir Speedy benachteiligen, startet Speedy bei –10 Metern. Seine 100 Meter bringen ihn also genau zur 90-Meter-Marke. In der Zwischenzeit hat Sluggo 90 Meter geschafft. Da er bei 0 angefangen hat, ist er jetzt ebenfalls an der 90-Meter-Marke. In diesem Augenblick sind beide auf gleicher Höhe. Es ist, als ob sie bei der 90-Meter-Marke ein neues Rennen anfangen würden, wobei die Ziellinie die 100-Meter-Marke ist. Natürlich gewinnt der schnellere Hase, Speedy.

? Sie haben eine analoge Uhr mit Sekundenzeiger. Wie oft am Tag überlappen sich alle drei Zeiger der Uhr?

Das ist eine Aktualisierung einer klassischen Microsoft-Interviewfrage, wie oft am Tag sich der Minuten- und der Stundenzeiger überlappen. Da diese schon ziemlich bekannt ist, haben die Interviewer angefangen, eine neue Variante zu verwenden.

Die Microsoft-Antwort: Machen Sie sich zunächst klar, wie oft sich der Stunden- und der Minutenzeiger überlappen. Jeder weiß, dass sie sich um Mitternacht und etwa gegen 1.05, 2.10, 3.15 und so weiter überlappen. Sie überlappen sich jede Stunde außer in der von 11.00 auf 12.00 Uhr. Um 11.00 Uhr ist der schnellere Minutenzeiger bei der 12 und der langsame Stundenzeiger auf der 11. Bis 12.00 Uhr mittags überlappen sie sich nicht mehr, ergo keine Überlappung in der 11.00-Uhr-Stunde.

In einer zwölfstündigen Periode gibt es also elf Überlappungen. Sie sind zeitlich gleich verteilt (beide Zeiger bewegen sich mit konstanter Geschwindigkeit). Das bedeutet, dass das Intervall zwischen den Überlappungen der Stunden- und Minutenzeiger 12/11 einer Stunde sind. Das beläuft sich auf 1 Stunde, 5 Minuten und 27 3/11 Sekunden. Die elf Überlappungen von Minuten- und Stundenzeiger in jedem Zwölf-Stunden-Zyklus finden statt um

12:00:00
1:05:27 3/11
2:10:54 6/11
3:16:21 9/11
4:21:49 1/11
5:27:14 4/11
6:32:43 7/11
7:38:10 10/11
8:43:38 2/11
9:49:05 5/11
10:54:32 8/11

Wie können wir feststellen, ob es bei einem dieser Male eine dreifache Überlappung gibt? Obwohl es sich um eine analoge Uhr handelt, denken Sie mal an eine Digitaluhr, die Ihnen die Zeit in Stunden, Minuten und Sekunden anzeigt:

12:00:00

Es gibt nur dann eine Überlappung zwischen Minuten- und Sekundenzeigern, wenn die Minutenzahl (hier 00) gleich der zweiten Sekundenzahl ist (00). Es gibt um 12.00.00 Uhr eine präzise Dreifachüberlappung. Im Allgemeinen wird die Überlappung von Minuten- und Sekundenzeiger in einem Sekundenbruchteil vor sich gehen. Hier beispielsweise

12:37:37

wäre der Sekundenzeiger bei 37 hinter der Minute, während der Minutenzeiger zwischen 37 und 38 nach der Stunde stünde. Der Moment der Überlappung käme einen Sekundenbruchteil später. Aber der Stundenzeiger wäre nicht in der Nähe der anderen, es wäre also keine dreifache Überlappung.

Keine der Stunden- und Minutenzeigerüberlappungen aus der obigen Liste besteht diesen Test außer jener um 12.00.00. Das bedeutet, dass sich alle drei Zeiger nur zweimal am Tag überlappen, mittags und um Mitternacht.

Die Google-Antwort: Der zweite Zeiger ist dafür da, kurze Intervalle zu messen, nicht für das Angeben der Uhrzeit mit einer Genauigkeit auf die Zehntelsekunde. Er ist normalerweise nicht mit den anderen beiden Zeigern synchronisiert. »Synchronisiert« würde bedeuten, dass Schlag 12 um Mittag und um Mitternacht wirklich alle drei Zeiger auf die 12 zeigen. Bei den meisten Analoguhren ist es nicht möglich, den Sekundenzeiger von Hand zu stellen. Man kann das umgehen, indem man die Batterie herausnimmt (oder eine Aufziehuhr auslaufen lässt) und die Minuten- und Stundenzeiger dort mit dem Sekundenzeiger synchronisiert, wo dieser stehen geblieben ist, und dann wartet, bis die angezeigte Zeit gekommen ist, um dann die Batterie wieder einzusetzen oder die Uhr aufzuziehen. Es bräuchte schon einen manischen Analoguhr-Fetischisten, um diesen Aufwand zu betreiben. Aber wenn

Sie es nicht machen, wird der Sekundenzeiger nie die »richtige« Zeit anzeigen. Er wird von den tatsächlichen Sekunden von einem zufälligen Intervall von bis zu 60 Sekunden abweichen. Bei einer zufälligen Versetzung sind die Chancen überwältigend, dass die drei Zeiger *nie* genau deckungsgleich übereinander liegen werden.

? Sie spielen Football auf einer einsamen Insel und wollen eine Münze werfen, um festzulegen, welches Team den Kick-off machen darf. Unglücklicherweise ist die einzige Münze auf der Insel verbogen und daher ziemlich parteiisch. Wie können Sie die parteiische Münze dazu benutzen, eine faire Entscheidung zu treffen?

Die Microsoft-Antwort: Machen Sie viele Würfe mit der Münze, um die prozentuale Wahrscheinlichkeit für Kopf und Zahl festzulegen. (Fügen Sie an dieser Stelle die Erörterung statistischer Signifikanz ein.) Sobald Sie wissen, dass die Münze in 54,7 Prozent der Fälle mit Kopf aufkommt (mit Fehlerbalken), benutzen Sie diese Tatsache, um eine Wette mit mehreren Würfen zu entwickeln, wobei die Fehler so gut wie möglich ausgeglichen werden. Das wird ungefähr so aussehen: »Wir werfen die Münze 100-mal, und es muss mindestens 55-mal Kopf kommen, damit Mannschaft A den Vorteil bekommt; ansonsten bekommt ihn Mannschaft B.«

Die Google-Antwort: Werfen Sie die Münze zweimal. Es gibt vier mögliche Ergebnisse: KK, KZ, ZK und ZZ. Da die Münze eine Seite begünstigt, ist die Chance für ZZ nicht gleich der Chance für KK. Aber KZ und ZK müssen gleich wahrscheinlich sein, egal, wie schief das Verhältnis ist. Werfen Sie also zweimal, nachdem Sie festgelegt haben, dass KZ bedeutet, dass ein Team den Vorteil bekommt, und ZK, dass das andere Team ihn bekommt. Sollte sich ZZ oder KK ergeben, ignorieren Sie das Ergebnis und werfen Sie noch zweimal. Wiederholen Sie so oft wie nötig, bis Sie KZ oder ZK bekommen.

Ganz davon abgesehen, dass sie einfacher ist, ist diese Vorgehensweise unanfechtbar fair. Das Microsoft-Schema nähert sich der Fifty-fifty-Wahrscheinlichkeit nur an.

Kapitel 6

? Wie viel würden Sie dafür verlangen, alle Fenster in Seattle zu putzen? (Fermi-Frage)

Der erste Schritt hier ist das Schätzen der Bevölkerung von Seattle. Der U. S. Census schätzte die Einwohnerzahl der Stadt auf 594.000 (Stadtgrenze) oder 3,26 Millionen (Großraum). In einem Jobinterview würde Ihnen niemand ankreiden, wenn Sie sagen, dass Seattle 1 Million Einwohner hat.

Wie viele Fenster gibt es pro Einwohner von Seattle? In Manhattan preisen sich alle jungen Leute mit einem einzigen Fenster als glücklich. Seattle ist anders; die Wohnungen sind größer und es leben mehr Leute in Häusern mit Panoramafenstern, von denen aus man auf die immergrünen Wälder schauen kann. Viele Häuser und Reihenhäuser sind zweistöckig. Eine vernünftige Schätzung wäre wohl zehn Fenster pro Einwohner.

Es gibt auch Fenster an Arbeitsplätzen, bei Starbucks, Nordstrom, in Flughäfen, Konzerthallen und so weiter. Das fügt wahrscheinlich der Pro-Kopf-Gesamtsumme nicht allzu viel hinzu. Eine durchschnittliche Arbeitsnische hat keine Fenster. Ein Einkaufszentrum hat eine kleine Oberfläche (und wenige Fenster) in Relation zu seinem Volumen. Die Fenster in öffentlichen Räumen wie Restaurants und Flughäfen sind verteilt auf die riesige Masse an Menschen, die sie nutzen. Vergessen Sie nicht die Fenster der Autos. (Sie können den Interviewer fragen, ob Sie sie dazuzählen sollen). Ein Auto hat mindestens vier Fenster, manchmal doppelt so viele. Aber große SUVs werden von großen Familien benutzt und tragen daher nicht so viele Fenster pro Kopf bei.

Eine vernünftige Schätzung ist, dass die Fenster außer Haus sich nochmals auf zehn pro Person belaufen. Das läuft auf 20 Fenster pro Einwohner von Seattle hinaus. Wenn man von einer Bevölkerung von 1 Million ausgeht, wären das 20 Millionen Fenster zum Putzen.

Wie viel soll man dafür verlangen, ein Fenster zu putzen? Bei den Fenstern bei Ihnen zu Hause braucht man ein paar Spritzer Glasreiniger, ein paar Papiertücher und ein paar Sekunden. Einige der Fenster in Seattle sind riesig, wie die des Restaurants oben auf der Space Needle, und befinden sich auch noch in großer Höhe, wofür man eine Spezialcrew braucht, spezielles Equipment, hohe Arbeitslöhne und viel Mut.

Jemand, der sein Handwerk versteht, könnte wahrscheinlich eine Seite eines typischen Fensters in 1 Minute reinigen, wenn die meisten klein sind. Das bedeutet, das Reinigen »eines Fensters« (beider Seiten) dauert 2 Minuten. Damit kommt man auf 30 Fenster pro Stunde.

Nehmen wir an, ein typischer Fensterputzer verdient 10 Dollar pro Stunde. Dazu kommen noch 5 Dollar für Versicherung und Material. Das sind 15 Dollar für eine Stunde Arbeit, in der 30 Fenster geputzt werden. Kosten pro Fenster: 50 Cent.

20 Millionen Fenster mal 50 Cent ist 10 Millionen Dollar.

Die Frage wird bei Amazon und Google gestellt.

? Ein Mann schob sein Auto zu einem Hotel und verlor sein Vermögen. Was ist passiert? (Laterales Denken)

Er hat Monopoly gespielt.

? Sie steigen in einen Sessellift am Fuß eines Berges und fahren ganz nach oben. Wie viel Prozent der Liftsessel kommen auf Ihrem Weg vorbei?
(Klassisches Logikrätsel)

Sie kommen an allen Sesseln des Lifts vorbei (mit Ausnahme Ihres eigenen). Der Lift ist wie eine Seilschlaufe an einem Flaschenzug. Die Sessel hängen an allen Teilen der Schlaufe. Da die eine Hälfte der Schlaufe die Sessel nach unten transportiert, während die andere Hälfte sie nach oben transportiert, ziehen die Sessel mit einer relativen Geschwindigkeit an Ihnen vorbei, die doppelt so groß ist wie die des Flaschenzugs selbst. Indem Sie nach oben fahren, durchqueren Sie genau die Hälfte der vollständigen Schlaufe. Aber da die relative Geschwindigkeit doppelt so groß ist wie die des Flaschenzugs, kommen Sie an 100 Prozent der Schlaufe vorbei und somit an allen Stühlen außer Ihrem eigenen.

Sie fragen sich nun vielleicht, wie Sie an dem Sessel vorbeikommen können, der direkt vor Ihnen ist. Ein paar Augenblicke bevor Sie oben ankommen, wechselt der Stuhl vor Ihnen die Richtung und ist auf der Rückkehrseite der Schlaufe. Damit fährt er nach unten und kommt an Ihrem Stuhl vorbei, der nach oben fährt, gerade bevor Sie aussteigen.

? Erklären Sie Ihrem acht Jahre alten Neffen in drei Sätzen, was eine Datenbank ist. (Test in divergentem Denken)

Eine Datenbank macht das Finden von Informationen bequemer (nicht nur das Speichern, was vergleichsweise leicht ist). Der Trick dabei ist, sich kreative Analogien auszudenken, mit denen man an einen Achtjährigen herankommt. »Eine Datenbank ist wie eine … Rollkartei (hat jemand, der jünger ist als 50, überhaupt eine?) … ein magischer Informationszauberer (zu gönnerhaft?) … ein iPod … ein TiVo.« Suchen Sie die beste Analogie und arbeiten Sie sie zu einer Antwort in drei Sätzen aus:

Eine Datenbank ist ein iPod für Informationen. Mit einem iPod kannst du Tausende von Liedern speichern und trotzdem jedes von ihnen schnell finden. Eine Datenbank macht dasselbe mit Informationen, die Leute auf einem Computer oder im Internet gespeichert haben.

? Sehen Sie sich die folgende Sequenz an:

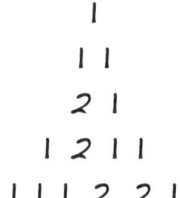

Was kommt in der nächsten Zeile?

Der Interviewer schreibt das auf die Tafel. Das Muster ist gerade deutlich genug, um viele Nerds in den Wahnsinn zu treiben. Hinweis: Versuchen Sie, die Zeilen laut zu lesen.

Das ist die sogenannte *look-and-say-sequence*, beschrieben von dem Mathematiker John Horton Conway im Jahr 1986. Mit Ausnahme der ersten inventarisiert jede Zeile die darüber. Die dritte Zeile beispielsweise kann man als »zwei Eins(en)« lesen. Jetzt schauen Sie in die Zeile darüber. Dort stehen zwei Einsen.

Die unterste Zeile, die Sie bekommen, besteht aus drei Einsen, zwei Zweien und einer Eins. Die folgende Zeile muss lauten

3 1 2 2 1 1

Dieses Rätsel tauchte im *Google-Labs-Aptitude-Test* auf, als Pseudotest, der im Herbst 2004 als Einstellungspromotion an Studenten ausgegeben wurde. Die Personalabteilungen raten üblicherweise von Einsichtsfragen ab, aber manche Interviewer können einfach nicht widerstehen. Nur fürs Protokoll: Die *look-and-say-sequence* ist nicht einfach nur ein Einweg-Mathewitz. Conway bewies einige originelle und (halb) ernste Resultate dazu. Programmierer werden in der Serie eine Form von Lauflängenkodierung erkennen. Wenn man ein Video einer *South-Park*-Episode komprimiert, dann speichert man nicht die Farbe von jedem Pixel in Kyles grüner Mütze. Stattdessen benutzt man die Laufzeitkodierung, die im Wesentlichen einen Befehl dieser Art gibt: »Die nächsten 452 Pixel haben alle denselben Grünton.«

? Sie haben 25 Pferde. Wie viele Rennen müssten Sie veranstalten, um festzustellen, welches die drei schnellsten Pferde sind? Sie haben keine Stoppuhr und können nur fünf Pferde pro Rennen laufen lassen.

Sie könnten damit anfangen, den Interviewer zu fragen, ob Sie davon ausgehen dürfen, dass das »schnellste« Pferd immer das jeweilige Rennen gewinnt. Auf der Rennbahn läuft es keineswegs so. Aber es vereinfacht dieses Rätsel immens, wenn man annimmt, dass, wenn A in einem Rennen B schlägt, A objektiv und unanfechtbar schneller ist. Man wird Ihnen sagen, dass Sie diese Annahme machen dürfen und das schnellste Pferd das Rennen gewinnt.

Der gewöhnliche erste Gedanke ist, dass man mindestens fünf Rennen braucht. Jedes Pferd könnte unter den ersten drei sein. Deshalb müssen Sie alle 25 laufen lassen. Es gibt keine Möglichkeit, das mit weniger als fünf Rennen mit jeweils fünf Pferden zu schaffen.

Zweiter Schluss: Fünf Rennen reichen nicht. Teilen Sie die 25 Pferde in Fünfergruppen auf und lassen Sie sie laufen, wobei jedes Pferd einmal gegen vier andere läuft. Eines der Rennen könnte folgendes Ergebnis haben:

1. Seabiscuit
2. Northern Dancer
3. Kelso
4. War Admiral
5. Dancer's Image

Sie können nicht davon ausgehen, dass Seabiscuit das Schnellste von allen 25 Pferden oder auch nur unter den ersten drei ist. Um ein extremes Gegenbeispiel zu nennen: Es ist denkbar, dass die langsamsten Pferde in den anderen Rennen *alle* schneller als Seabiscuit sind (das vielleicht unter allen Pferden nur auf Rang 20 kommt).

Haben wir etwas aus diesem Rennen gelernt? Natürlich. Wir haben die Rangfolge dieser fünf bestimmten Pferde gelernt. Wir wissen auch, dass wir War Admiral und Dancer's Image ausschließen können. Da sie es in diesem Rennen nicht unter die Top Drei geschafft haben, können sie auch nicht unter allen 25 Pferden die Top drei bilden.

Dasselbe Spiel haben wir bei den viert- und fünftplatzierten Pferden in den anderen Rennen. Jedes Fünfermatch schließt zwei Pferde als Kandidaten für die schnellsten drei aus. Nach den ersten fünf Rennen können wir zehn Pferde ausschließen, wobei wir dann noch 15 als Kandidaten auf die ersten drei Plätze haben.

Das sechste Rennen testet dann Pferde, die sich in den ersten fünf Läufen gut geschlagen haben. Es ist vernünftig, die fünf besten gegeneinander antreten zu lassen. Machen wir das. Nehmen Sie Seabiscuit aus dem obigen Rennen und lassen Sie ihn gegen die Gewinner der anderen Rennen antreten. Das Ergebnis könnte so aussehen:

1. Easy Goer
2. Seabiscuit
3. Exterminator
4. Red Rum
5. Phar Lap

Wieder können wir zwei Pferde ausschließen, Red Rum und Phar Lap. Angesichts dieses Ergebnisses können sie nicht unter den schnellsten drei der 25 Pferde sein. Außerdem erfahren wir, dass Easy Goer das schnellste Pferd von allen ist, das schnellste aus der

Menge der schnellen Pferde! Hätte die Frage einfach nur das schnellste der 25 Pferde verlangt, wäre die Antwort »Easy Goer«.

Wir brauchen jedoch die drei schnellsten. Wir können nicht nur Red Rum und Phar Lap ausschließen, sondern auch *alle* Pferde, die diese in ihren ersten Rennen geschlagen haben. Die Pferde, die sie geschlagen haben, sind langsamer, und wir wissen bereits, dass Red Rum und Phar Lap den Titel nicht mehr bekommen.

Schauen Sie sich Exterminator an. Da er in diesem Rennen den dritten Platz gemacht hat, sind auch alle Pferde, die er in seinem ersten Rennen geschlagen hat, draußen.

Dann wäre da noch Seabiscuit. Basierend auf seinem letzten Rennen könnte es sein, dass er das zweitschnellste Pferd von allen ist. Damit ist noch die Möglichkeit offen, dass Northern Dancer, der in der ersten Runde hinter Seabiscuit lag, die Nummer drei in der Gesamtwertung ist. (Dann wäre das Ranking Easy Goer, Seabiscuit, Northern Dancer.) Kelso, der in Seabiscuits erstem Rennen Dritter war, ist nun auch draußen.

Die beiden Pferde, die im ersten Rennen von Easy Goer den zweiten und dritten Platz gemacht haben, kommen noch infrage. Es ist immer noch möglich, dass sie schneller sind als Seabiscuit, denn gegen den sind sie noch nicht angetreten.

Kurz: Es sind noch sechs Pferde im Rennen. Das sind die Top Drei aus diesem Rennen, die zwei, die im ersten Rennen des Siegers aus diesem Rennen den zweiten und dritten Platz gemacht haben, und das, das im ersten Rennen der Nummer zwei aus diesem Rennen den zweiten Platz gemacht hat.

Wir wissen außerdem bereits, dass Easy Goer das schnellste Pferd von allen ist. Aus ebendiesem Grund ist es nicht nötig, ihn nochmals laufen zu lassen. Damit landen wir genau bei fünf Pferden. Die lassen wir nun im siebten und letzten Match gegeneinander antreten. Die zwei schnellsten Pferde aus diesem Rennen sind Nummer zwei und drei in der Gesamtwertung.

Rekapitulieren wir: Fangen Sie mit einer Qualifizierungsrunde von fünf Rennen an, in denen alle 25 Pferde einmal antreten.

Dieser folgt das Champion-Rennen, beschränkt auf die Sieger aus der Qualifizierungsrunde. Der Gewinner dieses Rennens ist das schnellste Pferd von allen. Daran schließt sich ein Rennen der verbleibenden fünf Pferde an, die noch logischerweise im Rennen sind. Die Pferde, die in diesem Rennen den ersten und zweiten Platz machen, sind Nummer zwei und drei in der Gesamtwertung.

Kapitel 7

? Stellen Sie sich vor, Sie haben eine rotierende Scheibe, wie eine CD. Sie bekommen zwei Farben, Weiß und Schwarz. Ein Sensor, der an einem Punkt in der Nähe des Rands der Scheibe angebracht ist, kann die Farbe unter der Scheibe feststellen und Informationen liefern. Wie müssen Sie die Scheibe bemalen, um sagen zu können, in welche Richtung sie sich dreht, indem Sie nur auf die Sensordaten schauen?

Machen Sie sich klar, dass Sie nicht auf die Scheibe schauen können. Sie sind in Houston, die Scheibe ist auf dem Mars. Sie müssen die Drehrichtung allein durch Sensor-Telemetrie und sonst nichts erkennen.

Der Sensor liefert Ihnen die Farbe des Punkts direkt unter ihm in sukzessiven Momenten. Das Ergebnis wird sich etwa so lesen: *Schwarz ... Schwarz ... Schwarz ... Weiß ... Weiß ...* Das Ziel ist es, die Scheibe so anzumalen, dass die Anzeige nicht vorwärts und rückwärts gleich aussieht. Um es anders zu formulieren: Die Anzeige darf kein Palindrom ergeben.

Ein Palindrom ist eines dieser lustigen Wörter, die sich vorwärts und rückwärts gleich lesen. Beispiele sind Reittier, Rentner, Reliefpfeiler. Es bedarf üblicherweise einiger Anstrengung, um ein Palindrom zu erdenken, während es überaus einfach ist, *nicht* in Palindromen zu sprechen! Sie mögen daher vielleicht denken, es sei leicht, sich ein Farbmuster auszudenken, das kein Palindrom ist. Aber es gibt zwei Komplikationen. Die Frage gibt Ihnen nur zwei Buchstaben, mit denen Sie arbeiten können, S und W (für schwarze und weiße Farbe). Zweitens müssen Sie *zirkuläre* Palindrome genauso vermeiden wie die normalen.

Beispielsweise sollten Sie die Scheibe nicht zur Hälfte schwarz und zur Hälfte weiß anmalen. Dann sähe die Anzeige wohl in etwa so aus: *Schwarz … Schwarz … Schwarz … Weiß … Weiß … Weiß … Schwarz … Schwarz … Schwarz … Weiß … Weiß … Weiß …* Das ist kein reguläres Palindrom, sondern ein zirkuläres, bei dem Sie, wenn Sie das eine Ende mit dem anderen verbinden, dasselbe Ergebnis erhalten, egal ob Sie im Uhrzeigersinn lesen oder gegen den Uhrzeigersinn. Wenn Sie auf den endlosen Datenstrom schauen, dann gibt es keine Möglichkeit zu sagen, in welche Richtung sich eine halb schwarze, halb weiße Scheibe dreht.

Nicht alle Muster sind zirkuläre Palindrome. Bei drei Farben könnte die Scheibe in drei gleich große Bereiche von Schwarz, Weiß und Rot aufgeteilt werden (in dieser Reihenfolge im Uhrzeigersinn). Dann ergäbe eine Drehung im Uhrzeigersinn *Schwarz … Schwarz … Schwarz … Rot … Rot … Rot … Weiß … Weiß … Weiß …* Eine Drehung gegen den Uhrzeigersinn ergäbe *Schwarz … Schwarz … Schwarz … Weiß … Weiß … Weiß … Rot … Rot … Rot …* Diese lassen sich leicht unterscheiden. Bei der ersten folgt auf eine Liste schwarzer Anzeigen eine Liste roter Anzeigen; in der zweiten folgt Rot auf Weiß.

Die Frage erlaubt keine rote Farbe, aber Sie können Zebrastreifen kreieren. Bemalen Sie einen Sektor mit vielen dünnen Streifen, die abwechselnd schwarz und weiß sind. Dann können Sie feststellen, ob die Streifen unmittelbar nach dem schwarzen Sektor kommen (Drehung im Uhrzeigersinn) oder nach dem weißen Sektor (gegen den Uhrzeigersinn).

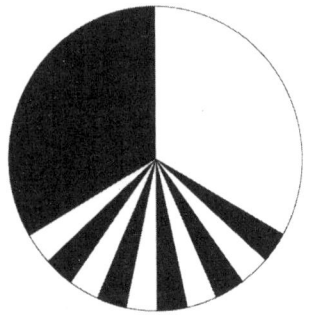 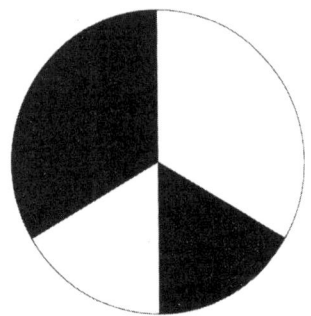

Gut: Bemalen Sie ein Drittel
der Scheibe mit »Zebrastreifen«.

Besser: Machen Sie zwei
ungleiche Sektoren mit jeder Farbe.

Diese Antwort lässt sich verbessern. Der Interviewer hat nicht gesagt, wie schnell sich die Scheibe dreht oder wie prompt der Sektor einen Farbwechsel registrieren kann (seine »Verschlusszeit« oder »Belichtungsverzögerung«). Die Scheibe dreht sich womöglich so schnell, dass der Sensor nur die Farbe von einem Streifen registriert, der unter ihm dahinsaust, und die anderen ignoriert. Das könnte zu irreführenden Anzeigen im gestreiften Bereich führen.

Es ist gut, wenn man die Streifen auf ein Minimum reduziert und sie so breit wie möglich hält. Tatsächlich reichen zwei Streifen in der gestreiften Zone. Jeder nimmt 1/6 der Gesamtscheibe ein, und Sie malen sie natürlich so, dass sie sich von ihrem unmittelbaren Nachbarn abheben.

Wenn die Scheibe so bemalt wird wie hier gezeigt und wenn der Sensor in der Lage ist, sechs Aufnahmen pro Umdrehung zu machen, sieht eine Drehung im Uhrzeigersinn folgendermaßen aus: *Schwarz ... Schwarz ... Weiß ... Schwarz ... Weiß ... Weiß ...* und die Drehung gegen den Uhrzeigersinn umgekehrt.

Es gibt eine Variation dieser Frage, bei der die CD schon bemalt ist, halb weiß, halb schwarz. Sie haben eine unbegrenzte Zahl von Sensoren. Wie viele Sensoren müssen Sie um die Scheibe herum verteilen, um die Drehrichtung erkennen zu können?

Alles, was Sie mit einem Sensor sagen können, ist die Verteilung von Schwarz und Weiß: 50:50 – das wissen Sie bereits. Mit zwei Sensoren mag man den Erstimpuls verspüren, sie auf gegenüberliegenden Seiten der Scheibe zu platzieren, auf 12.00 und um 6.00 Uhr. So wird in jedem beliebigen Moment von dem einen Sensor das Gegenteil dessen angezeigt, was der andere anzeigt. Konsequenterweise liefert der zweite Sensor in dieser Anordnung keine nützlichen Informationen.

Stattdessen sollten Sie die Sensoren nahe beieinander platzieren, sagen wir auf 2.00 Uhr und 2.01. Meistens sehen beide Sensoren dasselbe. Doch der eine bekommt einen Farbwechsel stets vor dem anderen mit. Der Datenstrom wird in etwa so aussehen:

2.00 Sensor: *Schwarz … Schwarz … Weiß … Weiß … Weiß …*

2.01 Sensor: *Schwarz … Schwarz … Schwarz … Weiß … Weiß …*

Das bedeutet, dass die Schwarz-Weiß-Grenze 2.00 trifft, bevor sie 2.01 trifft. Daher muss sich die Scheibe im Uhrzeigersinn drehen. Sollte der 2.01 Sensor den Wechsel zuerst sehen, dreht sich die Scheibe gegen den Uhrzeigersinn.

? Wie viele Linien kann man auf einer Ebene ziehen, sodass sie äquidistant von drei non-kollinearen Punkten sind?

Der Interviewer versucht, Ihnen mit seiner Ausdrucksweise auf den Senkel zu gehen. Das Wort aus dem Lexikon, das Sie brauchen, ist *non-kollinear*. Nehmen Sie sich einen Marker und machen Sie drei Punkte an die Tafel. Achten Sie nur darauf, dass sie nicht auf einer Linie liegen (das ist die Bedeutung von *non-kollinear*).

Da haben Sie Ihre drei non-kollinearen Punkte.

Die Frage lautet, wie viele Linien Sie ziehen können, die von diesen Punkten *äquidistant* sind. *Äquidistant* bedeutet »gleich weit entfernt von«. Das ist noch so ein Stolperstein. Eine Linie geht in beiden Richtungen hinaus in die Unendlichkeit. Wie kann also eine Linie »gleich weit entfernt« von einem Punkt sein? Die einzige Interpretation, die Sinn macht, ist, dass von der Minimaldistanz zwischen der Linie und dem Punkt die Rede ist. Es ist ein wenig so, als würde man fragen, wie weit ein Sommerhaus vom Strand weg ist. Sie messen die kürzeste grade Linie vom Haus zum Wasser.

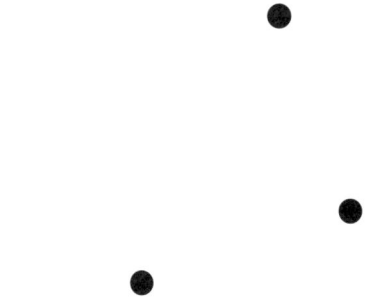

Hier ein Beispiel. Ich habe eine Linie zwischen den drei Punkten gezogen, sodass die Minimaldistanz zwischen jedem Punkt und der Linie (gepunktet angezeichnet) gleich ist.

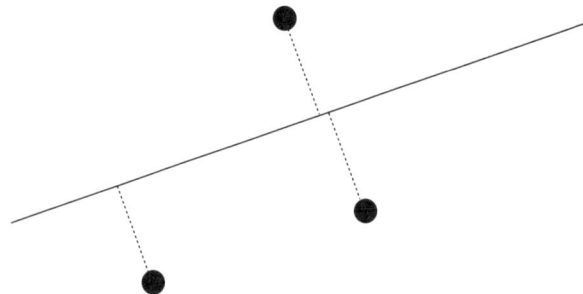

Um diese Linie ziehen zu können, habe ich eine simple geometrische Konstruktion vorgenommen (tatsächlich bin ich nach Augenmaß vorgegangen, so wie Sie es auch an der Tafel tun werden). Stellen Sie sich zuerst eine Linie zwischen den unteren beiden

Punkten vor. Dann ziehen Sie eine Linie parallel zu dieser, auf der Hälfte zwischen der imaginären Linie und dem oberen Punkt.

Sie können diese Konstruktion noch zweimal wiederholen und eine imaginäre Linie zwischen jedem Punktepaar durchziehen. Sie sehen folgendermaßen aus. Die Antwort auf die Frage ist, dass es drei äquidistante Linien gibt.

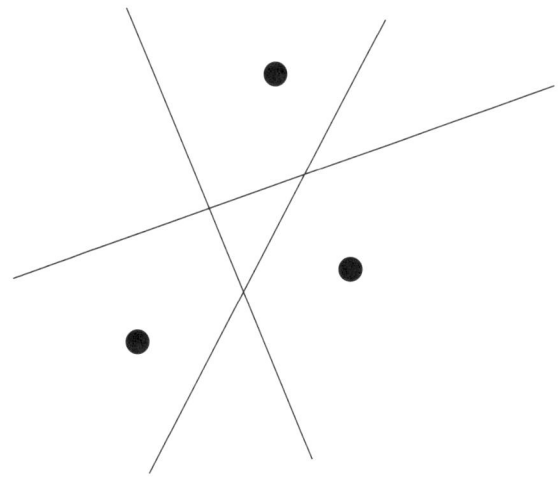

? Fügen Sie arithmetische Standardzeichen in die Gleichung ein, sodass diese aufgeht.

$$3 \mid 3 \ 6 = 8$$

Wenn Sie links anfangen, sehen Sie 3 und 1. Das erste mathematische Zeichen, das Sie in der Sesamstraße gelernt haben, war vermutlich das Pluszeichen. 3 + 1 ergibt 4. Bequemerweise ist 4 die Hälfte von 8, der Zielzahl. Wenn wir nach rechts gehen, sehen wir eine 3 und eine 6. Nun, 3 ist die Hälfte von 6. Setzen Sie ein Divisionszeichen zwischen die beiden und Sie haben 3/6 oder 1/2. Durch 1/2 zu *teilen* ist dasselbe wie mit 2 zu multiplizieren. Das liefert die Antwort

$$(3 + 1) : (3 : 6) = 8$$

War gar nicht so schwer, oder?

Jetzt kommt der richtige Test. Die versteckte Agenda hinter diesem Test ist, ob Sie dort Schluss machen oder weitergehen. Manche Interviewer werden nett genug sein, Ihnen einen Hinweis zu geben. (»Gute Antwort ... fallen Ihnen noch weitere ein?«) Also schreiben Sie die Zahlen nochmal woanders auf die Tafel und fangen Sie von vorn an. Je ausgeprägter und cleverer Ihre Antworten sind, desto besser (bis der Interviewer Ihnen Einhalt gebietet).

Zum Beispiel wäre da

$$((3 + 1) : 3) \times 6 = 8$$

Diese Lösung entgeht vielen, weil sie unter etwas leiden, was man als Anti-Bruch-Zwang bezeichnen könnte. Sie sehen, dass der Term in der Klammer 4/3 ergibt und geben auf, weil sie glauben, dass sie da nie die ganze Zahl 8 herausbekommen.

Es gibt auch eine kreative Lösung, bei der der Exponenten-Operator auf der Tastatur (^) zum Einsatz kommt.

$$(3 - 1) \wedge (-3 + 6) = 8$$

Quadratwurzelzeichen erhöhen die Möglichkeiten noch weiter. Da wären

$$3 - 1 + \sqrt{36} = 8$$

und

$$\sqrt{3 - 1} : (3 : 6) = \sqrt{8}$$

Es scheint, dass es Legionen von gleich geeigneten Ansätzen gibt, beispielsweise die Einführung eines Größer-als-Zeichens, um das Gleichheitszeichen in ein Größer-gleich-Zeichen zu verwandeln.

$$3 + 1 + 1 + 6 \ge 8$$

Fallen Ihnen noch mehr gute Antworten ein?

? In einer Bar sind alle Besucher soziophob. In dieser Bar gibt es 25 Plätze in einer Reihe. Immer wenn ein Gast kommt, setzt er sich so weit wie möglich von den anderen Besuchern weg. Niemand wird sich direkt neben einen anderen setzen – sollte jemand hereinkommen und feststellen, dass es keine solchen Sitze gibt, dann geht er wieder. Der Barkeeper will natürlich so viele Gäste wie möglich unterbringen. Wenn er dem ersten Gast sagen darf, wo er sich hinsetzen soll, wo müsste er ihn platzieren?

Die dichtestmögliche Platzierung ist ein Abwechseln von Gast und leerem Sitz, wobei an beiden Enden der Bar ein Gast sitzt. Damit säßen auf sämtlichen ungeradzahligen Sitzen Leute, darunter auf den Endsitzen #1 und #25, wobei alle geradzahligen Sitze leer blieben. Das wären 13 Leute.

Dieses Arrangement ergibt sich nicht einfach von selbst. Stellen Sie sich vor, der erste Gast setzt sich einfach auf Sitz #1. Der nächste soziophobe Gast wird sich auf #25 setzen, denn damit ist er so weit wie nur möglich von #1 weg. Der dritte Gast wird genau in der Mitte, auf Sitz #13, Platz nehmen müssen. Die zwei danach füllen die Lücken, setzen sich auf #7 und #19. So weit, so gut.

Zuletzt wird sich jemand zwischen die Gäste setzen wollen, die schon auf Platz #1 und #7 sitzen. Er wird sich auf Sitz #4 setzen, weil er so jeweils zwei Sitze zwischen sich und seinen nächsten Nachbarn hat. Doch neben ihn wird sich niemand mehr setzen.

Der Rest der Bar füllt sich auf dieselbe Art und Weise, mit einer Zweier-Lücke zwischen den Gästen, womit dieses Schema als das *am wenigsten* effiziente ausgewiesen wäre (da hier nur neun Leute statt der optimalen 13 Platz finden).

Viele Rätsel, darunter dieses, lassen sich am besten lösen, indem man rückwärts arbeitet. Wir kennen den Sitzplan, den wir am Ende haben wollen – wie kommen wir da hin?

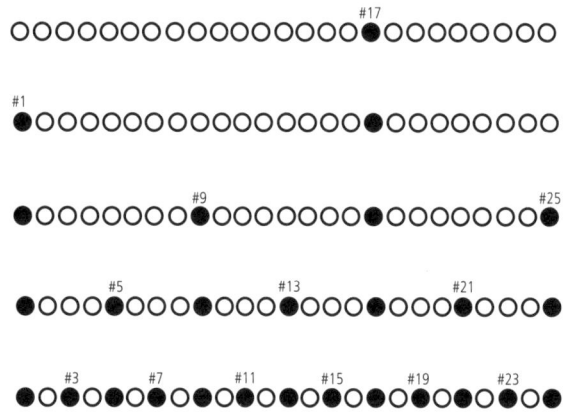

Wie das Diagramm zeigt, ist einiges an Symmetrie vorhanden, wie beim Wachstum eines Kristalls. Die kleinen Untersektionen der Bar füllen sich genauso. Konzentrieren Sie sich auf das Ende der Bar mit den niedrigen Nummern. Wir müssen Leute auf Sitz #1 und #5 haben, damit auch #3 besetzt wird.

Wie sorgen Sie dafür, dass jemand Sitz #5 nimmt? Antwort: Lassen Sie Gäste auf Platz #1 und #9 sitzen. Damit ist #5 der Mittelsitz, mit Maximalabstand zu #1 und #9.

Wie kriegen Sie jemanden auf #9? Dafür muss jemand auf #1 und #17 sitzen. Und wie kriegt man jemanden nach #17? Na ja, die Bar ist nicht lang genug, um jemanden die Wahl aufzuzwingen, indem er sich zwischen #1 und #23 setzen muss. Also muss der Barkeeper dem ersten Gast sagen, dass er sich auf Platz #17 setzen soll. Des Rätsels Lösung.

Hier der Verlauf: Der erste Typ sitzt auf Platz #17 (oberste Reihe des Diagramms). Der zweite setzt sich so weit weg von ihm wie nur möglich, d. h. auf #1.

Der dritte Gast hat zwei Möglichkeiten: Sitz #9 oder #25. Beide sind 7 leere Stühle von den anderen Gästen entfernt. Es würde dem mürrischen, eigenbrötlerischen Geist der Bar entsprechen, wenn er sich für #25 entscheidet und so nur einen entfernten Nachbarn hat statt 2, was #9 für den vierten Gast frei lässt.

Die nächsten drei Gäste teilen den Abstand zwischen den ersten vier und nehmen die Sitze #5, #13 und #21. Jeder hat drei leere Sitze Abstand von seinen Nachbarn.

Schließlich besetzen die nächsten sechs Gäste die verbleibenden 6 Plätze, die keinen unmittelbaren Nachbarn haben: #3, #7, #11, #15, #19 und #23.

Der Barkeeper könnte den ersten Gast genauso gut auf Platz #9 setzen; in diesem Fall wäre das Diagramm dann das Spiegelbild des hier gezeigten.

? Auf wie viele unterschiedliche Arten kann man einen Kubus mit drei Farben anmalen?

Fangen Sie damit an, dass Sie sich vorstellen, dass der »Kubus« eine Nissan Cube ist – ein klotziges Auto für den Generation-Y-Markt – und Nissan auf seiner Website Lackierung nach Wahl anbietet.

Die Käufer können drei Designerfarben für jede der sechs Seiten des Autos festlegen, d. h. Front, Rückseite, links, rechts, Dach und, ja, richtig, sogar für den Boden. Da es für jede Seite drei Farboptionen gibt, gibt es 3 x 3 x 3 x 3 x 3 x 3 Farboptionen insgesamt. Das sind 729.

Diese einfache Rechnung verdankt sich der Tatsache, dass alle sechs Seiten des Nissan Cube voneinander unterscheidbar sind. Die linke Seite unterscheidet sich von der rechten, weil links das Lenkrad ist. Die Unterseite unterscheidet sich vom Dach. Ein

Kunde, der einen weißen Nissan Cube mit rotem Dach bestellt, wäre sauer, wenn er stattdessen einen weißen Cube mit roter Hecktür bekäme. Er wäre wohl auch nicht besonders glücklich, wenn man ihm das Auto auf dem Kopf stehend, mit den Reifen in der Luft, liefern würde.

In der Interviewfrage geht es um einen abstrakteren Kubus, wie etwa einen 3-Zentimeter-Würfel, den Sie in der Hand halten können. Die Oberflächen des Kubus haben keine Unterscheidungsmerkmale. Daher ist die Anzahl der sinnvollen Bemalungen erheblich geringer als im Fall des Autos. Bei der Zahl 729 werden alle sechs Fälle, wenn eine Oberfläche rot und die restlichen weiß sind, als unterschiedliche gezählt. Es macht mehr Sinn, das als Bemalung zu zählen. Ansonsten sind Sie wie ein Gast im Restaurant, der sich beim Kellner beschwert, dass die Speisekarte verkehrt herum gedruckt ist. Drehen Sie sie um!

Solange eine Farbkombination in die andere rotiert werden kann, sollte sie als eine behandelt werden. Aus diesem Grund ist die Frage deutlich schwieriger zu beantworten. Damit wird man fertig, indem man das Problem aufteilt und nochmals in handhabbare Blöcke unterteilt. Man braucht dafür keine besonderen mathematischen Fähigkeiten, lediglich Beharrlichkeit und Organisationsvermögen sind vonnöten. Es geht nur darum herauszufinden, wer aufgibt, wer sich hoffnungslos verwirren lässt und wer den Job erledigt. Sie verwenden hier die Tafel wahrscheinlich auf zwei Arten: um die Zahl der Bemalungsschemata einzuschätzen und um ein paar Diagramme zu zeichnen.

Kann es losgehen? Atmen Sie tief ein. Die Zahl der Bemalungsschemata für einen Kubus ist gleich

- der Anzahl der Möglichkeiten, einen Kubus mit genau einer Farbe (ausgewählt aus einer Menge von dreien) anzumalen, *plus*
- die Anzahl der Möglichkeiten, einen Kubus mit genau zwei Farben (ausgewählt aus einer Menge von dreien) anzumalen, *plus*

- die Anzahl der Möglichkeiten, einen Kubus mit genau drei Farben anzumalen.

Ganz offensichtlich gibt es nur eine Möglichkeit, einen Kubus mit nur einer Farbe anzumalen. Sie bemalen jede Oberfläche mit der gegebenen Farbe und damit hat es sich. Da wir uns zwischen drei Farben entscheiden können, gibt es drei monochrome Farbschemata: ganz weiß, ganz schwarz und ganz rot, zum Beispiel.

Kommen wir zu den zweifarbigen Schemata. Um der Konkretheit willen nehme ich Schwarz und Weiß als Farben. Es braucht nicht viel mechanisch-räumliches Vorstellungsvermögen, um sich die Farbschemata mit Schwarz und Weiß aufzulisten:

- Man malt eine Oberfläche schwarz an (und lässt alle anderen weiß).
- Man malt zwei Oberflächen schwarz an, wobei die beiden aneinander grenzen, d. h. eine Ecke gemeinsam haben.
- Man malt zwei Oberflächen schwarz an, die einander gegenüberliegen.
- Man malt drei Flächen schwarz an, sodass sie eine Ecke umgeben.
- Man malt drei Flächen schwarz an, sodass sie einander gegenüberliegen. Die verbleibende schwarze Fläche verbindet die anderen beiden (wenn man die schwarzen Flächen abziehen könnte, würden sie ein Drei-zu-Eins-Rechteck ergeben, wie ein Comicstrip).
- Man malt vier Flächen schwarz an, sodass die verbleibenden zwei weißen Flächen aneinandergrenzen.
- Man malt vier Flächen schwarz an, sodass die zwei weißen Flächen einander gegenüberliegen.
- Man malt fünf Flächen schwarz an und lässt eine weiß.

Damit hat man acht unterschiedliche Arten, einen Kubus schwarz und weiß anzumalen. Es folgt, dass es auch acht Möglichkeiten geben muss, ihn rot und weiß anzumalen, sowie acht Möglichkeiten für schwarz und rot. Damit gibt es 24 Möglichkeiten, einen Kubus mit genau zwei Farben zu bemalen.

Die echte Herausforderung ist nun ein Würfel, der mit drei Farben bemalt wird. Zumindest müssen Sie diesmal keine Farbpalette auswählen.

Teilen Sie weiter auf. Entweder werden die drei Farben zu gleichen Teilen verwendet, auf je zwei Oberflächen, oder sie werden auf jeweils drei, zwei und einer Fläche aufgetragen. Es gibt keine anderen Möglichkeiten, da ja jede Farbe auf mindestens einer Oberfläche vorkommen muss.

Fangen Sie mit dem Fall von zwei Oberflächen pro Farbe an. Hier die Möglichkeiten:

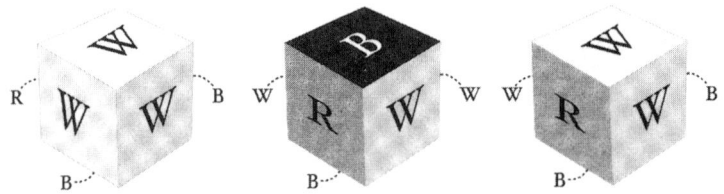

- Jeder Oberfläche liegt eine Oberfläche derselben Farbe gegenüber.
- Jede Oberfläche grenzt an eine Oberfläche derselben Farbe (sodass keine Oberfläche einer mit derselben Farbe gegenüberliegt).
- (Nur) Die weißen Oberflächen liegen einander gegenüber. Die zwei schwarzen Oberflächen sowie die zwei roten grenzen aneinander.
- Nur die schwarzen Oberflächen liegen einander gegenüber.
- Nur die roten Oberflächen liegen einander gegenüber.

Das ergibt fünf Zwei-zwei-zwei-Malschemata.

Nun zu den »Drei zu zwei zu eins«-Fällen. Diese Situation ist am schwierigsten vorzustellen, d. h. Sie werden Sie sich wahrscheinlich aufmalen wollen. Fangen Sie mit der Annahme an, dass Sie drei weiße, zwei schwarze und eine rote Oberfläche(n) haben. Hier die möglichen Schemata.

- Die drei weißen Oberflächen treffen sich an einer Ecke. Egal, welche der drei verbleibenden Flächen Sie rot anmalen, Sie können den Kubus so rotieren lassen, dass das identisch mit den anderen Möglichkeiten ist. Daher zählt dies als ein Farbschema.
- Zwei der weißen Oberflächen liegen einander gegenüber, und die rote Oberfläche liegt der »mittleren« weißen Oberfläche gegenüber. Die zwei schwarzen Flächen liegen einander gegenüber.
- Zwei der weißen Oberflächen liegen einander gegenüber, und die einzelne rote Oberfläche grenzt an alle drei weißen Oberflächen. Das bedeutet, dass die schwarzen Oberflächen aneinandergrenzen. (Die rote Oberfläche kann rechts oder links von den weißen liegen. Egal wie, Sie können den Kubus rotieren lassen und erhalten das Gegenteil).

Das ergibt drei unterschiedliche Möglichkeiten für drei weiße, zwei schwarze und eine rote Oberfläche. Sie können jedoch *jede* der drei Farben drei Flächen bedecken lassen. Sobald Sie das tun, können Sie zwei der verbleibenden Farben zum Anmalen von zwei Oberflächen auswählen. Damit bleibt die letzte Farbe für die einzelne Oberfläche. Das heißt, es gibt in Wirklichkeit 3 x 2 x 1 = 6 Farbpaletten für ein Drei-zwei-eins-Design. Das ergibt insgesamt 3 x 6 = 18 Farbschemata. Wenn Sie das nun zu den fünf Zwei-zwei-zwei-Schemata addieren, haben wir 23.

Ich fasse zusammen (ja, ich weiß – Sie wollen den Job wirklich, oder nicht?):

- Es gibt drei Möglichkeiten, einen Kubus mit genau einer unter drei Farben ausgewählten Farbe zu bemalen.

- Es gibt 24 Möglichkeiten, einen Kubus genau mit zwei von drei Farben zu bemalen.
- Es gibt 23 Möglichkeiten, einen Kubus mit genau drei Farben zu bemalen.

Das Endergebnis, Ihre Antwort, lautet 50.

Kommt es Ihnen auch so vor, als würden sich die Jobinterviews von heute hinter dem Spiegel abspielen? Eine Version dieses Rätsels wurde von Lewis Carroll Ende des 19. Jahrhunderts erfunden. Carroll stellte die Frage, wie viele Möglichkeiten es gibt, einen Kubus mit sechs Farben zu bemalen. Die Antwort lautet 2226. Diese Frage hier ist also *wesentlich* leichter.

Kapitel 8

? Wie viele Rillen hat der Rand eines 25-Cent-Stücks?

Ein amerikanisches 25-Cent-Stück hat etwa 2,5 Zentimeter Durchmesser. Sein Umfang ist Pi (3, 14159+) mal diesem Wert. Sagen wir 7,5 Zentimeter. Der einzig unsichere Teil der Rechnung ist, wie viele Rillen auf etwa 2,5 Zentimeter verteilt sind. Es müssen mehr als 10 sein und wahrscheinlich weniger als 100. Nehmen wir 50 als vernünftigen Wert an und multiplizieren wir ihn mit 3, um unsere Antwort zu erhalten: 150 Rillen.

Die tatsächliche Zahl der Rillen auf einem US-amerikanischen Vierteldollarstück ist 119, und man bezeichnet sie als »Reeds«. Man versah ursprünglich Goldmünzen damit, um Gauner davon abzuhalten, wertvolles Metall vom Rand abzuschleifen. Es scheint passend, dass man die Frage in der Buchhaltungsfirma Deloitte stellt.

? Wie viele Shampoo-Flaschen werden jährlich auf der Welt produziert?

Die Menschen in wohlhabenden Ländern verbrauchen pro Jahr mehrere Flaschen Shampoo. Viele Leute in Entwicklungsländern dagegen können sich so einen Luxus wie Shampoo nicht leisten. Sie können genauso gut raten, dass es auf eine Flasche pro Person hinausläuft (wenn Sie nicht gerade ein Interview bei Procter & Gamble haben, weiß es der Interviewer auch nicht). Die Antwort lautet also, dass pro Jahr so viele Flaschen Shampoo auf der Welt produziert werden, wie es Menschen gibt: 6 Milliarden.

Ein praktischer Hinweis: Es ist schwer, danebenzuliegen, wenn es um den Verbrauch verbreiteter Konsumgüter geht. Nehmen Sie Ihren eigenen Verbrauch als Leitlinie und passen Sie ihn entsprechend an. Die resultierende Schätzung wird nicht gleich um ganze Größenordnungen danebenliegen, und nur darum geht es.

? Wie viel Toilettenpapier würde man brauchen, um den ganzen Staat zu bedecken?

Eine Blatt Toilettenpapier misst etwa 4 x 4 Inch [circa 10 x 10 Zentimeter] . Es würden also neun Blatt in einem Gitter von 3 x 3 einen Quadratfuß ergeben. Machen wir es uns leicht und sagen »etwa zehn Blatt« für einen Quadratfuß. Eine Rolle Toilettenpapier hat vielleicht 300 Blatt? Dann ergibt eine Rolle etwa 30 Quadratfuß.

Sie wissen vielleicht, dass eine Meile 5280 Fuß sind. Ob Sie das nun genau wissen oder nicht, man erwartet, dass Sie runden. Sagen wir also 5000 Fuß. Eine Quadratmeile sind daher 5000 x 5000 oder 25 Millionen Quadratfuß. Die Anzahl der Rollen Toilettenpapier, die man benötigt, um eine Quadratmeile zu bedecken, wäre also 25 Millionen geteilt durch 30. Es ist im Sinne der Fermi-Fragen, davon auszugehen, dass 25 praktisch dasselbe ist wie 30. Sagen wir also 1 Million Rollen Toilettenpapier pro Quadratmeile.

Sagen wir, Ihr Interview ist in Texas. Die 48 zusammenhängenden Staaten haben vielleicht 2500 Meilen Durchmesser. Es lässt sich vernünftigerweise schätzen, dass Texas 500 x 500 Meilen

misst. Der Staat ist natürlich nicht quadratisch, aber die Annahme funktioniert trotzdem. Das Gebiet von Texas wäre also
500 x 500 oder 250.000 Quadratmeilen groß. Um Texas zu bedecken, bräuchte man demnach 250.000 x 1 Million Rollen. Das
sind 250 Millionen Rollen.

? Wie viel ist 2 hoch 64?

Das ist die (schwierigere) Google-Version der bei technischen
Firmen üblichen Frage: »Wie viel ist 2 hoch 10?« Jeder Programmierer sollte die Antwort darauf wissen (1024). Aber man erwartet von niemandem, dass er 2 hoch 64 aus dem Stegreif weiß. Das
erfüllt die Bedingungen für eine Fermi-Frage, weil Sie im Kopf
überschlagen sollen und die Antwort nicht genau sein muss.

2 hoch 10 ist ungefähr 1000. Multiplizieren Sie das sechsmal
mit sich selbst und Sie haben 2 hoch 60. Das wäre etwa 1000 hoch
6 oder 10 hoch 18, auch bekannt als Trillion. Das müssen Sie nun
noch mit 2 hoch 4 multiplizieren, um zu 2 hoch 64 zu gelangen.
Nun, 2 hoch 4 ist 2 x 2 x 2 x 2 = 16. Die schnelle, schmutzige Lösung ist »ungefähr 16 Trillionen«.

Es ist etwas mehr als 16 Trillionen, weil 1024 um 2,4 Prozent
größer ist als 1000. Wir haben diese Annäherung sechsmal verwendet, sodass es insgesamt über 12 Prozent mehr wären. Das
wären nochmal 2 Trillionen. Sagen wir 18 Trillionen.

Das sollte gut genug für jeden Job sein, bei dem es sich nicht
um eine Varieté-Show für Rechen-Wunderkinder handelt. Der
genaue Wert ist 18.446.744.073.709.551.616.

? Wie viele Golfbälle passen in einen Schulbus?

Ein Schulbus muss auf derselben Autobahn wie jedes andere
Auto Platz haben. Er ist nicht wesentlich breiter als ein Toyota

Tundra. Ein Bus ist breit genug, um vier Kinder in jeder Reihe unterbringen zu können, und hat dazu noch einen Mittelgang. Sagen wir, er ist innen 2,75 Meter breit. Er ist hoch genug, dass ein Lehrer drinnen aufstehen kann. Nehmen wir an, er ist 2,10 Meter hoch. Wie viele Sitzreihen hat ein Bus? Vielleicht zwölf? Die Sitze brauchen einen Abstand von vielleicht 1 Meter. Er ist also etwa 12 Meter lang. Das Volumen im Inneren ist also 2,75 x 2, 10 x 12. Runden wir die Werte auf 3 Meter auf bzw. 2 Meter ab, so haben wir 3 x 2 x 12 Meter, d. h. 72 Kubikmeter.

Ein Golfball hat einen Durchmesser von knapp 3 Zentimeter. Sagen wir, dass 30 Golfbälle 1 Meter ergeben. Ein Kubik-Gitter von 30 x 30 x 30 gleich 27.000 Golfbällen würde also genau 1 Kubikmeter füllen. Das ergibt die schnelle Antwort 72 x 27.000, womit man auf knapp 2 Millionen Golfbälle kommt.

Sie werden bemerkt haben, dass es bei vielen Fermi-Fragen darum geht, dass sphärische Sportgeräte einen Bus, einen Swimmingpool, einen Jet oder ein Sportstadium füllen. Sie können einen Bonus einfahren, wenn Sie die Kepler'sche Vermutung erwähnen. Im späten 16. Jahrhundert bat Sir Walter Raleigh den englischen Mathematiker James Harriot, die beste Art zu finden, um die Kanonenkugeln in den Schiffen der britischen Marine zu stapeln. Harriot erwähnte das Problem gegenüber seinem Freund, dem Astronomen Johannes Kepler. Kepler seinerseits vermutete, dass die Art, Sphären am dichtesten zu packen, die war, die man bereits bei Kanonenkugeln und Obst benutzte. Man beginne mit einer flachen Schicht Sphären in hexagonaler Anordnung. Dann lege man eine weitere Schicht darüber, wobei jede Sphäre in eine Senke zwischen drei Sphären der unteren Schicht gebettet wird. In einer großen Kiste nähert man sich mit dieser Anordnung einer maximalen Dichte von 74 Prozent an. Das ist der Raum, der von den Kanonenkugeln und Orangen eingenommen wird, als Bruchteil des gesamten Raumes. Kepler vermutete, dass diese die dichtestmögliche Art sei, die Kugeln zu verpacken, konnte jedoch keinen Beweis liefern.

Die Kepler'sche Vermutung, wie man diesen Gedanken auch nennt, blieb jahrhundertelang ein ungelöstes Problem. 1900 schaffte sie es in die Liste der 23 ungelösten mathematischen Probleme von David Hilbert. Zahlreiche Leute haben behauptet, einen Beweis für die Vermutung erbracht zu haben, darunter der Architekt Buckminster Fuller, berühmt für seine Biosphère. Alle diese Lösungsvorschläge wurden schnell als falsch entlarvt, bis 1998 Thomas Hales einen komplizierten, computergestützten Beweis lieferte, der zeigte, dass Kepler recht hatte. Die meisten glauben, dass ein Ergebnis stichhaltig ist, obwohl die Konstruktion eines formellen Beweises noch in Arbeit ist. Hales vermutete, das würde weitere 20 Jahre dauern.

Ich bin davon ausgegangen, dass jeder Golfball quasi auf einem imaginären Acrylkubus ruht, dessen Seitenlänge dem Durchmesser des Balls entspricht. Sie stapeln diese Acrylkuben wie Bausteine. Das würde bedeuten, dass die Bälle etwa 52 Prozent des Raums einnehmen ($\pi/6$, um genau zu sein, wie Sie aus der Formel für das Volumen einer Sphäre errechnen können: $4/3\pi\ r^3$.) Wenn man die imaginären Acrylkistchen herausbricht, kann man erheblich mehr Bälle in diesem Volumen unterbringen. Das ist eine empirische Tatsache. Physiker haben Experimente angestellt, bei denen Stahlkugeln in große Flaschen gegeben wurden und daraufhin die Dichte berechnet wurde. Die resultierende zufällige Verteilung nimmt irgendwas zwischen 55 und 64 Prozent des Raums ein. Das ist dichter als im Gitterkäfig, aber noch deutlich unter dem Kepler'schen Maximum von 74 Prozent. Außerdem ist die Varianz ziemlich groß. Es spielt eine Rolle, wie man den Container füllt. Wenn man die Kugeln Schritt für Schritt und vorsichtig einfüllt, wie Sand, der durch eine Sanduhr fließt, ist die Dichte am unteren Ende des Spektrums. Wenn der Container stark geschüttelt wird, kommen die Sphären in einer höheren Dichte von bis zu 64 Prozent zum Liegen.

Was bedeutet das für uns? Jemand, der willens ist, die Golfbälle mühsam im Kanonenkugelmuster einzufüllen, kann etwa

42 Prozent mehr im Bus unterbringen, als man aufgrund der Berechnung mit dem Gitter erwarten würde. Das erscheint als übertrieben viel Aufwand, selbst für eine absurde Frage. Die sich durch willkürliches Schütteln ergebende Dichte aus den Experimenten ist ein realistischeres Ziel. Das ließe sich möglicherweise erreichen, indem Sie Golfbälle in den Bus kippen und sie mit einem Stock umrühren, um sie in Position zu bringen. Das würde Ihnen eine 20 Prozent höhere Dichte liefern, als Sie durch die Gitterverteilung bekämen. Sie könnten also Ihre letzte Schätzung um 20 Prozent erhöhen, von 2 Millionen auf 2,4 Millionen.

Fürs Protokoll: Die *National Standards for School Transportation* von 1995 hat die Maximalgröße für einen Schulbus auf 12,20 Meter und 2,5 Meter Breite festgelegt. Der regulierungsgemäße Durchmesser eines Golfballs ist 4,29 Zentimeter, plus/minus 0,1 Millimeter.

Kapitel 9

? Es regnet und Sie müssen Ihre Katze vom anderen Ende des Parkplatzes holen. Sind Sie besser dran, wenn Sie laufen, gesetzt, Ihr Ziel ist es, so trocken wie möglich zu bleiben? Wie ist es, wenn Sie einen Regenschirm haben?

Um diese Frage zu beantworten, müssen Sie zwei widerstreitende Gedankengänge versöhnen. Folgendes spricht für Rennen: Je länger Sie draußen im Regen sind, desto mehr Tropfen fallen auf Sie und desto nasser werden Sie. Laufen verkürzt die Zeit, die Sie den Elementen ausgesetzt sind, sodass Sie trockener bleiben.

Es gibt aber auch ein Argument dafür, *nicht* zu rennen. Wenn Sie sich horizontal bewegen, laufen Sie in Wassertropfen hinein, die Sie nicht treffen würden, wenn Sie stillstünden. Eine Person, die 1 Minute lang im Regen läuft, wird nasser als eine Person, die einfach nur 1 Minute lang im Regen steht.

Doch das hat mit der Frage nichts zu tun. Sie müssen zu Ihrem Auto, daran lässt sich nichts ändern. Stellen Sie sich vor, wie Sie mit unendlicher Geschwindigkeit über den Parkplatz zischen. Ihre Sinne sind ebenfalls um ein Unendliches beschleunigt, sodass Sie nicht gegen die Autos prallen. Von Ihrem Standpunkt aus ist die externe Zeit stehen geblieben. Es ist wie bei den Einstellungen im Film *Matrix*: Alle Regentropfen hängen bewegungslos in der Luft. Während Ihres Laufs wird kein Tropfen auf Ihren Körper fallen. Aber um zum Auto zu kommen, müssen Sie einen Tunnel durch den Regen pflügen. Die Vorderseite Ihrer Kleidung wird jeden einzelnen Regentropfen aufsaugen, der auf Ihrem Weg vom Dach zum Auto hängt.

Wenn Sie mit normaler Geschwindigkeit laufen, müssen Sie durch dieselben Tropfen rennen oder, besser gesagt, durch ihre Nachfolger. Bei normaler Geschwindigkeit fallen Ihnen ebenfalls Tropfen auf den Kopf. Die Anzahl der Regentropfen, mit denen Sie es zu tun bekommen, ist abhängig von der Länge Ihres horizontalen Weges sowie von der Zeit, die Sie brauchen, um den Weg zurückzulegen. Die Länge des Pfades steht fest. Das Einzige, worüber Sie Kontrolle ausüben können, ist die Zeit, die Sie brauchen. Um so trocken wie möglich zu bleiben, sollten Sie so schnell wie möglich laufen. Durch Laufen bleiben Sie trockener – *sofern Sie keinen Regenschirm haben.*

Hätten Sie einen Regenschirm von der Größe eines Wohnblocks und wären Sie in der Lage, ihn zu halten, dann würde es keine Rolle spielen, ob Sie schlendern oder sprinten. Sie würden absolut trocken bleiben.

Die meisten Regenschirme sind kaum groß genug, um den Benutzer komplett vor den Tropfen zu schützen, wenn er in sanftem, vertikalem Regen steht. In der Praxis muss man damit rechnen, ein wenig nass zu werden.

Regenschirme erzeugen einen Regenschatten, eine Zone, in der es keine Regentropfen gibt. Bei einem vertikalen Guss und einem kreisförmigen Regenschirm ist der Regenschatten ein Zylinder. Wenn der Regen in einem bestimmten Winkel kommt, ist der Regenschatten ein schräger Zylinder. Es ist das Beste, den Regenschirm in die Richtung, aus der der Regen kommt, zu halten, wie jeder geübte Regenschirmbenutzer weiß. Das macht den Regenschatten wieder zu einem richtigen Zylinder, der in einem gewissen Winkel zur Vertikale steht.

Der aufrecht stehende menschliche Körper passt nicht so gut in einen abgeschrägten Zylinder. Würde Ihnen ein Hurrikan den Regen horizontal entgegentreiben, müssten Sie den Schirm horizontal halten, und ein Schirm mit 1 Meter Durchmesser würde nur etwa die Hälfte Ihres Körpers schützen. Der Rest würde nass werden.

Wind ist schlecht, genauso Bewegung. Aus Ihrer Erfahrung wissen Sie, dass Sie den Schirm vorwärts, in die Richtung der Bewegung, kippen müssen, um optimal geschützt zu sein. Tatsächlich sind Wind und Bewegung ununterscheidbar, was das richtige Wenden des Regenschirms betrifft. Wenn man mit 15 km/h in windlosem, vertikalem Regen läuft, ist das so, als würde man in einem Regenschauer, der von einem Wind von 15 km/h begleitet wird, stillstehen. Egal wie, die Regentropfen nähern sich Ihnen mit 15 km/h, horizontal, zusätzlich zu ihrer Abwärtsgeschwindigkeit.

In einem vertikalen Regen sind Sie am besten dran, wenn Sie langsam gehen. Der Regenschirm muss nicht stark geneigt werden, und Ihr Körper sollte in den Regenschatten passen. Idealerweise sollten Sie nicht schneller gehen als mit einer Geschwindigkeit, in der der Regenschatten noch Ihre Füße bedecken kann. So würden Sie trocken bleiben.

In der Realität ist das ein bisschen schwieriger. Es wird stets Windstöße geben, Spritzer vom Gehweg sowie Tropfen, die vom Regenschirm herunterfallen. Der Regen, der oben auf den Regenschirm trifft, verschwindet nicht einfach; er läuft am Regenschirm herunter und fällt in einem zylindrischen Guss, der den

Regenschatten umgibt, auf den Boden. In dieser Abtropfzone ist mehr Regen als anderswo. Das bedeutet, dass jeder Teil Ihres Körpers, der die Abtropfzone schneidet, nasser wird, als er geworden wäre, hätten Sie den Regenschirm gar nicht erst benutzt.

Der Vorteil der Langsamkeit vermindert sich bei starkem Gegenwind. Der Regenschirm muss in einem Winkel gekippt werden, der Ihren Unterkörper aus dem Regen herausbringt. Sie werden halb durchnässt, egal, was Sie tun.

Diese ganzen Gedanken laufen auf die Formel hinaus, die Sie vermutlich schon von Ihrer Mutter kennen: Geh, wenn du einen Schirm hast, lauf, wenn du keinen hast.

? Sie haben ein Glas mit Murmeln und können jederzeit die Anzahl der Murmeln in dem Glas feststellen. Sie und ein Freund spielen folgendes Spiel: Jeder Spieler nimmt abwechselnd eine oder zwei Murmeln aus dem Glas. Der Spieler, der die letzte Murmel herausnimmt, hat gewonnen. Können Sie vorhersagen, wer gewinnt?

Die Anzahl der Murmeln nimmt mit jedem Zug ab und muss sich schließlich auf ein paar wenige reduzieren. Dann wird die Strategie kristallklar.

Sagen wir, es ist nur noch eine Murmel in dem Glas und ich bin dran. Ich gewinne, indem ich die letzte Murmel nehme.

Ich gewinne auch mit zwei Murmeln, weil ich beide nehmen kann.

Sind noch drei Murmeln übrig, ist das allerdings schlecht. Ich muss dem anderen Spieler entweder eine oder zwei Murmeln lassen, und beides sichert ihm einen leichten Sieg.

Vier und fünf Murmeln sind dagegen wieder gut. Damit kann ich meinem Gegner die verflixten drei Murmeln aufzwingen.

Das Muster ist simpel. Jede Anzahl von Murmeln, die sich durch drei teilen lässt, ist eine Verliererzahl. Das bedeutet 3, 6, 9,

12 … sind schlecht, wenn Sie dran sind. Alle anderen Zahlen (1, 2, 4, 5, 7, 8 …) sind gut für Sie.

Was bedeutet das für ein tatsächliches Spiel? Wir fangen mit einer großen, jedoch bekannten Anzahl Murmeln an. Teilen Sie sie durch drei. Wenn es glatt aufgeht, ist es eine schlechte Zahl. Dann wollen Sie nicht anfangen. Sollte der andere Spieler einen Münzwurf anbieten, um festzulegen, wer anfängt, können Sie ihm »großzügig« den Vortritt lassen.

Wenn die Murmeln für Sie zahlenmäßig günstig liegen, dann haben Sie eine Siegesstrategie: Sorgen Sie einfach mit jedem Zug dafür, dass der andere Spieler auf einer »Pechzahl« sitzen bleibt. Wenn Sie also beispielsweise mit 304 Murmeln anfangen – einer für Sie guten Zahl –, dann nehmen Sie einen Stein heraus, sodass die »Pechzahl« 303 übrig bleibt. Machen Sie das in jeder Runde so, dann wird Ihr Gegner auf drei Murmeln sitzen bleiben. Damit haben Sie das Spiel gewonnen.

Diese Strategie ist idiotensicher, weil es dabei keine Rolle spielt, wie sich der andere Spieler verhält (solange er keinen Wutanfall bekommt und das Glas umschmeißt). Er muss entweder eine oder zwei Murmeln von seiner Pechzahl wegnehmen. Damit haben Sie immer eine Glückszahl mit dem nächsten Zug.

Die andere Möglichkeit ist, dass die Anzahl der Murmeln bei Ihrem ersten Zug für Sie ungünstig ist. Sie sind zum Verlieren verurteilt, wenn sich der andere Spieler der oben beschriebenen Strategie bedient. Aber sehen Sie's positiv: Ihr Gegner kennt die Strategie vielleicht gar nicht oder versaut die Sache. Jemand, der ohne Strategie spielt, lässt Ihnen früher oder später fast mit Sicherheit eine Glückszahl, denn immerhin sind zwei Drittel der Zahlen gut für Sie. Jemand, der die optimale Strategie kennt, sich jedoch einmal irrt, spielt Ihnen den Sieg zu (es sei denn, Sie stolpern selbst auch).

Die Frage lautet, ob es eine Möglichkeit gibt vorherzusagen, wer gewinnt. Die gibt es, wenn beide Spieler perfekte Spieltheoretiker sind. Stellen Sie fest, ob die anfängliche Anzahl der Spielsteine eine

Glückszahl ist. Eine Glückszahl bedeutet, dass der Spieler, der den ersten Zug macht, gewinnt, ansonsten gewinnt der zweite Spieler.

Das Ergebnis lässt sich schwerer vorhersagen, wenn die Spieler richtige Menschen sind. Selbst wenn beide Spieler die korrekte Strategie kennen, steigen mit der Anzahl der Murmeln auch die Möglichkeiten für einen Irrtum. Die Chancen stehen besser für den Spieler, der bei der Anwendung der Strategie umsichtiger zu Werke geht.

Interviewer stellen eine Variante dieser Frage, bei der der Spieler, der den letzten Stein nimmt, verliert. In diesem Fall sind es Zahlen der Form $3N + 1$, die Pechzahlen bedeuten; es gilt jedoch dieselbe Grundstrategie.

? Sie haben eine Flotte von 50 Lastwagen, jeder davon ist vollgetankt und hat eine Reichweite von 100 Kilometern. Wie weit können Sie eine Ladung transportieren? Wie ist es, wenn Sie N Laster haben?

Manch einer tut sich schwer, das Konzept dieser Frage zu verstehen. Wir haben es mit einer postapokalyptischen Welt ohne Tankstellen zu tun. Das einzige Benzin, das Ihnen zur Verfügung steht, ist das im Tank der Laster. Sie können nicht einfach einen Laster gegen einen Toyota Prius eintauschen. Man kann die Trucks natürlich irgendwo stehen lassen. Auch die Fahrer sind ersetzbar. Das Einzige, was zählt, ist, die wertvolle Fracht die Autobahn entlang zu transportieren.

Es ist genug Benzin da, um jeden der 50 Laster 100 Kilometer fahren zu lassen. Das sollte genug Benzin sein, um einen Laster 50 x 100 Kilometer, also 5000 Kilometer, fahren zu lassen, aber ist 5000 Kilometer die richtige Antwort? Nicht, wenn Sie nicht eine Möglichkeit gefunden haben, das Benzin vom Tank des einen Lasters in den des anderen zu teleportieren. Denken Sie daran: Jeder Laster hat bereits vollgetankt, es lässt sich also nicht noch mehr Benzin einfüllen, bis das vorhandene aufgebraucht ist.

Fangen Sie einfach an. Stellen Sie sich vor, Sie haben einen Laster statt 50. Packen Sie die Ladung in den Stauraum, steigen Sie ein und fahren Sie. Nach 100 Kilometern bleibt der Wagen stehen.

Jetzt stellen Sie sich vor, Sie hätten zwei Laster. Beladen Sie den ersten und fahren Sie 100 Kilometer. Kann der zweite Laster helfen? Momentan nicht. Er ist 100 Kilometer hinter Ihnen zurückgeblieben. Er müsste der Route des ersten Trucks folgen und würde ihn genau dann erreichen, wenn ihm selbst das Benzin ausginge.

Vielleicht sollte der erste Laster den zweiten ins Schlepptau nehmen. Wenn dem ersten Laster das Benzin ausgeht, machen Sie den zweiten los und steigen ein. Das bringt Sie noch mal 100 Kilometer weit.

Wie weit würde der erste Laster kommen? Keine 100 Kilometer weit, auf jeden Fall. Er müsste das Doppelte des normalen Gewichts tragen. Die Physik verlangt, dass er höchstens die Hälfte der Strecke schaffen könnte – im besten Fall. Tatsächlich sieht es so aus, dass der Kraftstoffverbrauch eines Fahrzeugs sogar noch steigt, wenn es viel Gewicht ziehen muss.

Es gibt allerdings einen anderen Ansatz. Lassen Sie die beiden Laster gemeinsam losfahren und die Reise mit zügiger Geschwindigkeit zurücklegen. Bei 50 Kilometern sind die Tanks beider Laster noch halb voll, was zusammen einen vollen Tank ergibt. Füllen Sie das Benzin aus dem einen Tank in den anderen um. So hat wieder einer der Laster einen vollen Tank. Lassen Sie den leeren Laster zurück und fahren Sie mit dem vollgetankten weitere 100 Kilometer. Dieser Laster schafft dann insgesamt schon 150 Kilometer. Ganz anders als das Schlepptau-Szenario ist diese Variante tatsächlich praktisch umsetzbar.

Bei drei Lastern wäre Schlepptau schon eine höchst zweifelhafte Angelegenheit, aber die Idee mit dem Umfüllen funktioniert immer noch. Lassen Sie die Laster im Tandem starten. Dann lassen Sie sie bei einem Drittel der 100-Kilometer-Distanz halten. Jeder hat zu diesem Zeitpunkt noch zwei Drittel des ursprünglichen Benzins. Opfern Sie einen Laster, indem Sie sein Benzin in die anderen beiden umfüllen, sodass beide wieder volle Tanks haben. Damit ist genau der Beginn der Zwei-Laster-Fahrt reproduziert. Wie wir bereits wissen, reicht das für 150 Kilometer. Mit den 33 1/3 Kilometern, die durch den dritten Laster gewonnen wurden, beläuft sich das auf insgesamt 183,3 Kilometer.

An diesem Punkt ist das Muster klar. Ein Laster allein schafft 100 Kilometer. Wenn man ihm einen zweiten an die Seite gesellt, liefert das 100/2 = 50 Kilometer. Ein dritter Laster fügt dem nochmals 100/3 Kilometer hinzu, ein vierter 100/4. Bei N Trucks beläuft sich die mögliche Gesamtstrecke auf

$$100 * (1/1 + 1/2 + 1/3 + 1/4 + 1/5 + \ldots + 1/N)$$

Die Bruchfolge dieser Rechnung ist bekannt als »harmonische Reihe«. Dazu mehr bei einer anderen Frage. Die harmonische Reihe lässt sich leicht berechnen. Wenn $N = 50$, ist die Summe der Reihe 4499+. Multiplizieren Sie das mit 100 Kilometern und Sie sehen, dass Sie die Fracht 449,92 Kilometer weit transportieren können.

Mit der Erhöhung von N erhöht sich auch die Summe der Reihe. Mit genügend Lastern können Sie die Fracht befördern, so weit Sie wollen. Allerdings wächst diese Strecke bei zunehmendem N immer langsamer, und die Energieeffizienz wird lächerlich schlecht. Der 1000. Laster würde nur noch 1/10 zur Frachtlieferstrecke beitragen (aber genauso viel CO_2 ausstoßen wie die anderen Laster und so die bevorstehende Apokalypse noch beschleunigen). Der 1.000.000. Laster würde nur noch Zentimeter hinzufügen.

Die oben angeführte Antwort ist die, nach der die Interviewer üblicherweise Ausschau halten. Es gibt unbestreitbar eine bessere, *wenn* man eine Möglichkeit hat, Treibstoff zu transportieren und die Fracht nicht zu schwer ist (zu diesen Punkten können Sie Ihren Interviewer befragen).

In der Frage ist die Rede von Lastern; Laster sind keine Pkw. Sie sind definitionsgemäß darauf ausgelegt, große, schwere Lasten zu befördern. Ein normaler Tieflader von GMC oder Ford hat ein Leergewicht von etwa 2500 Kilogramm und eine Frachtkapazität von weiteren 2500 Kilogramm. Er ist so entworfen, dass er diese 2500 Kilogramm sicher transportieren kann, angenommen, Sie transportieren keine 2500 Kilogramm abgepackte Erdnüsse oder Zuckerwatte.

In den Tank eines solchen Lasters passen knapp 115 Liter Benzin, ein Liter Wasser wiegt 1 Kilo. Benzin wiegt etwa 0,75-mal so viel wie Wasser, also haben wir nur 750 Gramm pro Liter. Man multipliziere das mit 115 und kommt auf nicht ganz 90 Kilo für einen Tank voll Benzin.

Der Kerngedanke dabei ist, dass das Benzin eines Lasters erheblich weniger wiegt als der Laster selbst, nämlich 90/2500, was sich großzügig auf 1/25 des Leergewichts des Lasters runden lässt.

Es wäre verrückt, einen 2500 Kilogramm schweren Laster ins Schlepptau zu nehmen, wenn alles, was Ihnen wichtig ist, 100 Kilogramm Benzin in seinem Tank sind. Es wäre besser, das Benzin zusammen mit der Fracht im Stauraum des Lasters zu transportieren. (Vielleicht können Sie ein paar Container für das Benzin retten oder die anderen Laster auseinandernehmen und deren Benzintanks als Behälter verwenden.) Ein Laster könnte das Benzin von etwa 25 Lastern transportieren, angenommen, die Fracht ist nicht allzu schwer.

Das bedeutet, dass ein einzelner Laster die Hälfte des Benzins der gesamten Flotte von 50 Lastern transportieren könnte. Er würde etwa 25 x 100 oder 2500 Kilometer weit kommen – bzw. nicht ganz so weit, denn das Gewicht würde den Kraftstoffverbrauch erhöhen. Es sollte aber auf jeden Fall für 1500 Kilometer reichen. Das ist erheblich mehr als die 450 Kilometer, die bei der Umfüll-Antwort herauskommen, und man braucht nur einen Laster und einen Fahrer.

? Simulieren Sie einen siebenseitigen Würfel mit einem fünfseitigen Würfel. Wie würden Sie eine zufällige Zahl zwischen 1 und 7 generieren, wenn Sie einen fünfseitigen Würfen benutzen?

Bei »Magic 8 Ball« wird ein achtseitiger Würfel verwendet. Das Spiel »Dungeons & Dragons« nutzt Würfel in allen Formen der platonischen Körper (mit vier, sechs, acht, zwölf und 20 regelmäßig-polygonen Oberflächen). Es ist eine wesentlich größere Herausforderung, einen fünfseitigen Würfel zu gestalten. Das U. S. Patent 6.926.275 entwickelte ein Design mit zwei dreieckigen Oberflächen und drei rechteckigen. Die Kanten werden abgefräst, um ein Absplittern zu verhindern. Wenn der Würfel auf einer rechteckigen Oberfläche landet, liest man den Wert von der oberen Zahl auf jeder Seite der sichtbaren rechteckigen Oberflächen ab. Der Wurf auf dem Bild würde als eine Drei zählen.

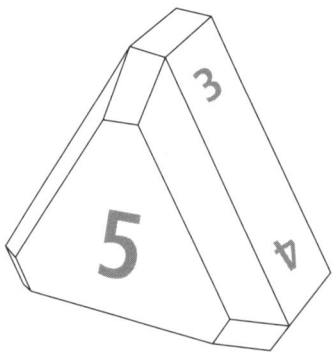

Für den Fall also, dass Sie sich fragen, ob es so etwas wie einen fünfseitigen Würfel gibt – ja, den gibt es. Bei der Frage geht es im Wesentlichen darum, dass Sie etwas kreieren, das eine zufällige Zahl im Bereich von 1 bis 5 generiert. Sie müssen es so verwenden, dass es eine zufällige Zahl im Bereich von 1 bis 7 generiert. Stellen Sie sich vor, Sie hätten es mit sieben streitsüchtigen Leuten zu tun, von denen jeder ein Lotterielos mit einer Nummer von #1 bis #7 in der Hand hält. Wie benutzen Sie einen fünfseitigen Würfel, um einen Gewinner festzulegen, wenn Sie wissen, dass sich die Verlierer beschweren werden und Sie womöglich vor Gericht beweisen müssen, dass die Prozedur wirklich dem Zufall überlassen war?

Einige simple Ideen benachteiligen stets jemanden. Eine ist, zweimal mit dem Fünfseiter zu würfeln und die Zahlen zu addieren. Das erzeugt Zahlen im Bereich von 2 bis 10. Das sieht vielleicht so aus, als würden wir Fortschritte machen, aber es sieht eben nur so aus. Jeder, der oft mit normalen Würfeln spielt, weiß, dass nicht alle Gesamtaugenzahlen gleich häufig sind. Summen in der Mitte der Verteilung (wie etwa 7) sind wahrscheinlicher. Dasselbe gilt für fünfseitige Würfel.

Man könnte auch zweimal würfeln und die Zahlen zusammenrechnen oder multiplizieren oder irgendwie sonst eine große Zahl erzeugen, durch 7 teilen und nur den Rest nehmen. Der Rest wird sich im Bereich von 0 bis 6 bewegen. Wir brauchen keine 0, als tun wir so, als wäre es eine 7. Das liefert eine »zufällige« Zahl im Bereich von 1 bis 7.

Ich setze »zufällig« hier in abschreckende Anführungszeichen, da, wie der Mathematiker John von Neumann es formulierte, »jeder, der auch nur über arithmetische Methoden zum Erzeugen zufälliger Zahlen nachdenkt, sich natürlich im Zustand der Sünde befindet«. Das Ergebnis ist nicht wirklich zufällig, sodass diese Antwort bei Google oder Amazon nicht viele Punkte bringt. Im Internet sollten zufällige Zahlen besser wirklich zufällig sein, sonst nutzen Hacker das aus.

Für ein authentisches zufälliges Ergebnis lassen Sie jeden der sieben Lottospieler einmal mit dem Fünfseiter würfeln. Der Spieler, der die höchste Zahl würfelt, gewinnt. Wenn es einen Gleichstand gibt, würfelt man noch mal (so oft wie nötig). Der einzige Haken dabei ist, dass man oft würfeln muss. Selbst wenn nie ein Gleichstand eintritt (was kaum vorkommen wird), muss man siebenmal würfeln.

Es gibt eine bessere Antwort. Denken Sie digital. Die Zahlen 1 bis 7 lassen sich in 3 Bits, als Binärzahlen von 001 bis 111, darstellen. Lassen sich mit einem fünfseitigen Würfel drei zufällige Bits erzeugen?

Natürlich. Jeder Wurf liefert eine Zahl der 3-Bit-Zahl. Wenn der Würfel eine 2 oder eine 4 zeigt, nennen Sie das Ergebnis 0. Wenn er 1 oder 3 zeigt, nennen Sie es 1. Wenn er eine 5 zeigt, würfeln Sie erneut. Würfeln Sie weiter, so lange wie nötig, bis Sie eine nicht-5 erhalten.

Wenn man diese Prozedur dreimal durchführt, erzeugt man damit eine Zahl im Bereich von 000 bis 111. Übersetzen Sie diese zurück ins Dezimalsystem, und die Person, die das Los mit dieser Zahl hat, hat gewonnen (bei 101 zum Beispiel gewinnt die Person mit der Losnummer #5). Sollte 000 erscheinen, wiederholt man die Prozedur.

Dafür braucht man nur drei Würfe (wenn keine Wiederholungen notwendig sind). Durchschnittlich sind es etwas mehr als vier Würfe.

? Sie haben ein leeres Zimmer und eine Gruppe von Leuten, die davor warten. Ein »Zug« besteht darin, jemanden entweder in das Zimmer hinein- oder jemanden hinauszulassen. Können Sie eine Serie von Zügen arrangieren, die sicherstellt, dass jede mögliche Kombination von Leuten genau einmal in dem Zimmer ist?

Es mag einen Moment dauern, bis man kapiert, was der Interviewer will. Nehmen wir an, es stehen zwei Leute vor dem Zimmer, Larry und Sergej. Dann gibt es vier mögliche Kombinationen von Leuten im Raum – wobei man den Fall, dass das Zimmer leer ist, mitzählt. Die vier Fälle sehen folgendermaßen aus:

- Leeres Zimmer
- Nur Larry im Zimmer

- Nur Sergej
- Larry und Sergej

Es kann jeweils nur eine Person eintreten oder gehen und keine Kombination lässt sich wiederholen. Die oben dargestellte Reihenfolge würde nicht funktionieren, weil es keine Möglichkeit gibt, in nur einem Schritt von »nur Larry« zu »nur Sergej« zu kommen. Entweder geht Larry, bevor Sergej hereinkommt, womit das »Leere Zimmer«-Szenario sich wiederholen würde, oder Sergej flitzt einen Moment, bevor Larry hinausgeht, hinein, womit einen Augenblick lang beide im Zimmer sind. Hier die Lösung:

1. Fangen Sie mit dem leeren Zimmer an.
2. Lassen Sie Larry hineingehen.
3. Schicken Sie auch Sergej hinein, sodass die Situation »Larry und Sergej« eintritt.
4. Larry geht hinaus, es bleibt nur Sergej.

Das ist ein einfacher Fall, und man verlangt von Ihnen, das für eine möglicherweise große Zahl von Menschen N hochzurechnen. Jede Person kann im Zimmer sein oder draußen, was bedeutet, dass die Anzahl der Kombinationen exponentiell mit N wächst. Deshalb können Sie nicht mehr nach Gefühl vorgehen. Sie brauchen einen guten Algorithmus.

Es gibt zwei verbreitete Methoden, dieses Rätsel zu lösen. Eine ist, klein anzufangen und sich dann hinaufzuarbeiten. Fügen Sie eine dritte Person hinzu, Eric. Wie verändert das die Lage? Das bedeutet im Grunde genommen, dass wir die Züge für zwei Leute zweimal machen müssen, einmal ohne Eric und einmal mit Eric im Zimmer. Starten Sie genau wie oben.

1. Fangen Sie mit dem leeren Zimmer an.
2. Schicken Sie Larry hinein.

3. Schicken Sie Sergej hinein, sodass die Situation »Larry und Sergej« eintritt.
4. Larry geht hinaus, es bleibt nur Sergej.

Dann bringen Sie Eric ins Spiel.

5. Eric kommt herein, wir haben »Sergej und Eric«.

Wir wollen die ursprünglichen Züge wiederholen, jetzt, wo wir Eric haben. Aber wir müssen sie rückwärts wiederholen, weil wir da anfangen, wo wir ursprünglich aufgehört haben, sprich mit dem Szenario, bei dem Sergej allein im Raum ist. Im Grunde genommen spulen wir die »Larry-und-Sergej«-Züge zurück. Jedes Eintreten wird ein Hinausgehen und umgekehrt. Eric bleibt die ganze Zeit im Zimmer. Hier die verbleibenden Züge.

6. Larry kommt zu Sergej und Eric ins Zimmer.
7. Sergej geht hinaus, Eric und Larry bleiben zurück.
8. Larry geht hinaus, Eric bleibt allein zurück.

Damit ist das Muster für einen Algorithmus festgelegt. Um mit einer vierten Person fertigzuwerden, machen Sie diese acht Züge, bringen die vierte Person ins Spiel und spulen alles zurück. Es braucht also 16 Schritte, um vier Leute durchzuspielen. Die Anzahl der Schritte verdoppelt sich mit jeder zusätzlichen Person. Für n Leute braucht es 2 hoch n Züge.

Im weitesten Sinne geht es bei dieser Frage um die Kluft zwischen analog und digital. Die Leute in ein Zimmer hinein- und wieder hinauszuschicken, ist ein analoger Prozess. Man kann einen Menschen nicht so leicht von einem Ort zum anderen schnippen wie eine Zahl.

Solche Fragen gehen auf den Beginn des Informationszeitalters zurück. Frank Gray war Wissenschafter in den Bell Labs in den Jahren, als diese Firma noch einer der stärksten Motoren des digitalen Molochs war. Gray entwickelte viele der Prinzipien, die das Farbfernsehen ermöglichten. Sein Name ist im Gray-Code verewigt, der Mitte der 1940er-Jahre entstand.

Das frühe Fernsehen war komplett analog. Ein horizontal lesender Elektronenstrahl wurde von einem Magnetfeld nach oben oder unten gespiegelt, das wiederum von einer stets wechselnden Stromspannung erzeugt wurde. Gray wollte die analoge Spannung in eine digitale Zahl verwandeln (eine Serie von Code-Impulsen). Die Ingenieure der damaligen Zeit hatten die steampunkartige Idee, den Elektronenstrahl durch eine Maske mit Löchern zu schießen, die Binärzahlen repräsentierten. Die unterschiedlichen Teile der Maske, die unterschiedlichen Graden von Spiegelung entsprachen, hatten unterschiedliche Lochmuster. Der Strahl sollte die korrekte Spannung in Binärzahlen ausbuchstabieren. Wie viele andere schlaue Ideen funktionierte das nicht. Elektronenstrahlen sind unordentlich. Es war, als würde man mit einer Wasserpistole auf eine ungezogene Katze schießen.

Das echte Problem dabei war, dass unregelmäßige Anzeigen herauskamen, als der Strahl von einer Zahl zur nächsten ging. Um dieses Problem zu beheben, brauchte Gray einen Code, bei dem sich nur eine Ziffer beim Übergang von der einen Zahl zur nächsten ändert. Solche Systeme bezeichnet man heute als Gray-Codes. Ein solcher Code sieht folgendermaßen aus:

Zahl	Gray-Code
0	000
1	001
2	011
3	010
4	110
5	111
6	101
7	100

Die Zahlen im Gray-Code repräsentieren keine Zweierpotenzen und auch sonst nicht wirklich etwas. Es ist einfach nur ein Code. Der Code 111 bedeutet einfach nur 5, und Sie sollten nicht versuchen, mehr hineinzulesen. Der einzige Grund für die Existenz des Gray-Codes ist, dass sich jede Zahl aus ihrem Vorgänger erzeugen lässt, indem man nur eine Ziffer verändert. Um von 5 (111) auf 6 zu kommen, müssen Sie nur die mittlere Ziffer ändern (101).

Gray lieferte eine simple Methode, um seine Codes zu generieren. Fangen Sie mit 0 und 1 an. Diese werden den regulären Zahlen 0 und 1 zugeordnet (also gar kein Hokuspokus hier). Dann kehren Sie die Sequenz 0, 1 um – zu 1, 0 – und hängen Sie an die ursprüngliche Sequenz an. Sie erhalten 0, 1, 1, 0.

Um die ursprüngliche Sequenz von Ihrer Umkehrung unterscheiden zu können, müssen wir eine Extraziffer links an jeden Code hängen. Nehmen Sie 0 für die ursprüngliche Sequenz und 1 für die Umkehrung. Das liefert uns 00, 01, 11, 10.

Das sind die ersten vier Gray-Codes. Sie wollen mehr? Kehren Sie diese Reihenfolge um und hängen Sie sie ans Original an: 00, 01, 11, 10, 11, 01, 00. Dann hängen Sie eine 0 an die ersten vier Codes an und eine 1 an die letzten vier: 000, 001, 011, 010, 110, 111, 101, 100.

Das ist der Grund, warum sich 6 als 101, darstellen lässt. Sie können ohne größere Schwierigkeiten erkennen, dass die Zahl 8 den Code 1100 hätte. Grays Schema lässt sich leicht beliebig erweitern.

Gray-Codes sind zyklisch. Stellen Sie vor, Sie wären mit dem Auto 1 Million Kilometer gefahren. Der Kilometerzähler steht auf 999.999 und springt auf 000.000 (die Ziffernfolge für 1 Million gibt esnicht). Bei Gray-Codes wird die letzte Zahl ebenfalls wieder zur ersten, aber einfach nur durch Änderung einer einzelnen Ziffer. In der obigen Tabelle kann man die höchste Zahl (100) leicht in die niedrigste (000) verwandeln, indem man nur 1 Bit ändert.

Man kann einen Gray-Code verwenden, um dieses Interviewrätsel zu lösen. Man erwartet von jedem Programmierer, dem man diese Frage stellt, dass er die Verbindung herstellt.

Repräsentieren Sie den Zustand des Zimmers als eine n-stellige Zahl, wobei n die Anzahl der Leute ist. Jede Ziffer korrespondiert mit einer anderen Person. Die Ziffer ist 1, wenn die Person im Zimmer ist, und 0, wenn sie draußen ist. Ein Beispiel:

| | | | | Der | | | | | |
| | | | | Andere | | | | | |
Stu	Ann	Emily	Bob	Phil	Phil	Lisa	Eric	Sergej	Larry
1	1	0	0	1	0	0	0	0	1

Jede mögliche n-stellige Binärzahl (2 hoch n davon) repräsentiert eine andere Gruppierung von Leuten. Wir müssen *alle* rotieren lassen. Die übliche Zählreihenfolge für Binärzahlen tut es nicht. Aber Gray-Codes funktionieren gut. Lassen Sie sie einfach der Reihe nach durchlaufen und fangen Sie bei 0000000000 an, wobei Sie die Zahlen als Regieanweisungen sehen. (Beispielsweise bedeutet ein Wechsel von 0 auf 1 auf der Stelle ganz rechts: »Auftritt Larry«.) Die Lösung fängt so an:

0000000000: Der Raum ist leer.
0000000001: Auftritt Larry.
0000000011: Sergej kommt dazu.
0000000010: Larry geht.
0000000110: Eric gesellt sich zu Sergej.

Es ist garantiert, dass sich bei jedem Schritt nur eine Ziffer ändert und nur eine Person den Raum verlässt oder betritt.

Der Gray-Code ist der Generalschlüssel für viele klassische Rätsel, besonders für die »Türme von Hanoi« und das Baguenaudier-Rätsel (auch bekannt als »Chinese Rings«). Diese Namen sagen Ihnen vielleicht nichts und die asiatische Herkunft ist fingiert, aber Sie haben die Rätsel wahrscheinlich schon in realer oder virtueller Form gesehen. Die »Türme von Hanoi« bestehen aus acht zylindrischen Scheiben, die auf einem von drei Pfosten aufgereiht sind. Der Spieler muss alle acht Scheiben auf einen anderen Pfosten verschieben, mit der Beschränkung, dass keine Scheibe auf eine andere gelegt werden darf, die kleiner ist als sie selbst. Die »Türme von Hanoi« sind ein Abziehbild für Videospiele mit Rätselkomponenten geworden (beispielsweise: *Mass Effect, Zork Zero* oder *Star Wars: Knights of the Old Republic*). Alle Informatikstudenten lernen Gray-Codes, und es ist eine beliebte Aufgabe, einen Code für ein »Türme von Hanoi«-Spiel zu schreiben (welches immer wieder in Videospielen recycelt wird).

? Sie haben einen unendlichen Vorrat an Ziegeln. Sie wollen Sie aufstapeln, sodass jeder Ziegel einen leichten Überhang gegenüber dem aufweist, auf dem er liegt. Was ist der maximale Überhang, zu dem es auf diese Weise kommen kann?

Stellen Sie sich vor, Sie legen einen Ziegel mit 3 Zentimeter Überhang an die Tischkante. Der Ziegel ist stabil. Schieben Sie ihn 3 Zentimeter weiter, dann noch 3, dann noch 3. Die Intuition sagt Ihnen, dass der Ziegel Übergewicht bekommt, wenn er um mehr als die Hälfte seiner Länge über die Tischkante hinausragt.

Allgemeiner gesprochen: Der Schwerpunkt des Ziegels muss auf etwas Festem ruhen. Oder, im Grenzfall: Der Schwerpunkt muss zumindest an der Kante von etwas Festem balancieren. Bei einem gleichmäßigen Ziegel ist der Schwerpunkt genau in der Mitte. Darum können Sie mit einem Ziegel maximal einen Überhang in der Länge eines halben Ziegels produzieren. Es wäre ungefährlicher, sich mit etwas weniger zu begnügen – aber die Hälfte ist die Obergrenze.

Sie haben unbegrenzt Ziegel zur Verfügung und dürfen sie stapeln. Beginnen Sie mit zwei Ziegeln. Die meisten Leute haben wohl das Bedürfnis, auf der Tafel ein Diagramm zu zeichnen. Die Punkte stellen jeweils den Schwerpunkt dar. Der obere Punkt ist der Schwerpunkt des oberen Ziegels. Der obere Ziegel ist stabil, solange der untere stabil ist, weil der Schwerpunkt des oberen Ziegels noch (gerade so) auf dem unteren Ziegel ruht.

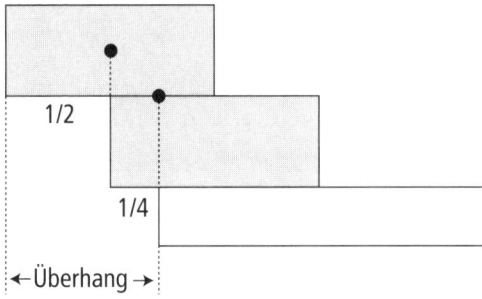

Wie weit darf der untere Ziegel über die Tischkante hinausragen? Der Schwerpunkt des aus zwei Ziegeln bestehenden Stapels (unterer Punkt) muss sich über dem Tisch oder der Tischkante befinden. Wenn unter dem Stapel nur Luft ist, kippt er. Dieser gemeinsame Schwerpunkt befindet sich eine Viertel-Ziegellänge rechts vom Schwerpunkt des einzelnen oberen Ziegels. Damit haben wir 1/2 + 1/4 = 3/4 Ziegellänge Überhang bei zwei Ziegeln.

Es mag nun so aussehen, dass der zusätzliche Überhang bei jedem Ziegel die Hälfte von dem über ihm beträgt. Da mit 1/2 + 1/4 + 1/8 + 1/16 eine unendliche Reihe beginnt, die insgesamt 1 ergibt, sagen manche Kandidaten, die sich unter Zeitdruck fühlen, dass sich ein Überhang von einer Ziegellänge erreichen lässt. Tatsächlich kann man einen stabilen Stapel bauen, bei dem sich der Überhang mit jedem Ziegel von oben halbiert. Das ist jedoch nicht die optimale Anordnung, und Sie bekommen mit dieser Antwort nicht viele Punkte vom Interviewer.

Die folgende Analogie kann als Wegweiser in die richtige Richtung dienen. Ein begabtes Kind wechselt die Klasse. Wie sehr wird es die Durchschnittsnote der Klasse anheben? Das begabte Kind wird umso weniger ausmachen, je größer die Klasse ist. Sein Effekt ist proportional zu $1/n$, wobei n die Anzahl der Schüler ist. Ein neuer Schüler, der zufällig die gleichen Noten hat wie der Rest der Klasse, würde den Durchschnitt gar nicht verändern. Der Effekt des begabten Schülers ist proportional zu dem Unterschied zwischen seiner Note und der Durchschnittsnote der Klasse.

Dasselbe gilt für die Ziegel. Ein Schwerpunkt ist (buchstäblich) gewogener Durchschnitt. Werfen Sie einen Blick auf den n-ten Ziegel. Wir heben den ganzen Stapel, wie er ist, (sanft) hoch und legen ihn so hin, dass sein Schwerpunkt genau über der Kante des neuen Ziegels liegt. Wie weit darf der neue Ziegel über den Tisch hinausragen?

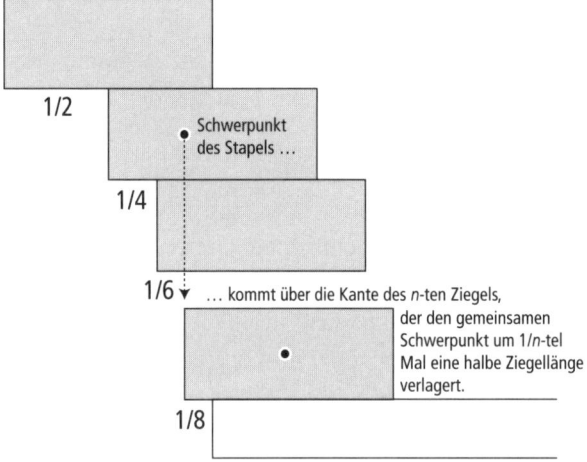

Um das herauszufinden, müssen Sie neu berechnen, wo der Schwerpunkt des Stapels ist (und dabei den neuen Ziegel berücksichtigen). Der Schwerpunkt des neuen Ziegels liegt selbstverständlich in dessen Mitte, eine halbe Länge rechts von seinem linken Rand, welcher sich wiederum dort befindet, wo Sie den

Schwerpunkt sämtlicher Ziegel über diesem positioniert haben. Die Masse des neuen Ziegels »zieht« den gemeinsamen Schwerpunkt nach rechts. Sein Effekt ist abhängig von der Anzahl der Ziegel und dem Abstand zwischen dem Schwerpunkt des aktuellen Stapels und dem Schwerpunkt des neuen Ziegels. Nach obiger Positionierungsregel ist die horizontale Distanz immer ein halber Ziegel. Bei n Ziegeln hat der neue Ziegel $1/n$-tel des Gewichts des gesamten Stapels. Das bedeutet, dass der n-te Ziegel den Schwerpunkt des Stapels $1/n$ x $1/2$ Ziegellänge verlagert.

Die Überhänge bilden daher diese Reihe:

$$1/2 + 1/4 + 1/6 + 1/8 + 1/10 + 1/12 + \ldots$$

Würde man das verdoppeln, hätte man folgende leicht zu merkende Serie:

$$1/1 + 1/2 + 1/3 + 1/4 + 1/5 + 1/6 + 1/7 + \ldots$$

Das ist »zufällig« eine berühmte Reihe in der Mathematik und in der Musiktheorie. Man bezeichnet sie als die »harmonische Reihe«, weil die Obertöne einer vibrierenden Saite die Wellenlängen $1/2$, $1/3$, $1/4$, und so weiter haben, d. h. in Relation zum Grundton.

In der Musik wird die harmonische Reihe mit reichen, weichen Tönen assoziiert. In der Mathematik ist sie ein wenig verrufen. Da jeder Term immer kleiner wird, könnte man denken, die harmonische Reihe würde auf eine ordentliche Summe hin konvergieren (so wie $1/2 + 1/4 + 1/8 + 1/16 + \ldots$ sich 1 annähert). Stattdessen summiert sie sich zu unendlich auf.

In Hinblick auf die Ziegel erzeugt das ein Paradoxon. Der maximale Überhang eines Stapels ist die Hälfte der Summe der harmonischen Reihe, aber die Hälfte von unendlich ist unendlich. Das bedeutet, dass Sie jeden Überhang, den Sie wollen, erreichen können (theoretisch). Ein hoher Stapel Ziegel könnte die Golden Gate Bridge überspannen!

Ein tougher Interviewer könnte von Ihnen einen Beweis verlangen, dass die Reihe kein Ende hat. Das lässt sich recht einfach bewerkstelligen. Nikolaus von Oresme, eines der mittelalterlichen Genies, hat diesen Beweis geliefert. Gruppieren Sie die Terme der harmonischen Reihe in Klammern, die einen, zwei, vier, acht … Terme umfassen.

$$(1/2) + (1/3 + 1/4) + (1/5 + 1/6 + 1/7 + 1/8) + (1/9 + 1/10 + 1/11 + 1/12 + 1/13 + 1/14 + 1/15 + 1/16) + \dots$$

Dann schreiben Sie folgende Reihe darunter.

$$(1/2) + (1/4 + 1/4) + (1/8 + 1/8 + 1/8 + 1/8) + (1/16 + 1/16 + 1/16 + 1/16 + 1/16 + 1/16 + 1/16 + 1/16) + \dots$$

Nun vergleichen Sie. Die Summe der harmonischen Reihe (oben) ist sicher größer als die Summe der Reihe darunter, da all ihre Terme mindestens genauso groß sind, manche größer.

Was ist die Summe der unteren Reihe? Jede Klammer beinhaltet Brüche, die sich zu 1/2 aufsummieren. Das Ergebnis ist unendlich, und da die harmonische Reihe sich durch direkten Vergleich als größer erwiesen hat, muss auch sie unendlich sein.

Schön und gut. Aber wenn Sie an diesem Punkt aufhören – und einen unendlichen Überhang postulieren –, kann man Ihnen vorwerfen, dass Sie eine technisch korrekte, aber völlig nutzlose Antwort gegeben haben. Sie können den Interviewer damit beeindrucken, die theoretische mit der praktischen Seite zu vereinen. Stellen Sie sich vor, die Leute vom *Guinness-Buch der Rekorde* würden von Ihrer »Unendlicher Überhang«-Behauptung hören und ein Video mit Ihnen drehen wollen. Wie viel Überhang könnten Sie tatsächlich liefern?

Das ist etwas ganz anderes, und glücklicherweise spielt es Ihnen in die Hände, dass die harmonische Reihe nur unglaublich langsam wächst. Wie wir gesehen haben, bringen vier Ziegel fast eine ganze Ziegellänge Überhang. Fünf Ziegel gehen gerade so darüber hinaus, wobei der oberste Ziegel völlig jenseits der Tischkante schwebt. Das ist ein netter Trick für daheim. (Wenn Sie keine Ziegel zur Hand haben, können Sie es mit Dominosteinen, Büchern, CD-Hüllen etc. ausprobieren).

Bei zehn Ziegeln beträgt der maximale Überhang gerade etwas mehr als 1,46 Ziegellängen. Bei 100 Ziegeln sind es etwa 2,59 Ziegellängen und bei 1000 Ziegeln 3,45. Angesichts von Vibration, Wind und der Unvollkommenheit der Ziegel scheint es unwahrscheinlich, dass es irgendjemandem gelingen könnte, 1000 Ziegel zu einer geraden, nicht gemörtelten Säule aufzuschichten, von einer mit Überhang gar nicht zu reden. Schluss: Ein Überhang von zwei Ziegellängen ist machbar; ein Überhang mit drei Ziegellängen ist schwierig und gefährlich.

Bei dem Rätsel geht es tatsächlich mehr um die Realität des Ziegelschichtens, als Sie denken würden. In der Architektur besteht ein Kragbogen aus zwei überhängenden Ziegelstapeln, die sich treffen und in der Mitte einen Bogen formen. Die Mayas bauten diese bereits im 10. Jahrhundert v. Chr. Es gibt nur ein Problem mit Kragbögen: Die Gebäude haben die Tendenz einzustürzen. Der sogenannte römische Bogen mit Schlüsselstein, der schon im alten Mesopotamien bekannt war, verdrängte die Kragbögen nach und nach auf der ganzen Welt.

Das Ziegel-Stapel-Rätsel erschien 1850 in einem Text über Ingenieurswesen mit dem Titel *Elementary Mechanics* von J. B. Phear. Es wurde 1958 von dem Physiker George Gamow in dem Buch *Puzzle-Math* diskutiert und später von Martin Gardner. Variationen davon (die kompliziertere Stapel erlauben, bei denen es mehr als einen Ziegel pro horizontaler Reihe gibt) haben ernsthafte mathematische Artikel inspiriert. Die Interviewfrage über den Verband von 50 Lastern steht damit in enger Verbindung. Das ist das Analogon zu der Frage, wie viel Überhang man mit 50 Ziegeln erreichen kann.

? Sie müssen von Punkt A nach Punkt B gelangen. Sie
wissen nicht, ob Sie dorthin kommen können. Was tun
Sie?

Die MBA-Antwort: »Ich würde mein Handy rausziehen und
Punkt A und Punkt B bei Google Maps eingeben. Wenn Punkt B
nicht in Google Maps ist, würde ich ein Taxi nehmen und der
Buchhaltung die Rechnung schicken. Nächste Frage?«

Die Antwort des Informatik-Doktoranden: »Ah, ich verstehe.
Sie fragen eigentlich nach dem Problem der Suche nach einem
Netzwerk.«

Wenn man diese Frage einem Softwareentwickler stellt, dann
erwartet man, dass sie zu einer Diskussion über die relativen Vorzüge bestimmter Suchalgorithmen führt. Obwohl diese Algorithmen für das Durchsuchen von Computerspeichern und dem
Internet entwickelt wurden, sind sie genauso relevant für das Na-
vigieren in einem Einkaufszentrum, einem Irrgarten oder den
idyllischen Dörfern in Umbrien. Ich zeige Ihnen eine Antwort im
Sinne des gesunden Menschenverstands, die sich letztlich nicht
so sehr von der des Informatikers unterscheidet.

Um die Frage anders zu formulieren: Sie sind an Punkt A, wollen Punkt B finden und haben keine App dafür. Sie müssen sich
an die Straßen und Pfade halten, die von A ausgehen. Sie werden
Punkt B erkennen, wenn Sie dort ankommen. Aber es kann genauso gut sein, dass sie *nicht* dort ankommen. Punkt B könnte
abseits des Straßennetzes liegen und unerreichbar sein.

Sie sollten dem Interviewer einige wichtige Fragen stellen:

1. Kann ich nach der Richtung fragen? Kann ich GPS benutzen?
   Gibt es eine Möglichkeit, die Richtung, in der Punkt B liegt,
   und die Distanz dahin einzuschätzen?
2. Für den Fall, dass B von Punkt A aus unerreichbar ist, gibt es
   eine Möglichkeit, das festzustellen, oder hat man es mit einer
   nie endenden Suche zu tun?

3. Habe ich ein Interesse daran, Punkt B so schnell wie möglich zu finden, oder daran, die schnellste Route von A nach B so schnell wie möglich zu finden?

Die Interviewer hören es gerne, wenn Sie schlau genug sind, nach der Richtung zu fragen, aber man wird Ihnen sagen, dass Sie sich nicht darauf verlassen können, idiotensichere Anweisungen zu bekommen. Frage 2 ist wichtig, weil, nun ja, die besseren Entwickler nicht gern unendlich viel Zeit und Anstrengung in ein Fass ohne Boden investieren. Sie wollen nicht erst den ganzen Planeten absuchen, nur um festzustellen, dass man von hier (A) nicht nach dort (B) gelangen kann.

Die letzte Frage, 3, mag etwas verwirrend klingen. Um ein Beispiel zu geben: Vielleicht haben Sie sich in einem Irrgarten an Punkt A verirrt und haben zwei schreiende Kinder im Schlepptau. Sie wollen den Ausgang finden, Punkt B. Alles, woran Ihnen gelegen ist, ist, aus dem verdammten Irrgarten zu entkommen.

Sie würden in dieser Situation eine Suchprozedur bevorzugen, mit der sich Punkt B mit entsprechendem Tempo finden lässt. Es gibt jedoch immer falsche Abzweigungen und die Route, die Sie nehmen würden, wäre nicht notwendigerweise der kürzeste Weg von A nach B. In dieser Situation wäre das okay.

Es kann jedoch auch sein, dass Sie mit öffentlichen Verkehrsmitteln von zu Hause (A) nach B wollen. Die Route, die Sie finden, werden Sie an jedem Arbeitstag Ihres Lebens erneut fahren. Sie suchen nicht einfach nur nach B; Sie suchen nach der kürzesten Strecke zwischen A und B.

Bei jeder Suche gibt es ein Element von Versuch und Irrtum. Üblicherweise gibt es auch ein Element von Wissen und Intuition. Sie haben vielleicht bestimmte Ansichten, wie man nach B gelangen kann, basierend auf Karten, Ahnungen, Straßenwissen, der Weisheit der französisch-kanadischen Trapper oder einem Straßenschild, auf dem steht: PUNKT B IN 17 KILOMETERN. Eine Suchprozedur sollte alles an Informationen berücksichtigen, was Ihnen zur Verfügung steht (sowie die Möglichkeit, dass diese Informationen unzuverlässig sein könnten). Sie werden damit beginnen, die Route auszuprobieren, die Sie für den kürzesten Weg nach B halten. Zeichnen Sie unterwegs Karten, für den Fall, dass Sie umkehren und andere Routen ausprobieren müssen.

Das alles ist bislang unbestreitbar. Wenn Sie den Interviewer beeindrucken wollen, müssen Sie allerdings etwas sagen, was nicht so offensichtlich ist. Versuchen Sie es mit Folgendem. Die fundamentale philosophische Frage bei der Suche nach einem Ziel ist: Wann soll ich umkehren?

Es mag der Punkt kommen, an dem Sie das Gefühl haben, sich verirrt zu haben – d. h. Sie haben nicht länger das Gefühl, auf dem direkten Weg von A nach B zu sein. Gehen Sie zurück bis zu dem Punkt, bevor Sie das Gefühl hatten, sich verirrt zu haben? Oder versuchen Sie, den direktesten Weg von da, wo Sie gerade sind (verirrt), nach B zu finden?

Die Chancen stehen gut, dass Sie eine Diskussion über genau diesen Punkt auf Ihrer letzten Autoreise gehört haben. Wenn der Witz über männliche Fahrer stimmt, dann hassen Männer es zurückzufahren oder nach dem Weg zu fragen. Stellen Sie sich einen freundlichen Fremden vor, der Ashley und Ben versichert, dass B gleich am Ende der Straße liegt, und ihnen sagt: »Können Sie gar nicht verfehlen.« Sie fahren eine halbe Stunde und erwarten, B müsse jeden Moment in Sicht kommen. Tut es aber nicht. »Wir sind eindeutig auf dem falschen Weg«, sagt Ashley, »fahren wir zurück, dahin, wo wir waren, bevor wir diese Wegbeschreibung bekommen haben.«

»Hat keinen Sinn zurückzufahren«, hält Ben dagegen. »Wir sind schon ein ganzes Stück gefahren und wir müssen jetzt näher an B sein als vorher. Es muss bald ein Schild kommen.«

Die Strategie von Ben gleicht jener, die Informatiker als den »best first algorithm« bezeichnen. Immer wenn Sie zu einer Straßengabelung kommen, folgen Sie dem Weg, von dem Sie glau-

ben, dass er am schnellsten zu B führt, basierend auf Ihrem gegenwärtigen Wissen. Im glücklichen Fall, da dieses Wissen zu
100 Prozent akkurat ist, findet Ben den kürzesten Weg nach B.

Ashleys Strategie gleicht mehr dem A*-Algorithmus (ausgesprochen »A Stern«), beschrieben von den Wissenschaftlern Peter Hart, Nils Nilsson und Bertram Raphael im Jahr 1968. Damit
ist (ungefähr) gesagt, dass man sich so eng wie möglich an den
kürzesten Pfad von A nach B halten sollte. Sie fragen sich jetzt
wahrscheinlich, wie sich das von Bens Strategie unterscheidet.
Tut es nicht, solange der Suchende verlässliche Anweisungen hat.
Der Unterschied tritt dann ein, wenn der Suchende vom direkten
Pfad abweicht. Bei der Entscheidung, was zu tun ist, hat Ben eine
einzige Zahl im Blick: Seine Schätzung, wie weit B von seinem
momentanen Standpunkt entfernt ist. Er versucht stets, sich in
Richtung von B zu bewegen. Ashley hat zwei Zahlen im Blick: Die
geschätzte Distanz zu B und die bekannte Straßenentfernung von
A. Ashley hat das Ziel, beide Zahlen zu minimieren, oder, um
genau zu sein, ihre Summe. Ashley versucht, die Punkte auszukundschaften, die mit der größten Wahrscheinlichkeit auf dem
kürzesten Weg von A nach B liegen.

Wer hat recht, Ben oder Ashley? Ashleys Suchprozedur ist besser beim Bewältigen von falschen Abzweigungen. Das Diagramm
zeigt des Pudels Kern. Wenn man bei A startet, kommt man auf
der Suche zu einer Straßengabelung und muss sich entweder für
den linken oder den recht Weg entscheiden. Sollte sich Ben für
den linken Pfad entscheiden (ein Fehler!), muss er einen weiten
Umweg auf sich nehmen. Obwohl der Weg lang und gewunden
ist, bringt ihn dieser Pfad immer näher zu B.

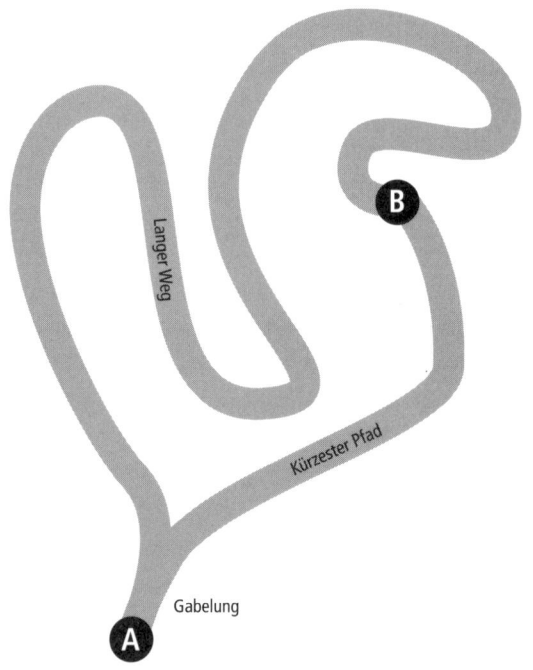

Sollte Ashley dieselbe falsche Abzweigung nehmen, würde sie
schließlich feststellen, dass Sie sich verdammt weit von A entfernt
hat und B immer noch weit weg ist. Das würde ihr sagen, dass sie
sich höchstwahrscheinlich nicht auf dem kürzesten Pfad befindet. Ashley würde bis zur Gabelung zurückgehen und den anderen Pfad ausprobieren. Sie würde B vermutlich schneller finden
als Ben. Im Allgemeinen würde man erwarten, dass es mehr Ga-
belungen gibt als nur diese eine und man daher ständig Entscheidungen treffen muss. Es gelten ähnliche Abwägungen: Eine Such-
methode mit optimaler Tendenz in Sachen Rückverfolgung eines
Weges schlägt eine, die nur unregelmäßig den Weg zurückgeht.

Die Interviewfrage verlagert das Gewicht noch weiter zuguns-
ten einer A*-Suche, indem gesagt wird, dass man nicht weiß, ob
man von A nach B gelangen kann. Wenn es keine Möglichkeit
gibt, nach B zu gelangen, wird Ben endlos umherwandern und

einem Irrlicht nachjagen. Ashley wird systematisch von Punkt A aus Erkundungsgänge machen und die Distanz von A minimieren. Sie wird eine Karte des Terrains erstellen, die ihr hilft zu erkennen, dass es keinen Weg von A nach B gibt. Das wird sie davon abhalten, weitere Ressourcen zu verschwenden.

A*-Suchen haben einen besonderen Vorzug, wenn es darum geht, den kürzesten Pfad von allen zu finden. Aus diesem Grund wird dieser Modus bei Kartierungs-Apps und in Videospielen verwendet, um die Charaktere durch ihre virtuellen Welten zu lotsen. A*-artige Suchen haben auch psychologische Vorteile. Als fehlbare Menschen haben wir die Neigung, selbstrechtfertigende Überzeugungen zu hegen. Es ist verführerisch leicht, Ressourcen beim Verfolgen der falschen Route, des falschen Geschäftsplans, der falschen Beziehung, der falschen Idee zu verschwenden – ist man doch die ganze Zeit überzeugt, dass der Erfolg ganz sicher um die nächste Biegung auf einen wartet. Eine A*-Suche kann einem unprofitablen Unterfangen einfach den Saft abdrehen und einen Neustart bringen. Dieser Gedanke ist von großer Relevanz. Bei Erfolg geht es darum, nicht zu schnell aufzugeben, aber ebenso darum zu wissen, wann man das Handtuch werfen muss.

Unterm Strich: Die beste Art, von A nach B zu kommen, ist, sich so gut wie möglich an die Route zu halten, die man momentan für die kürzeste hält (eine A*-Suche) – statt sich ausschließlich auf das Finden von Punkt B zu konzentrieren.

? Wie finden Sie am Himmel das Paar Sterne, das am engsten zusammenliegt?

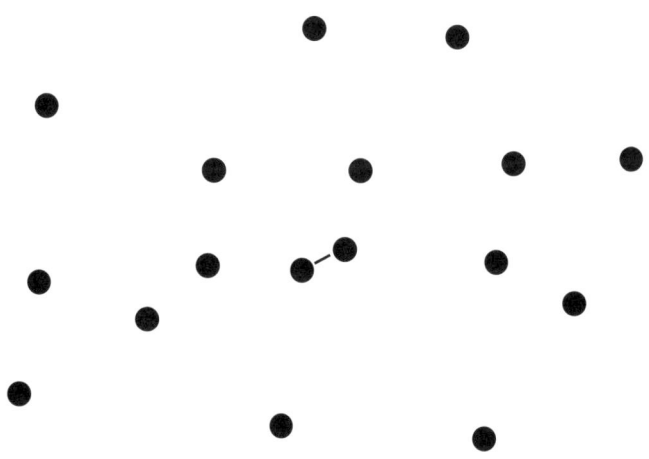

Hierbei handelt es sich um das »Engste Paar«-Problem, das Informatiker gut kennen. Das menschliche Auge kann das am engsten zusammenliegende Paar Sterne (oder Punkte auf einer Ebene) oft mit einem Blick ausmachen, erkennen, ob ein Gesicht männlich oder weiblich ist, und einen CAPTCHA lösen. Mikroprozessoren können das nicht so leicht. In den 1970er-Jahren studierte man intensiv Algorithmen zur Lösung dieses Sternenpaar-Problems, und mittlerweile sind diese ein Baustein der digitalen Welt. Selbst Ihr Smartphone hat Apps, deren Funktionen von Kartieren über Spiele bis hin zu Kameras reichen.

Das bedeutet, dass der Interviewer einen technisch geschulten Kandidaten eigentlich fragt: »Hast du in der Algorithmen-Stunde aufgepasst?« Oder genauer: »Wenn man einem Computer die Koordinaten einer großen Zahl willkürlicher Punkte auf einer Ebene gibt, wie kann er dann ohne visuellen Kortex durch reines Rechnen sagen, welches Paar am nächsten beieinanderliegt?«

Der naheliegendste Ansatz ist, die Distanz zwischen jedem Paar Sterne zu berechnen. Das sind aber ziemlich viele Berechnungen, wenn es sich bei N um eine große Zahl handelt.

Es ist jedoch nicht nötig, die Distanz zwischen *jedem* Sternenpaar zu überprüfen, es reicht, wenn man die checkt, die so nahe beieinanderliegen, dass sie infrage kommen. Dummerweise sind Computer nicht die schlauesten. Sie können nicht feststellen, welche Paare so nah beieinanderliegen, dass sie infrage kommen, wenn sie es nicht berechnen.

Der optimale Algorithmus für das am engsten beieinanderliegende Paar sieht folgendermaßen aus: Teilen Sie den Himmel mental in zwei Teile. Es gibt eine rechte und eine linke Hälfte, jede mit $N/2$ Sternen. Vierteln Sie den Himmel, dann achteln Sie ihn und so weiter. Die Schnitte müssen alle vertikal erfolgen, von Norden nach Süden (am Himmel).

Ein Vorstadtbewohner sieht vielleicht 1000 Sterne an seinem verschwommenen, lichtverschmutzten Himmel. Man muss daher den Himmel etwa zehnmal halbieren, bis man Himmelsstreifen hat, die dünn genug sind, dass sie jeder für das bloße Auge sichtbare Sterne enthalten (2^{10} ist 1024).

Das Diagramm auf S. 292 vermittelt die Grundidee. Berechnen Sie die Distanz zwischen jedem Sternenpaar in einem Streifen. Das ist viel weniger Arbeit, als die Distanz zwischen alle Sternen zu berechnen.

Ein kompletter Noob könnte denken, dass das schon alles war. Finde den Streifen mit dem Paar, das am dichtesten zusammenliegt, und damit hat sich's! Wohl kaum – schauen Sie auf das Diagramm. Da die Streifen so lang und schmal sind, kann es gut sein, dass ein Paar innerhalb eines Streifens keineswegs so nahe beieinanderliegt. Sie ähneln mehr zwei Perlen in einem Strohhalm. Das am engsten beisammenliegende Paar besteht wahrscheinlich aus zwei Sternen, die zwischen zwei Streifen vergrätscht sind. Ein solches Paar habe ich im Diagramm umkreist.

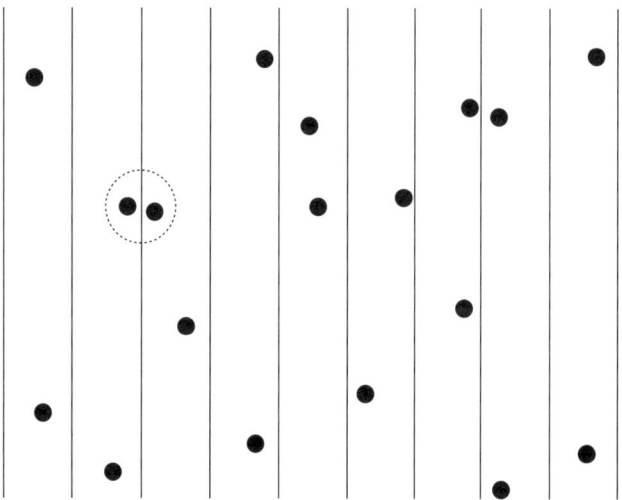

Es ist notwendig, einen Algorithmus zum Zusammennähen der aneinanderliegenden Streifen zu haben. Sie geben dem Algorithmus das engste Paar im linken Streifen und das engste Paar im rechten Streifen, und er deduziert dann das engste Paar im kombinierten linken-plus-rechten Streifen. Dieser Algorithmus würde dann immer wieder angewandt werden, um doppelt so große Streifen zu erzeugen, dann viermal so große, achtmal so große und so weiter. Nach zehnmaligem Zusammenfügen wären wir wieder bei einem ganzen »Streifen«, bestehend aus dem gesamten Himmel. Wir wüssten auch, welches Paar am Himmel am engsten beisammenliegt.

Der Näh-Algorithmus funktioniert folgendermaßen. Gegeben sind zwei aneinandergrenzende Streifen; man inspiziert eine Zone, deren Zentrum sich auf der Trennlinie befindet, um zu sehen, ob sich dort ein Paar befindet, das enger beisammenliegt als ein Paar in den jeweiligen Hälften. Wenn dem so ist, ist das das engste Paar in dem gemeinsamen Streifen.

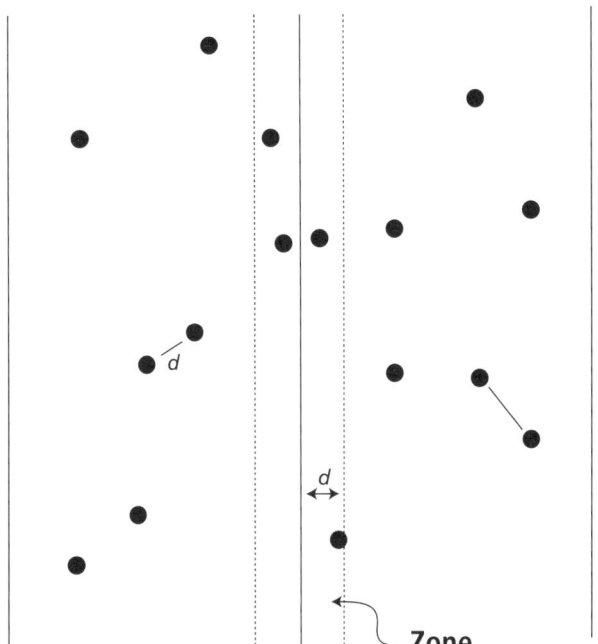

Nehmen Sie das engste Paar, das gänzlich im rechten oder linken Streifen liegt, und nennen Sie die Distanz zwischen den Streifen d. Stellen Sie sich d als eine Distanz vor, die Sie überwinden müssen. Wir müssen innerhalb von d nach der Trennlinie suchen, an der wir mögliche Paare aufspreizen können. Dieser Bereich ist ein $2d$ weiter Streifen.

Das lässt sich effektiv durchführen. Informatiker denken viel über Worst-Case-Szenarios nach (die die Benutzer als Programmfehler erleben). Die Sterne in der Zone lassen sich nach ihren vertikalen Koordinaten sortieren. Man muss bei jedem dieser Sterne die Distanzen zu anderen Sternen innerhalb seiner d berechnen, aufwärts oder abwärts. Ein einfaches Diagramm [beweist, dass man höchstens sechs Sterne überprüfen muss. Das ist zu schaffen.

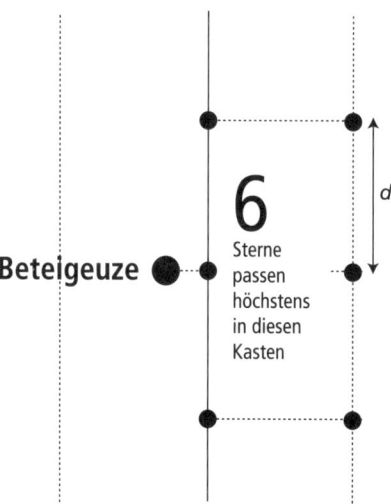

Hier wollen wir sicherstellen, dass Beteigeuze, gerade links von der Trennlinie, kein eng beisammenliegendes, über die Linie gespreiztes Paar mit einem Stern auf der rechten Seite formt. Das definiert einen d x $2d$ großen Kasten, den es zu überprüfen gilt. Da wir bereits wissen, dass keine zwei Sterne auf der rechten Seite innerhalb d voneinander entfernt liegen, kann es höchstens sechs Sterne geben, die in den Kasten passen.

Wenn Sie kein Informatiker sind, schwirrt Ihnen jetzt vermutlich der Kopf. Für Programmierer sollte diese Frage leichter sein als die Knobelaufgaben – man verlangt einfach nur von ihnen, das wiederzugeben, was sie in der Schule gelernt haben.

Es gibt eine etwas unkonventionelle Antwort, die erwähnt zu werden verdient. Astronomie-Fexe mögen zu Recht darauf hinweisen, dass es zwei Arten eng zusammenliegender Sternenpaare gibt. Da wären einmal Doppelsterne (zwei Sterne, die einander umkreisen, so wie die Erde um die Sonne kreist) und optische Doppelsterne (Sterne, die miteinander nichts zu tun haben, aber zufällig am Himmel so aussehen, als würden sie nah beieinanderliegen). Angesichts der überwältigenden Leere des Himmels ist es

alles andere als sicher, dass das Paar Sterne, das am Himmel der
Erde so aussieht, als würde es am nächsten beieinanderliegen, tatsächlich ein Doppelstern ist.

Nicht nur das, es gibt auch bedeckungsveränderliche Sterne,
bei denen die Orbitalebene unserer Sichtlinie so nahe ist, dass die
zwei Sterne tatsächlich vor- und hintereinander vorbeifliegen.
Das berühmteste Beispiel ist Algol, ein sichtbarer Stern in der
Konstellation Perseus. Algol sieht für das bloße Auge wie ein einzelner Stern aus, genauso für die stärksten Teleskope. Seine Helligkeit ändert sich alle drei Tage. Astronomen haben festgestellt,
dass es sich bei Algol eigentlich um zwei Sterne handelt, deren
Umlaufbahnen im Verhältnis so aussehen:

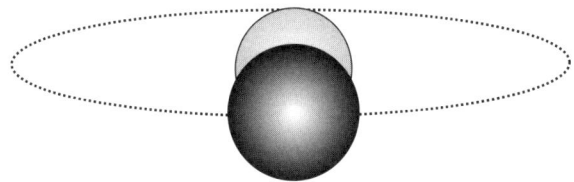

Wenn ein Stern den anderen teilweise verdeckt, sieht Algol trüber
aus, selbst für das bloße Auge. Bei einer Bedeckung gibt es keinen
Abstand zwischen den Scheiben der beiden Sterne. Am Himmel
berühren und überlappen sie sich. Näher kann sich ein Paar Sterne nicht kommen.

Wie findet man also das am dichtesten beisammenliegende
Paar? Die Antwort des Astronomen ist, dass sich bedeckungsveränderliche Doppelsterne anhand ihrer regelmäßig variierenden
Helligkeit und spektroskopischen Signaturen identifizieren lassen.

Kapitel 10

? Schwimmt man schneller in Wasser oder in Sirup?

Isaac Newton und Christiaan Huygens diskutierten im 17. Jahrhundert über diese Frage, ohne eine Lösung zu finden. Drei Jahrhunderte später veranstalteten zwei Chemiker von der University of Minnesota, Brian Gettelfinger und Edward Cussler, ein Sirup-gegen-Wasser-Experiment. Vielleicht ist es kaum überraschend, dass es so lange gedauert hat. Cussler erzählt, dass er 22 Genehmigungen einholen musste, darunter die Erlaubnis, erhebliche Mengen von Sirup in einen Abfluss zu gießen. Er musste ein Angebot über 20 Wagenladungen Maissirup ablehnen, weil man diesen als gefährlich für das Abwassersystem von Minneapolis einstufte. Stattdessen verwendete er Guargummi, ein essbares Bindemittel, das für Speiseeis, Shampoo und Salatsoße verwendet wird. Etwa 300 Kilo davon füllten einen Swimmingpool mit etwas, das »wie Rotz aussah«.

Gettelfinger, ein olympiareifer Schwimmer, machte die einmalige Erfahrung einzutauchen. Was das Ergebnis angeht: Ich werde Sie noch ein bisschen auf die Folter spannen. Die Erkenntnisse wurden in einem 2004 erschienenen Artikel im *American Institute of Chemical Engineers Journal* veröffentlicht. Im nächsten Jahr bekamen Gettelfinger und Cussler den Ig Nobelpreis für Chemie. Dabei handelt es sich um das alberne Gegenstück des bekannteren Preises, der in Stockholm verliehen wird; die Gewinner werden automatisch in allen Medien, die sich mit Verrücktheiten beschäftigen, bekannt. Diese Medienaufmerksamkeit war offenbar der Grund für die Wiederbelebung des Sirup-Rätsels als einzigartig sadistische Interviewfrage.

Bei der großen Sirup-Schwimmeröffnung war die Zähigkeit des Guargummis etwa doppelt so hoch wie die von Wasser. Seine Dichte war nahezu gleich groß wie die von Süßwasser. Das war wichtig, denn wie Schwimmer wissen, ist man im dichteren Salzwasser schneller. Genau wie ein Schiff hält sich auch der Körper eines Schwimmers höher im Salzwasser und erfährt so weniger Widerstand.

Gettelfinger und andere Studenten von der University of Minnesota schwammen Bahnen durch Wasser und Sirup. Sie probierten die Standardtechniken aus: Rückenschwimmen, Brustschwimmen, Schmetterling und Freistil. In keinem Fall variierte die Geschwindigkeit zwischen den Flüssigkeiten um mehr als ein paar Prozentpunkte. Es gab kein allgemeines Muster, das Sirup oder Wasser begünstigte.

Das bedeutet, dass Newton falsch lag: Er dachte, die Zähigkeit des Sirups würde den Schwimmer verlangsamen. Huygens Annahme, es würde keinen Geschwindigkeitsunterschied geben, war korrekt. Das Paper von Gettelfinger und Cussler liefert die Gründe. Stellen Sie sich vor, wie Rauch von einer Zigarette aufsteigt. Für ein paar Zentimeter erhebt sich der Rauch in einer schlanken, vertikalen Säule. Darüber bricht er und wird zu komplizierten Wirbeln und Spiralen. Die Wirbel sind Turbulenzen. Turbulenzen sind schlecht für Düsenflugzeuge, Schnellboote und alles, was schnell durch eine Flüssigkeit schneiden will. Da der menschliche Körper nicht aufs Schwimmen ausgelegt ist, erzeugt er ungeheuer viele Turbulenzen, gegen die wir dann in unserem Bemühen, uns durchs Wasser zu ziehen, ankämpfen müssen. Diese Turbulenzen produzieren erheblich mehr Widerstand als die Zähigkeit der Flüssigkeit. Relativ gesehen spielt die Zähigkeit kaum eine Rolle. Da die Turbulenzen bei Wasser und Sirup ähnlich sind, ist auch die Schwimmgeschwindigkeit ungefähr gleich.

Der Strom des Wassers ist für einen Fisch erheblich weniger turbulent und noch viel weniger für ein Bakterium – und ein solches *würde* in Sirup langsamer schwimmen.

Ist das eine faire Interviewfrage? Cussler sagte mir, dass ein Hintergrund in Informatik »wahrscheinlich nichts nützt«, wenn es darum geht, die Sirup-Frage zu beantworten. Doch er setzte hinzu: »Diese Frage sollte jeder mit physikalischem Wissen aus der Mittelstufe beantworten können.« Ich als Diplomphysiker gebe gern zu, dass das eine optimistische Einschätzung ist. In jedem Fall werden die meisten Leute, die diese Frage in einem Jobinterview gestellt bekommen, nicht viel über die Physik, die da im Spiel ist, wissen. Gute Antworten bedienen sich einfacher, intuitiver Analogien, um zu erklären, warum sich die Antwort nur durch ein Experiment feststellen lässt. Hier vier Punkte:

1. *Man kann nicht in der Teergrube von La Brea schwimmen.* Manche Flüssigkeiten sind zu dick, um darin zu schwimmen. Fragen Sie die Mastodons in den Teergruben. Stellen Sie sich vor, wie es wäre, in Flüssigzement oder Treibsand zu schwimmen. Man schwimmt natürlich viel langsamer in *sehr* dicken Flüssigkeiten als in Wasser. Auch wenn man dort mehr hat, von dem man sich abdrücken kann, schwimmt man langsamer oder überhaupt nicht.

2. *»Sirup« kann vieles sein.* Die Frage sagt nichts von Pech oder Treibsand, sondern lautet »Sirup«. Es gibt Ahornsirup, Hustensirup, Schokoladensirup, stark fruktosehaltigen Maissirup und mehr. Die Frage lässt sich nicht beantworten, wenn man nicht genau weiß, von welcher Art von Sirup man genau redet – *oder* beweisen kann, dass man in *jeder* Flüssigkeit, die dicker ist als Wasser, langsamer schwimmt.

3. *Zitieren Sie Darwin.* Stellen Sie sich vor, es gäbe einen optimalen Grad an Zähigkeit, bei dem das maximale Schwimmtempo erreicht wird. Gibt es irgendeinen Grund anzunehmen, dass H_2O zufällig diesen optimalen Grad zum Schwimmen aufweist?

   Wenn Sie ein vernunftbegabter Fisch wären, könnten Sie Ja sagen. Die Evolution hat die Fische darauf getrimmt, sich der Art anzupassen, auf die das Wasser über ihre glatten Körper fließt. Menschen gleichen Fischen jedoch nicht besonders und unsere Art zu schwimmen hat wenig Ähnlichkeiten mit

jener der Fische. Weder der Mensch selbst noch unsere unmittelbaren Vorfahren haben wirklich viel genpoolrelevante Zeit in einem Pool verbracht – oder in Flüssen, Seen und Ozeanen. Schwimmen ist eine unsere Aktivitäten wie Drachenfliegen, aber wir sind nicht dafür gemacht. Ein Geschöpf, das zum Kraulen geschaffen wäre, würde ganz anders aussehen als ein Mensch. Edward Cussler bemerkte: »Der beste Schwimmer sollte den Körper einer Schlange und die Arme eines Gorillas haben.«
Es ist kaum überraschend, dass der Mensch in einer Substanz von einer anderen Viskosität als Wasser schneller schwimmen würde. Bei einem breiten Spektrum von Viskositäten ist die Geschwindigkeit dieselbe.

4. *Schwimmen ist Chaos.* Die Dynamiken von Flüssigkeiten und Gasen ist ein Musterbeispiel für Chaos. Sie sind derartig abhängig von den granularen Details, dass sie sich jeder Vorhersage widersetzen. Deshalb brauchen Designer von Flugapparaten Windtunnel, um ihre Schöpfungen zu testen. Der nicht-stromlinienförmige menschliche Körper mit seinen seltsamen Bewegungen im Wasser verkompliziert die Dinge noch weiter. Diese Frage muss mit einem Experiment getestet werden, wobei dann genau die zur Debatte stehende Art von Sirup verwendet wird.

Cusslers Ig-Nobelpreis-Rede kochte das alles auf fünf Worte herunter: »Die Gründe hierfür sind kompliziert.«

Nachtrag

Vier Fragen, die traditionellerweise in Jobinterviews in der Beratungsfirma Accenture gestellt werden:

1. Wie bekommt man eine Giraffe in einen Kühlschrank?
   Korrekte Antwort: Kühlschranktür auf, Giraffe rein, Kühlschranktür zu.
2. Wie bekommt man einen Elefanten in einen Kühlschrank?
   Korrekte Antwort: Kühlschranktür auf, Giraffe raus, Elefant rein, Kühlschranktür zu. Diese Frage testet Ihre Fähigkeit, die Konsequenzen Ihrer Handlungen zu erkennen.
3. Der König der Löwen hält eine Konferenz der Tiere ab. Es kommen alle Tiere bis auf eins. Welches?
   Korrekte Antwort: Der Elefant. Sie haben ihn in den Kühlschrank gesteckt. Diese Frage testet Ihr Gedächtnis. Sie haben jetzt eine letzte Chance, sich zu beweisen.
4. Sie müssen einen Fluss im Krokodilland überqueren und haben kein Boot. Wie kommen Sie rüber?
   Korrekte Antwort: Sie schwimmen. Die Krokodile sind alle auf der Tierkonferenz. Das ist ein Test, ob Sie aus Ihren Fehlern lernen.

Danksagung

2003 habe ich das Buch *How Would You Move Mount Fuji?* veröffentlicht. Darin widmete ich mich den Knobel-Interviewfragen, die durch Microsoft bekannt wurden. Seit damals ging eine höchst willkommene Flut von E-Mails bei mir ein, in denen die Leute ihre Interviewerfahrungen mit mir teilten, gute, schlechte und unverschämte. Diese Informationen haben dafür gesorgt, dass ich hinter den »neuen« Fragen und Interviewstilen nicht zurückgeblieben bin. Der Enthusiasmus dieser Menschen hat mich zu diesem Buch inspiriert. Wie schon früher müssen viele der Leute, die mir am meisten geholfen haben, ungenannt bleiben.

Edward Cussler war nicht nur eine wichtige Informationsquelle zur Geschichte der Sirup-Frage, sondern hat mich auch mit der Oxbridge-Tradition verwirrender Interviewfragen bekannt gemacht. Bei Google waren Todd Carlisle und Prasad Setty so großzügig, mir ihre Philosophie beim Einstellen der Leute zu erklären. Gedankt sei auch Jordan Newman; er koordinierte die Interviews und arrangierte eine Tour im Googleplex.

Besonderer Dank gebührt Rakesh Agrawal, Adam David Barr, Joe Barrera, Tracy Behar, Kiran Bondalapati, John Brockman, Glenn Elert und Studenten, Curtis Fonger, Terry Fonville, Randy Gold, William Hilliard, Larry Hussar, Rohan Mathew, Katinka Matson, Gene McKenna, Asya Muchnick, Alex Paikin, Kathy Poundstone, Michael Pryor, Michelle Robinovitz, Christian Rodriguez, Arthur Saint-Aubin, Chris Sells, Alyson Shontell, Joel Shurkin, Jerry Slocum, Jerome Smith, Norman Spears, Joel Spolsky, Noah Suojanen, den Mitarbeitern der UCLA Research Library, Karen Wickre und Joe Wisnovsky.

Websites und Videos

CareerBuilder: www.careerbuilder.com. Eine beliebte Seite zum Posten von Lebensläufen, mit Joblisten und Ratschlägen.

CareerCup: www.careercup.com. Spezialisiert auf technologische Firmen – eine gute Quelle für aktuelle Interviewfragen.

Glassdoor: www.glassdoor.com. Behandelt die Finanzwelt, Technologie und andere Branchen. Glassdoor erlaubt es den Benutzern, Gehälter, Firmenbewertungen und Interviewfragen zu posten.

Google Interview: http://google-interview.com. Eine Übersicht von Postings zu Interviews (nicht von Google autorisiert!) und allgemein die nützlichste Google-spezifische Seite. Viele Interviewfragen, sowohl technische als auch Knobelfragen, plus Beschimpfungen und Erfahrungsberichte aus Erster-Person-Perspektive.

Hacking a Google Interview: http://courses.csail.mit.edu/iap/interview/materials.php. Dabei handelt es sich um einen am MIT gehaltenen Kurs von Bill Jacobs und Curtis Fonger, bei dem das Hauptaugenmerk auf technischen Fragen für Programmierer liegt. Die online erhältlichen Handouts des Kurses sind hervorragend.

Monster.com: www.monster.com. Die bekannteste Jobseite, mit Leitartikeln zu allen Phasen der Jobsuche.

Stanford's Entrepreneuership Corner: http://ecorner.stanford.edu/authorMaterialInfo.html?mid=1090. In diesem Video eines am 1. Mai 2002 in Stanford gehaltenen Vortrags von Larry Page und Eric Schmidt geht es um viele Aspekte der Unternehmenskultur von Google, darunter auch die Einstellungspraxis.

Anmerkungen

Motto

»Hundert Gefangene sind in jeweils einem Zimmer eingesperrt«: Diese Aufgabe ist schon auf zahllosen Websites aufgetaucht. »Elizabeth G.«, eine Zuhörerin der NPR-Show *Car Talk*, schickte sie über die Website der Show ein und behauptete, sie hätte sie »von einem Freund eines Vaters eines Freundes«, einem gewissen »Alan B.« bei Electronics for Imaging, Foster City, Kalifornien. EFI ist bekannt für verzwickte Interviewfragen. Die Parodie war Nr. 248 auf der Website Irregular Webcomic! Dort fand sie sich in Verbindung mit einer Reihe Antworten (Umfrageergebnissen):

Auf dem 64 Feld wäre mehr Reis, als es im ganzen Königreich gibt: 695 (16,4 Prozent)
Der Chirurg ist die MUTTER: 493 (11,6 Prozent)
Sie sollten Ihre Entscheidung ändern und die andere Tür nehmen: 485 (11,4 Prozent)
Der siebte Philosoph verhungert: 472 (11,1 Prozent)
Er hat sich mit einem Eiszapfen umgebracht: 466 (11,0 Prozent)
16 Meilen pro Stunde: 389 (9,2 Prozent)
Nur wenn der Missionar auch der Onkel der Nonne ist: 366 (8,6 Prozent)
Der erste Kannibale in der 29. Nacht um Mitternacht: 346 (8,1 Prozent)
Fragen Sie ihn, welche Straße der andere Bauer als die richtige bezeichnen würde: 209 (4,9 Prozent)
Er addiert sein eigenes Pferd, sodass es am Ende übrig bleibt: 183 (4,3 Prozent)
Er ist zu klein, um an einen Knopf oberhalb des 10. Stockwerks zu kommen.: 145 (3,4 Prozent)

Zusätzlich mailten über 30 Douglas-Adams-Fans, die richtige Antwort
sei 42.

Kapitel 1

8   Google erhält 1 Million Bewerbungen: Auletta, *Googled*,
     15.

8   »Sie werden auf die Größe eines 5-Cent-Stücks geschrumpft«:
     Der Dialog in diesem Abschnitt ist aus den Darstellungen
     mehrerer Interviewer zusammengefügt.

10   Google zahlt die Einkommenssteuer: Bernard, »Google to Add
     Pay.«

14   *On-Line Encyclopedia of Integer Sequences:* www.research.att.
     com/~njas/sequences/index.html.

15   Miltons Vorschlag war »googol«: Siehe den Wikipedia-Eintrag
     zu Edward Kasner, http://en.wikipedia.org/wiki/Edward_Kas-
     ner.

15   »Sean und Larry waren in ihrem Büro«: Siehe »Origin of the
     Name ›Google‹«, http://www-graphics.stanford.edu/~dk/
     google_name_origin.html.

16   »Have Your Google People«: Merrell, »Have Your Google
     People.«

17   »sind keine warmen, kuscheligen Typen«: Interview mit Alyson
     Shontell, 24. Mai 2010.

17   Über die Hälfte der Einnahmen von Google: Auletta, *Googled*,
     286, wo Vice President Marissa Mayer als Quelle angegeben
     wird.

18   »Vorstellungskraft ist wichtiger als Wissen«: Das ist einer der
     Heckaufklebersprüche, die authentisch sind. Einstein sagte
     diesen Satz in einem Interview 1929 mit der *Saturday Evening
     Post.* Siehe Viereck, »What Life Means to Einstein.«

18   »Man könnte annehmen«: Siehe das Posting von 08. Februar
     2005 von »nuvem« auf www.gamedev.net/community/forums/
     topic.asp?topic_id=299692.

21   Mr. C kämpft gegen die Spinne: La Barbera, *The Biology of
     B-Movie Monsters.*

22 deduzierte Borelli, ein Zeitgenosse Galileis: Borelli, *Die Bewegung der Tiere*

23 »Sie können einen Maus einen 1000 Meter tiefen Schacht hinunterwerfen«: Zitiert in Vogel, *Living in a Physical World*, 303.

24 »Im letzten Jahr war meine Hauptsorge«: Auletta, *Googled*, 215 f.

Kapitel 2

27 »Sie sind in einem drei auf drei Meter großen Steinkorridor«: Chris Sells, 23. November 2005, Posting bei www.sells-brotherscom/Posts/Details/12378.

28 »Das Interview in der Personalabteilung ist weiterhin«: Dunette und Bass, *Behavioral Scientists and Personnel Management*.

29 »Die meisten Personalreferenten in Firmen«: Martin, *Confessions of an Interviewer*.

29 »Sie können in einem Interview feststellen«: 6. Juli 2004, Posting in Cohens Blog unter www.advogato.org/person/Bram/diary.html?start=111.

29 »Interviews sind ein äußerst schlechter Indikator«: Hansel, *Google Answer to Filling Jobs Is an Algorithm*.

30 unterbreitete Colonel Thomas L. Peters von der Washington Life Insurance Company auf einer Branchenkonferenz den Vorschlag: Gunter, *Biodata*, 7.

33 Guilford zerlegte Intelligenz: Man fing mit 120 an, steigerte das dann auf 150 und schließlich auf 180. Siehe den Wikipedia-Eintrag zu J. P. Guilford, http://en.wikipedia.org/wiki/J._P._Guilford.

35 »Genie ist zu 1 Prozent Inspiration«: Siehe den Wikiquote-Eintrag zu Thomas Edison, der mehrere Varianten und Quellen liefert, http://en.wikiquote.org/wiki/Thomas_Edison.

35 »Kreativität ist das Produzieren von etwas Neuem oder Ungewöhnlichem«: Torrance, *Guiding Creative Talent*, 16.

37 »Warum glauben Sie, dass dieses Mal etwas dabei herauskommt?«: Millar, *E. Paul Torrance*, 51.

37   »Morast mit ein paar festen Trittstellen«: In seinem Roman von
      1850 *Weißjacke* nennt Melville die Philosophie »einen schlam-
      migen Morast, mit hie und da ein paar festen Trittstellen«.
      [Deutsch GMK]. [Englische Ausgabe: Siehe S. 177 des Nach-
      drucks von 1892 (New York: United States Book Company),
      erhältlich bei Google Books].

38   »Fähigkeit, in einem bestimmten sozialen Kontext Neuartigkeit
      mit Nützlichkeit zu verbinden«: Cohen, *Charting Creativity*.

39   »Oxbridge-Fragen«: Interview mit Edward Cussler, 16. Juni
      2010; Moggridge, *How to Get into Oxford and Cambridge*. Siehe
      auch http://dailysalty.blogspot.com/2007/09/brilliant-interview-
      questions-how-many.html.

39   »Einer der legendären Entwickler dieser Firma«, John W.
      Backus: Lohr, *John W. Backus*.

40   »der Begriff *Software* existierte noch nicht«: Lohr behauptet in
      John W. Backus, dass das Wort auf das Jahr 1958 zurückgeht.

40   »Sie nahmen jeden«: Lohr, *John W. Backus*.

40   »Man muss viele Ideen ausspucken«: Lohr, *John W. Backus*.

42   »die in den unterschiedlichsten mathematischen Kontexten
      auftaucht«: Bei seinem Börsengang im Jahr 2004 gab Google bei
      der U. S. Securities and Exchange Comission um die Erlaubnis
      ein, 2.718.281.828 Dollar aufzunehmen. Das sind 1 Milliarde
      mal *e* Dollar.

42   Wolframs einzelne Codezeile: Pegg und Weisstein,
      Mathematica's Google Aptitude. Wie es der Zufall will, war Brin
      einmal Praktikant bei Wolfram Research.

44   »Page war fasziniert von dem exzentrischen Erfinder Nikola
      Tesla«: Auletta, *Googled*, 33.

44   »In den ersten fünf Jahren von Google interviewten Brin oder
      Page oder beide zusammen jeden einzelnen Kandidaten«:
      Auletta, *Googled*, 98.

44   »Wegen der ganzen surrealen Seltsamkeit dieser Aufforderung«:
      Auletta, *Googled*, 98.

45   »die Menge der Leute, die sich für einen Job dort die eigenen
      Hoden abschneiden würden«: Kommentar gepostet auf www.
      glassdoor.com/Interview/Apple-Interview-Questions-E1138_
      P6.htm.

46   »Sind Sie jemals in eine Kirche gegangen«: www.glassdoor.com/
      Interview/Apple-Interview-Questions-E1138_P6.htm.

46   »Als Apple 2009 seinen Laden in der Upper Westside in
      Manhattan eröffnete«: Frommer, *It's Hard to Get a Job.*

47   »Hewlett-Packard war einer der Pioniere«: Guynn, *Tech firms
      try to outperk one another.*

47   »Viele der Anreize bei Google sind von Firmen…« wie Face-
      book kopiert: Auletta, *Googled*, 288.

47   »Unsere Konkurrenten müssen sich […] ins Zeug legen.«
      Auletta, *Googled*, 286.

47   »verteidigte Sergej Brin es mit einer der quantitativen Analysen,
      die so typisch für ihn sind«: Auletta, *Googled*, 57.

48   »stets 4,1 Prozentpunkte über dem Marktdurchschnitt lag«:
      Edmans, *Does the Stock Market Fully Value Intangibles?*, 2.

48   »Page erinnert sich noch an einen alten Arbeiter«: Auletta,
      Googled,

49   »Wir haben eine Belegschaft«: Guynn, *Tech firms try to outperk
      one another.*

49   »41 Prozent der Uni-Abgänger«: Warner, *The Why-Worry
      Generation.*

49   »Er wollte wissen, ob die Firma die Kosten von von Angestell-
      ten eingereichten Klagen übernahm«: Peter Bailey, zitiert in
      Laakmann, *Cracking the Technical Interview*, 15.

Kapitel 3

52   »dass es sechs Mal mehr Arbeitssuchende als Stellen bei einer
      Neueröffnung gebe«: Goodman, *U.S. Job Seekers Exceed
      Opening.*

53   »Die meisten Leuten interviewen nicht besonders regelmäßig«:
      Agrawal Interview, 8. Juni 2010.

54   »Wie würden Sie es verbessern?«: *Agrawal Interview*, 8. Juni
      2010.

55   »Auf alles, was ich gesagt habe, kam immer sofort die Gegenfra-
      ge: Sind Sie sicher?«: Kommentar gepostet auf der Website
      CareerCup, www.careercup.com/question?id=1945.

55   »bittet, die Bargeldmenge in seinem Geldbeutel einzuschätzen«:
      Patterson, *The Quants*, 166.

55   »Wenn Sie eine Figur aus einem Cartoon wären«: www.
      glassdoor.com/Interview/Bank-of-America-Interview-Questi-
      ons-E8874_P3.htm.

56   »Auf einer Skala von 1 bis 10, wie durchgeknallt sind Sie?«:
      Bryant, *On a Scale of 1 to 10.*

56/57 »Nordstrom […] (immerhin hat die Firma auf der *Fortune*-
      Liste der ›100 Best Companies to Work For‹ Platz 53 erreicht)«:
      Siehe http://money.cnn.com/magazines/fortune/bestcompa-
      nies/2010/snapshots/53.html.

57   »Denken Sie einfach darüber nach, wie es wäre, wenn Sie mit
      dem Typen auf einem Flughafen festsäßen«: Page, bei einem
      Vortrag in Stanford, 1. Mai 2002. Video unter http://ecorner.
      stanford.edu/authorMaterialInfo.html?mid=1090.

57   »Wenn Sie eine Vorgeschichte schlechter Entscheidungen vor
      sich sehen«: Glatter, *Another Hurdle for the Jobless.*

58   »Die meisten hochrangigen Personalreferenten schauen sich
      einen Kandidaten gar nicht erst an«: Isadore, *Out-of-Work Job
      Applicants.*

58   »Wir lassen die Leute ganz bestimmt mehr Runden machen als
      je zuvor«: Tugend, *Getting Hired.*

58   »Robinovitz prognostiziert, dass dieser Trend die Rezession
      überleben wird«: *Robinovitz Interview,* 17. Juni 2010.

59   »eine berühmte Studie wurde von 1956 bis 1965 bei AT&T
      durchgeführt«: Bray, *Formative Years in Business.*

60   »Doch das Dumme war, dass das nicht aussagekräftig war«:
      Kahneman, *Nobel Prize Autobiography.*

61   »fast *jedes* Kriterium für »unfair« zu halten:« Stone und Jones,
      Perceived Fairness of Biodata. Unter den Fragen die auf erlebte
      Fairness getestet wurden, war auch die Frage: Haben Sie schon
      einmal ein Modellflugzeug gebaut?

Kapitel 4

63 »Jedermann weiß, dass Google gut darin ist«: http://sites. google.com/site/steveyegge2/google-secret-weapon.

63 »Die ersten 30 Google-Mitarbeiter bekamen Aktien«: Auletta, *Googled*, 109.

64 »Schlaue Köpfe gehen dorthin, wo schon schlaue Köpfe sind«: http://sites.google.com/site/steveyegge2/google-secret-weapon.

64 »Die hatten viele Daten«: Carlisle, *Interview*, 7. April, 2010.

64 »Die Begründer der Firma sind Programmierer«: Carlisle, *Interview*, 7. April, 2010.

64 »Ich habe angefangen, mich […] zu beschäftigen«: Carlisle, *Interview*, 7. April, 2010.

66 »Wir mögen es, wenn die Leute wirklich kooperativ sind«: Carlisle, *Interview*, 7. April, 2010.

66 »Bitte geben Sie Ihren bevorzugten Arbietsmodus […] an«: Hansel, *Google Answer to Filling Jobs Is an Algorithm*.

67 »Einer der Faktoren, auf die ich getestet habe«: Carlisle, *Interview*, 7. April, 2010.

69 »Google war mein erster Arbeitgeber«: Juliette, Posting datiert auf 1. August 2008 unter http://techcrunch.com/2009/01/18/ why-google-employees-quit/#ixzz0oUskrlwQ.

69 »Auletta vom *New Yorker* nennt es sogar absurd«: Auletta, *Googled*, 49.

69 »aufgefordert wurde, seine Noten von der Highschool einzuschicken«: Auletta, *Googled*, 214.

69 »Google ignoriere Lebensläufe von Nicht-Ivy League-Absolventen«: Siehe www.sfgate.com/cgi-bin/blogs/techchron/ detail?entry_id=50641.

69 »Letzte Woche haben wir sechs Leute mit einem Notendurchschnitt eingestellt«: Hansell, *Google Answer to Filling Jobs Is an Algorithm*.

70 »jemand hat das für uns überprüft«: Carlisle, *Interview*, 7. April, 2010.

70 »Wir scheuen keine Mühen«: Page, bei einem Vortrag in Stanford, 1. Mai 2002. Video unter http://ecorner.stanford.edu/ authorMaterialInfo.html?mid=1080.

70   »die Leute findet, die wir ignorieren würden«: Carlisle, *Interview*, 7. April, 2010.

70   »liegt mittlerweile angeblich bei fast 50 Prozent«: Siehe die Rede von Omid Kordestani 2006 auf Youtube, www.youtube.com/watch?v=ZARPcmuTTXs.

71   »Kunst der Ablehnung«: Carlisle, *Interview*, 7. April, 2010.

71   »ließ der Vorstand eine ähnliche, aber breiter angelegte Studie durchführen«: Tugend, *Getting Hired*.

72   »Ich denke, diesen Kandidaten sollten wir nicht einstellen«: Carlisle, *Interview*, 7. April, 2010.

73   »Wir versuchen nicht, das menschliche Element …«: Setty, *Interview*, 7. April, 2010.

74   »In den meisten Firmen gehst du als Manager in die Finanzabteilung«: Setty, *Interview*, 7. April, 2010.

74   »Wir wissen nicht, ob unser System …«: Setty, *Interview*, 7. April, 2010.

75   »das Credo von Larry, Sergej und Eric«: Setty, *Interview*, 7. April, 2010.

75   »In einem aufstrebenden Markt, sagen wir in den späten 1990er-Jahren«: Tugend, *Getting Hired*.

75   »Über die letzten 30 Jahre hinweg hat es eine graduelle Erosion …«: Tugend, *Getting Hired*.

75   »kannst du ein Interview total versauen«: Carlisle, *Interview*, 7. April, 2010.

76   »Stellen Sie Fragen mit offener Lösung«: BillR, 19. November 2009, Posting unter http://blog.seattleinterviewcoach.com/2009/02/140-google-interview-questions.html.

77   »Was ist die effizienteste Art …«: Video mit Obama und Schmidt auf Youtube, www.youtube.com/watch?v=k4RRi_ntQc8&feature=related.

77   »Im Allgemeinen versuchen wir nicht, eine bestimmte Stelle auszufüllen«: Setty, *Interview*, 7. April, 2010.

78   »von der Frau gehört, die ihren Mann drangekriegt hat«: Lorraine, *Google Cheat View*. Ein Blogger, »Idiot Forever«, behauptete später, er habe die Story bei der *Sun* eingereicht, um eine Ente zu produzieren. Siehe Posting unter http://idiotforever.wordpress.com/2009/03/31/how-i-duped-the-sun/.

78/79   »Die Messlatte muss schon ziemlich niedrig hängen«: Kaplan,
        Want a Job at Google?

79   »Die Leute sind bereit, Ihnen auf Facebook und LinkedIn
        allerhand über sich selbst zu erzählen«: Carlisle, *Interview*,
        7. April, 2010.

79   »provokative oder unanständige Fotografien«: CareerBuilder,
        Forty-Five Percent of Employers Use Social Networking
        Sites.«

80   »Ich versuche immer, schon im Vorfeld eine Liste der Leute zu
        kriegen«: Agrawal, *Interview*, 8. Juni 2010.

80   »wird es immer schwieriger«: Carlisle, *Interview*, 7. April, 2010.

81   »Jemanden nicht einzustellen, weil seine Kommunikationsfä-
        higkeiten auf Facebook schlecht sind«: Gepostet von »libation«
        auf der Website der *New York Times* als Kommentar zu
        Wortham, *More Employers Use Social Networks.*

Kapitel 5

84   »von Steve Ballmer selbst kreiert worden sein soll«: Poundsto-
        ne, *How Would You Move Mount Fuji?*, 79 f.

84   »Feynman – einer der Helden der Kindheit von Sergej Brin«:
        Auletta, *Googled*, 28.

84   »Wir waren entrüstet über die Tatsache, vierstellige Zahlen zu
        haben«: Auletta, *Googled*, 32.

85   »Ein ziemlich hochrangiger Programmierer von Microsoft«:
        siehe www.joelonsoftware.com/items/2005/10/17.html.

94   »Tyma stellte die Frage seiner Mutter«: Siehe das Blog-Posting
        von Tyma unter http://paultyma.blogspot.com/2007/03howto-
        pass-silicon-valley-software.html.

95   »etwa 20-mal schneller als Quicksort«: Wenn man 1.000.000
        Akten sortieren muss, benötigt Frau Tymas Methode 1.000.000
        Operationen. Quicksort und andere optimale Sortierungsalgo-
        rithmen benötigen in der Größenordnung 1.000.000 $\log_2$
        (1.000.000) Operationen. Wenn man das auf den ersten Blick
        betrachtet, ist die Methode von Frau Tyma ungefähr $\log_2$
        (1.000.000) oder 19,9+ Mal schneller.

Kapitel 6

98   »Bei Google glauben wir an Zusammenarbeit«: Mohammad, Blog-Posting unter http://allouh.wordpress.com/2009/04/14/interview-with-google/.

99   »Du bekommst so ein ›Lost in space‹-Gefühl«: 30. Dezember 2006, Kommentar von »Daniel« auf Shmula Blog, www.shmula.com/31/my-interview-job-offer-from-google.

105   »veröffentlichte Martin Gardner eine Variante dieses Rätsels«: Gardner, *Wheels, Life and Other Mathematical Amusements*, 30.

108   »Gardner erwähnt dieses in seiner Kolumne im *Scientific American*«: Gardner, *The Scientific American Book of Mathematical Puzzles and Diversions*, S. 24, 28. Siehe auch Gardner, *The Unexpected Hanging and Other Mathematical Diversions*, S. 186, wo als ursprüngliches Publikationsjahr 1957 angegeben wird.

111   »Shriram […] bestand auf einem blinden Test«: Auletta, *Googled*, 43.

Kapitel 7

118   »Selbst wenn es keine Programmierfrage ist«: Carlise, *Interview*, 7. April 2010.

Kapitel 8

128   »Ich werde Ihnen ein paar Fragen stellen«: Shontell, *Interview*, 25. Mail 2010.

132   »nicht zu wissen, wie viel Google an Anzeigen in Gmail verdient«: Shontell, *Interview*, 25. Mail 2010.

132   »Das Gespräch lief glänzend«: Orlowski, *Tales from the Google Interview Room*.

133   »Ich rate einfach mal, dass Gmail 1 Prozent der Gesamteinnahmen ausmacht«: Eine Schätzung von außerhalb aus dem Jahr 2010 besagte, dass Gmail 0,3 Prozent zu Google beitrug.

Siehe http://seekingalpha.com/article/196953-youtube-much-more-important-than-gmail-for-google.

135   »Ein Job, der am Tag der Zeugnisverleihung auf sie wartet«: Der National Association of Colleges and Employers zufolge hatten weniger als ein Viertel der Studenten im Abschlussjahr im April 2010 Jobangebote auf dem Tisch. Das war erheblich weniger als noch 2007, da die Zahl bei 52 Prozent lag. Siehe Warner, *The Why-Worry Generation.*

Kapitel 9

138   »Mediensensation in Großbritannien«: *Time*, »An Eggalitarian Education«, 50. Siehe auch Gardner, *The Last Recreations*, 54.

147   »Werfen Sie das Ei aus dem zweiten Stock«: Siehe das Posting von »ptoner« vom 6. Dezember 2006 auf http://classic-puzzles. blogspot.com/2006/12/google-interview-puzzle-2-egg-problem. html.

Kapitel 10

151   »Wenn wir nicht wissen, wie viel der Kopf von Mr Hasselhoff wiegt«: *Akron Beacon Journal*, »Head a Burger Standard.«

151   »Sonya ›The Black Widow‹ Thomas gewann«: *Akron Beacon Journal*, »Head a Burger Standard.«

161   »Man schätzt und subtrahiert diese mittels Standardformeln«: Siehe Brozek, *Densitometric Analysis of Body Composition.*

162   »Wusstest du, dass ein menschlicher Kopf 8 Pfund wiegt?«: »Mass of a Human Head« von Glenn Elert und Studenten. http://hypertextbook.com/facts/2006/DmitriyGekhman. shtml.

162   »Der Kopf eines ausgewachsenen menschlichen Leichnams«: http://danny.oz.au/anthropology/notes/human-head-weight. html.

163   »Das Gehirn scheint eine effiziente Autobahn zu sein«: Cohen, *Charting Creativity.*

164   »es erlauben könnte, disparatere Ideen zu verknüpfen«: Cohen, *Charting Creativity*.

164   »Verdammt, hier gibt es keine Regeln«: Siehe www.brainyquote. com/quotes/authors/t/thomas_a_edison.html.

165   »Das Ziel ist es herauszufinden, wo den Kandidaten …«: BillR, 19. November 2009, Posting unter http://blog. seattleinterviewcoach.com/2009/02/140-google-interview-questions.html.

Antworten, Kapitel 2

179   »General Problem Solver […] drei Kannibalen und drei Missionare«: Newell und Simon, *Human Problem Solving*.

185   »hat den Autor dieses Rätsels als Frank Hawthorne identifiziert«: Gardner, *The Scietific American Book of Mathematical Puzzles and Diversions*, 33.

185   »wichtige Anwendungsbereiche in der Käse- und Zuckerindustrie haben.« Zitiert in Gardner, *The Scietific American Book of Mathematical Puzzles and Diversions*, 34. Die Publikation Putzers und Lowens von 1958 war ein Forschungsmemorandum, das vom Convair Scientific Research Library, San Diego, herausgegeben wurde.

186   »argumentierte Selvin, dass man die Schachteln tauschen sollte«: Selvin, *A Problem in Probability*.

186   »dass er sie in einem Folgebrief verteidigen musste«: Selvin, *On the Monty Hall Problem*.

186   »man über dieses in den Hallen der CIA diskutiert«: Tierney, *Behind Monty Hall's Doors*.

187   »nur 12 Prozent der Befragten«: Granberg und Brown, *The Monty Hall Dilemma*, 711.

188   »Bestimmt weiß Monty Hall«: Selvin, *A Problem in Probability*.

190   »Ich würde nicht die andere Tür nehmen wollen«: Granberg und Brown, *The Monty Hall Dilemma*, 718.

190   »Selbst Nobelpreisträger der Physik geben systematisch«: Vos Savant, *The Power of Logical Thinking*, 15.

193   »Das Einstein'sche Äquivalenzprinzip besagt«: Dabei müssen
       Sie die subtileren Gravitationsexperimente, bei denen es um die
       Gezeitenkräfte oder so exotische Dinge wie Gravitationswellen
       und schwarze Löcher geht, außen vor lassen.

Antworten, Kapitel 4

204   »Die Emergency Evacuation Report Card für das Jahr 2006«:
       Cox, *Emergency Evacuation Report Card.*
205   »Die Schulbusse unseres Landes haben eine größere Kapazität«:
       Siehe Cox, *Emergency Evacuation Report Card*, Fußnote unten
       auf S. 25.
206   »Die Golden Gate Bridge hat seit 1963 umkehrbare Spuren«:
       Siehe www.goldengatebridge.org/research/facts.
       php#VehiclesCrossed.
213   »class Chicken«: Siehe andere Beispiele auf *Ace the Interview*,
       www.acetheinterview.com/questions/cats/index.php/funda-
       mental/2007/09/17/chicken-by-spencer.
215   »Sie wollen zwischen Meilen und Kilometern umrechnen?«:
       Dabei handelt es sich um einen bedeutungslosen Zufall. Die
       Länge 1 Meile in Kilometern (1,609) nähert sich nur zufällig
       dem Verhältnis benachbarter Fibonacci-Zahlen an (etwa 1,618
       bei großen Zahlen). Siehe das Posting von Peteris Krumin aus
       dem Jahr 2010 *Using Fibonacci Numbers to Convert from Miles
       to Kilometers and Vice Versa*, unter www.catonmat.net/blog/
       using-fibonacci-numbers-to-convert-from-miles-to-kilometers.
220   »Was könnte mystischer sein«: Crease, *The Greatest Equations
       Ever.*
220   »So wie ein Shakespeare-Sonett«: Nahin, *Dr. Euler's Fabulous
       Formula*, 1.
221   »Ich kenne kaum etwas«: Galton, *President's Address*, 495 f.
221   »Es ist wichtiger, dass Gleichungen schön sind«: Dirac, *The
       Evolution of the Physicist's Picture of Nature*, 47.

Antworten, Kapitel 5

226   »Primes Pages«: primes.utm.edu

Antworten, Kapitel 6

238   »Conway bewies einige originelle und (halb)ernste Resultate«:
Conway, *The Weird and Wonderful Chemistry of Audioactive
Decay*. Die Sequenz kommt außerdem in Clifford Pickovers
2001 erschienenem Buch *The Cuckoo's Egg* vor.

Antworten, Kapitel 8

260   »zufällige Verteilung nimmt irgendwas zwischen 55 und 64
Prozent des Raums ein«: Cartlidge, *The Secrets of Random
Packing.*

Antworten, Kapitel 9

271   »jeder, der auch nur über arithmetische Methoden [...]
nachdenkt«: Von Neumann, *Various Techniques Used in
Connection with Random Digits.*

283   »Die Mayas bauten diese bereits im 10. Jahrhundert v. Chr.«:
Paterson, *Maximum Overhang*, 1-2.

283   »Das Ziegel-Stapel-Rätsel«: Gardner, *Some Paradoxes and
Puzzles Involving Infinite Series.*

Antworten, Kapitel 10

296   »wie Rotz aussah«: http://blogs.chron.com/sciguy/archi-
ves/2006/02/ill_bet_you_did.html.

296   »Die Erkenntnisse wurden in einem 2004 erschienenen Artikel
veröffentlicht«: Gettelfinger and Cussler, *Will Humans Swim
Faster or Slower in Syrup?*

297   »Strom des Wassers ist für einen Fisch erheblich weniger turbulent«: Gettelfinger and Cussler, *Will Humans Swim Faster or Slower in Syrup?*, 2647; Cussler, *Interview*, 16. Juni 2010.

297   »Informatik ›wahrscheinlich nichts nützt‹«: Cussler, *Interview*, 16. Juni 2010.

299   »Der beste Schwimmer«: Hopkin, *Swimming in Syrup Is As Easy As Water.*

299   »Die Gründe hierfür sind kompliziert«: Siehe www.mitadmissions.org/topics/life/boston_cambridge/no_time_for_your_stupid_questi.shtml.

Nachtrag

»… vier Fragen, die traditionellerweise …«: Zahlreiche Varianten dieser Fragen zirkulieren im Internet. Ich kann mich für die in einer E-Mail vorgebrachte Behauptung, sie seien in der Firma Anderson Consulting (heute Accenture) kreiert worden, nicht verbürgen, genauso wenig für wie für die Behauptung »Ungefähr 90 Prozent der Profis, denen die vier Fragen gestellt wurden, beantworteten sie falsch, aber viele Vorschulkinder gaben einige richtige Antworten«. Die Frage mit der Giraffe wird natürlich auch in Jobinterviews bei vielen anderen Firmen außer Accenture als Witz gestellt.

Bibliografie

Akron Beacon Journal. »Head a Burger Standard.« 18. Januar 2006.
www.redorbit.com/news/science/361388/new_coffee_shop_in_w_
akron_plans_oodles_of_noodles/index.html.

Arango, Tim. »Present-Day Soapbox for Voices of the Past (with a Web
Site).« *New York Times*, 30. November 2009.

Associated Press. »Study: Older Americans Staying Put in Jobs Longer.«
3. September 2009.

Auletta, Ken. *Googled: The End of the World As We Know It.* New York,
Penguin, 2009.

Beatty, Richard W. und Schneier, Craig Eric. *Personnel Administration:
An Experiential/Skill-Building Approach.* Reading, Mass.: Addison-
Wesley, 1977.

Bernard, Tara Siegel. »Google to Add Pay to Cover a Tax for Same-Sex
Benefits.« *New York Times,* 30. Juni 2010.

Borelli, Giovanni Alfonso. *On the Movement of Animals.* Übersetzt
von P. Maquet. Berlin: Springer-Verlag, 1989.

Bray, Douglas W.; Campbell, Richard J. und Grant, Donald L. *Formati-
on Years in Business: A Long-Term AT&T Study of Managerial Laws.*
New York: Wiley, 1974.

Brozek, Josef; Grande, Francisco; Anderson, Joseph T. und Keys,
Ancel. »Densitometric Analysis of Body Composition: Revision of
Some Quantitative Assumptions.« *Annals of the New York Academy
of Sciences* 110 (2006): S. 113–140.

Bryant, Adam. »On a Scale of 1 to 10, How Weird Are You?« *New York
Times*, 9. Januar, 2010.

CareerBuilder.com. »Forty-Five Percent of Employers Use Social Networking Sites to Research Job Candidate, CareerBuilder Survey Finds.« Pressemitteilung, 19. August 2009, www.careerbuilder.com/share/aboutus/pressreleasesdetail.aspx?id=pr519&sd=8/19/2009&ed=12/31/2009&siteid=cbpr&sc_cmpl=cb_pr519_cbRecursionCnt=3&cbsid=22b26a56aa6241049185fc24b7298023-304332027-JP-5.

Cartlidge, Edwin. »The Secrets of Random Packing.« *Physics World*, 8. Mai 2008.

Clifford, Stephanie. »Bug by Bug, Google Fixes a New Idea.« *New York Times*, 4. Oktober 2009.

Cohen, Patricia. »Charting Creativity: Signposts of a Hazy Territory.« *New York Times*, 7. Mai 2010.

Conway, J. H. »The Weird and Wonderful Chemistry of Audioactive Decay.« *Eureka*, 46 (1986): S. 5–18.

Cox, Wendell. »Emergency Evacuation Report Card.« American Highway Users Alliance, 2006. www.highways.org/pdfs/evacuation_report_card2006pdf.

Crease, Robert P. »The Greatest Equasions Ever.« *Physics World,* 6. Oktober 2004.

Cureton, Edward E. »Validity, Reliability and Baloney.« *Educational and Psychological Measurement* 10 (1950): S. 94 ff.

Dasgupta, Sanjoy; Papadimitriou, Christos und Vazirani, Umest. *Algorithms.* New York: McGraw-Hill, 2008.

Dirac, Paul A. M. »The Evolution of the Physicist's Picture of Nature.« *Scientific American*, Mai 1963.

Dunette, Marvin D. und Bass, Bernard M. »Behavioral Scientists and Personnel Management.« *Industrial Relations* 2 (1963): S. 115–130.

Edmans, Alex. »Does the Stock Market Fully Value Intangibles? Employee Satisfaction and Equity Prices,« 2009. http://ssrn.com/abstract=985735.

Feynman, Richard, Leighton, Robert B. und Sands, Matthew. *The Feynman Lectures on Physics.* Reading, Mass.: Addison-Wesley, 1963–1965.

Frommer, Dan. »It's Harder to Get a Job at the Apple Store Than It Is to Get Into Harvard.« *Yahoo! Finance*, 12. November 2009.

Galton, Francis. »President's Address.« *The Journal of the Anthropological Institute of Great Britain and Ireland*, 15, S. 489–499, 2009.

Gamow, George und Stern, Marvin. *Puzzle-Math*. New York, Viking, 1958.

Gardner, Martin. *The Scientific American Book of Mathematical Puzzles and Diversions*. New York: Simon and Schuster, 1959.

___. *The Second Scientific American Book of Mathematical Puzzles and Diversions*. New York: Simon and Schuster, 1961.

___. »Some Paradoxes and Puzzles Involving Infinite Series and the Concept of Limit.« *Scientific American,* November 1964. S. 126–133.

___. *Mathematical Carnival*. New Yor: Knopf, 1975.

___. *The Unexpected Hanging and Other Mathematical Diversions*. New York: Simon and Schuster, 1969.

___. *Wheels, Life and Other Mathematical Amusements*. New York: W. H. Freeman, 1983.

___. *The Last Recreations: Hydras, Eggs, and Other Mystifications*. New York: Copernicus, 1997.

Gettelfinger, Brian und Cussler, E. L. »Will Humans Swim Faster or Slower in Syrup?« *American Institute of Chemical Engineers Journal* 50 (2004): S. 2646 f.

Glatter, Jonathan D. »Another Hurdle for the Jobless: Credit Inquiries.« *New York Times,* 6. August 2009.

Goodman, Peter S. »U. S. Job Seekers Exceed Openings by Record Ratio.« *New York Times*, 26. September 2009.

Granberg, Donald und Brown, Thad A. »The Monty Hall Dilemma.« *Personality and Social Psychology Bulletin* 21 (1995): S. 711–729.

Guilford, J. P. *Way Beyond the IQ*. Buffalo, N. Y.: Creative Educatio Foundation, 1977.

Gunter, Barrie; Furnham, Adrian und Drakeley, Russell. *Biodata: Biographical Indicators of Business Performance*. London: Routledge, 1993.

Guynn, Jessica. »Tech Firms Try to Outperk One Another.« *Los Angeles Times*, 28. März 2010.

Haldane, J. B. S. »On Being the Right Size.« *Harper's Monthly* 152 (1926): S. 424–427.

Hansell, Saul. »Google Answer to Filling Jobs Is an Algorithm.« *New York Times*, 3. Januar 2007.

Hart, Peter E.; Nilsson, Nils J. und Raphael, Bertram. »Correction to ›A Formal Basis for the Heuristic Determination of Minimum Cost Paths.‹« *SIGART Newsletter* 37 (1972): S. 28 f.

Helft, Miguel. »An Auction That Google Was Content to Loose.« *New York Times*, 4. April 2008.

___. »Google Makes a Case That Isn't So Big.« *New York Times*, 28. Juni 2009.

Hopkin, Michael. »Swimming in Syrup Is As Easy As Water.« *Natur-News*, 20. September 2004. www.natur.com/news/2004/040920/full/news040920-2.html.

International Federation of Competitive Eating. »Sonya Thomas Retains Big Daddy Burger Title.« Major League Eating, 21. Januar 2006. www.ifoce.com/news.php?action=detail&sn=361. Isidore, Chris. »Out-of-Work Job Applicants Told Unemployed Need Not Apply.« *CNN Money*, 16. Juni 2010.

Iyer, Bela und Davenport, Thomas H. »Reverse Engineering Google's Innovation Machine.« *Harvard Business Review*, April 2008, S. 59–68.

Kahnemann, Daniel. *Nobel Prize Autobiography*, 2002. http://nobelprize.org/nobel_prizes/economics/laureates/2002/kahneman-autobio.html.

Kaplan, Michael. »Want a Job at Google? Try These Brainteasers First.« *Business 2.0*, 30. August 2007.

Laakmann, Gayle. »Cracking the Technical Interview«, 2009. Career-Cup.com.

LaBarbera, Michael C. »The Biology of B-Movie Monsters«, 2003. http://fathom.lib.uchicago.edu/2/21701757.

Levering, Robert und Milton Moskowitz. »What It Takes to Be #1: Genentech Tops the 2006 *Best Companies to Work For* in America List.« Great Place to Work Institute, 2006. www.greatplacetowork.com.

Levering, Robert; Moskowitz, Milton und Katz, Michael. *The 100 Best Companies to Work For in America.* Reading, Mass.: Addison-Wesley, 1984.

Lohr, Steve. »John W. Backus, 82, Fortran Developer Dies.« *New York Times*, 20. März 2007.

Lorraine, Veronica. »Google Cheat View.« *Sun* (London). 31. März 2009.

Lyons, Daniel. »The Customer Is Always Right.« *Newsweek*, 4. Januar 2010.

Martin, Robert A. »Confessions of an Interviewer.« *MBA*, Januar 1975.

McHugh, Josh. »Google vs. Evil.« *Wired*, no 11.01 (2003).

Merrell, Gerald P. »Have Your Google People Talk to My ›Googol‹ People.« *Baltimore Sun*, 16. Mai 2004.

Millar, Garnet W. *E. Paul Torrance, »The Creativity Man.«* Norwood, N. J.: Ablex Publishing, 1995.

Moggridge, Geoff. *How to Get into Oxford and Cambridge: Beating the Boffins.* Cambridge: PGR Publishing, 1998.

Nahin, Paul J. *Dr. Euler's Fabulous Formula: Cures Many Mathematical Ills.* Princeton, N. J.: Princeton University Press, 2006.

Neumann, John von. »Various Techniques Used in Connection with Random Digits.« In: *Monte Carlo Method*, hg. v. A. S. Householder, G. E. Forsythe und H. H. Germond. Washington D. C.: National Bureau of Standards, 1951.

Newell, Allen und Simon, Herbert A. *Human Problem Solving.* Englewood Cliffs, N.J.: Prentice Hall, 1972.

Orlowski, Andrew. »Tales from the Google Interview Room.« *Register*, 5. Januar 2007.

Patterson, Mike; Peres, Yuval; Thorup, Mikked; Winkler, Peter und Zwick, Uri. »Maximum Overhang«, 2007. www.math.dartmouth. edu/~pw/papers/maxover.pdf.

Patterson, Scott. *The Quants: How a Small Band of Math Wizards Took Over Wall Street and Nearly Destroyed It.* New York, Crown, 2009.

Pegg, Ed, Jr., und Weisstein, Eric W. »Mathematica's Google Aptitude.« *Mathworld*, 13. Oktober 2004. http://mathworld.wolfram.com/ news/2004-10-13/google/.

Phear, J. B. *Elementary Mechanics.* Cambridge: Macmillan, 1850.

Pickover, Clifford A. *Wonders of Numbers: Adventures in Mathematics, Mind and Meaning.* Oxford: Oxford University Press, 2001.

Poundstone, William. *How Would You Move Mount Fuji? Microsoft's Cult of the Puzzle: How the World's Smartest Companies Select the Most Creative Thinkers.* New York: Little, Brown, 2003.

Selvin, Steve. »A Problem in Probability.« Brief an die Redaktion. *American Statistician* 29 (1975): S. 67.

___. »On the Monty Hall Problem.« Brief an die Redaktion. *American Statistician* 29 (1975): S. 134.

Stone, Diana L. und Jones, Gwen E. »Perceived Fairness of Biodata as a Function of the Purpose of the Request for Information and Gender of the Applicant.« *Journal of Business and Psychology* 11 (1997): S. 313–323.

Thaler, Richard. »Mental Accounting and Consumer Choice.« *Marketing Science* 4 (1985): S. 199–214.

Tierney, John. »Behind Monty Hall's Doors: Puzzle, Debate and Answer?« *New York Times,* 21. Juli 1991.

Time. »An Eggalitarian Education.« 18. Mai 1970, S. 50.

Torrance, E. Paul. *Guiding Creative Talent.* Englewood Cliffs, N. J.: Prentice-Hall, 1962.

Tugend, Alina. »Getting Hired, Never a Picnic, Is Increasingly a Trial.« *New York Times*, 9. Oktober 2009.

Viereck, George Sylvester. »What Life Means to Einstein.« *Saturday Evening Post*, 26. Oktober, 1929, S. 117.

Vogel, Steven. »Living in a Physical World: III. Getting Up to Speed.« *Journal of Bioscience* 30 (2005): S. 303–312.

Vogelstein, Fred. »Search and Destroy.« *Fortune*, 2. Mai 2005.

Vos Savant, Marilyn. *The Power of Logical Thinking.* New York: St. Martin's Press, 1996.

Warner, Judith. »The Why-Worry Generation.« *New York Times*, 24. Mai 2010.

Weekley, Jeff. »Biodata: A Tried and True Means of Predicting Success.« Eingesehen am 9. Oktober 2010. www.kenexa.com/Resource-Center/ThoughtLeadership/Biodata-A-Tried-and-True-Means-of-Predicting-Succ.

Wortham, Jenna. »More Employers Use Social Networks to Check Out Applicants.« *New York Times*, 20. August 2009.

Yen, Yi-Win. »YouTube looks for the Money Clip.« *Fortune*, 25. März 2008.

Index

Anmerkung: Seitenzahlen in Klammern beziehen sich auf den Antwortteil.

Über den Autor

William Poundstone ist Autor von zwölf Büchern, darunter *How Would You Move Mount Fuji?* und Fortune's Formula. *The Untold Story of the Scientific Betting System That Beat the Casinos and Wall Street.* Er ist Diplomphysiker und hat unter anderem für die *New York Times, Harper's, Harvard Business Review* und *Village Voice* geschrieben. Er lebt in Los Angeles.

Weitere Titel
bei Ariston

Überraschend, originell, charismatisch – die perfekte Präsentation zu jedem Thema für jedes Publikum

Carmine Gallo | **Überzeugen wie Steve Jobs**
Das Erfolgsgeheimnis seiner Präsentationen
368 Seiten, Klappenbroschur, ISBN 978-3-424-20044-7

In Jeans und schwarzem Rolli betrat er stets die Bühne – und doch sorgten seine Präsentationen immer wieder für Schlagzeilen. Steve Jobs hat mit seinen beeindruckenden Darbietungen neue Standards gesetzt. Grund genug für Carmine Gallo, erstmals die Techniken genau zu analysieren und zu zeigen, wie Jobs seine Präsentationen zu einem Erlebnis für jeden Zuschauer machte. Durch zahlreiche Beispiele und viele Tipps lernen Sie, Ideen gekonnt zu präsentieren und das Publikum zu begeistern.

Leseprobe unter www.ariston-verlag.de
ARISTON

Das Erfolgsgeheimnis von Apple: Steve Jobs

Jay Elliot, William L. Simon | **Steve Jobs – iLeadership**
Mit Charisma und Coolness an die Spitze
272 Seiten, gebunden mit Schutzumschlag, ISBN 978-3-424-20049-2

Er war innovativ, charismatisch, eigensinnig – aber was genau verbirgt sich hinter dem Erfolg von Steve Jobs? Vor über 30 Jahren als die rechte Hand von Steve Jobs eingestellt, hat Jay Elliot die Erfolgsgeschichte von Apple aus der ersten Reihe miterlebt. Jetzt beschreibt er die Führungsprinzipien des Apple-Chefs und zeigt, wie Jobs mit Courage seine Ideen umsetzte, mit Charisma jeden Auftritt meisterte und mit Coolness einen Erfolg nach dem anderen einfuhr.

Leseprobe unter www.ariston-verlag.de

Die Kunst der sanften Überzeugung

Volker Kitz | **Du machst, was ich will**
Wie Sie bekommen, was Sie wollen – Ein Ex-Lobbyist verrät die besten Tricks
256 Seiten, gebunden mit Schutzumschlag, ISBN 978-3-424-20082-9
Auch als Hörbuch und E-Book erhältlich

Über Lobbyisten wird viel spekuliert, doch nun packt erstmals jemand aus, der wirklich in dem Beruf gearbeitet hat: Jahrelang hat Volker Kitz für namhafte Unternehmen Informationen beschafft, Allianzen geschmiedet und Entscheidungen beeinflusst. In diesem Buch verrät er die wirkungsvollsten psychologischen Tricks aus seinem Arbeitsalltag – und erklärt, wie damit auch jeder von uns das bekommen kann, was er will.

Leseprobe unter www.ariston-verlag.de